DIE
PUBERTÄT
PHYSIOLOGIE · PATHOLOGIE

VON

Dr. RUDOLF NEURATH
A. O. PROFESSOR FÜR KINDERHEILKUNDE
AN DER UNIVERSITÄT WIEN

MIT 29 ABBILDUNGEN

WIEN
VERLAG VON JULIUS SPRINGER
1932

ISBN-13:978-3-7091-9693-9   e-ISBN-13:978-3-7091-9940-4
DOI: 10.1007/978-3-7091-9940-4

MEINER FRAU

ALS DANKESZEICHEN FÜR EIN MENSCHENALTER

DER GÜTE, STANDHAFTIGKEIT UND

STÜTZENDEN MITARBEIT

Vorwort.

25 Jahre nachdem Verfasser zum ersten Male, gelockt durch fesselnde kasuistische Erfahrungen, sich mit dem Pubertätsproblem befaßte, unternimmt er es, als Resultat mancher eigenen Studien und der Würdigung wichtiger Forschungsergebnisse anderer, vorliegend eine gedrängte Bearbeitung der Pubertät, ihrer Physiologie und Pathologie, dem deutschen Leserkreis vorzulegen.

Über das Körperwachstum in den einzelnen Lebensphasen und im besonderen in den Reifejahren besitzen wir seit langer Zeit ein unermeßlich großes Untersuchungsmaterial, das geographisch und rassenmäßig differente Populationen berücksichtigt. Der Ausbau der sog. sekundären Geschlechtsmerkmale hat, speziell seit dem eingehenden Studium der Blutdrüsen und ihrer gegenseitigen Beziehungen, ihres bedeutsamen Einflusses auf die somatische und sexuelle Entwicklung gründliche Bearbeitungen gefunden. Die psychische Pubertätsentwicklung hat in den letzten Jahren das lebhafte Interesse der Psychologen und Pädagogen, in allerjüngster Zeit auch der Pädiater erweckt, in gegenseitiger Verständigung wirken alle drei Disziplinen, ihr Werk befruchtend. Die Morbidität und Mortalität in den Pubertätsjahren, die ja vermöge ihres relativen Tiefstandes keine drängende ärztliche Aufmerksamkeit zu wecken vermochten, mußten im Zeitalter der allgemeinen Hygiene, der öffentlichen Prophylaxe und der ihnen dienenden Immunitätsstudien doch allgemein interessierende Probleme zur Aussprache bringen. So finden wir da und dort umschränkte oder umfassende, sehr wertvolle Teilbeurteilungen unseres großen Themas. Dieses birgt noch immer ungelöste Fragen in Menge, die an die großen Probleme der allgemeinen Biologie und Pathologie rühren. So solche der organischen biologischen Eingliederung der Pubertätsepoche in den ganzen Lebensablauf, der Rolle des Pubertätsschicksals für die späteren Lebensabschnitte, die nur Längsschnittserfahrungen durch exakt verfolgte Lebensabläufe beantworten könnten, wie sie bisher nur spärlich vorliegen. Auch der Vergleich der menschlichen Pubertät mit der der absteigenden Tierreihe verfügt derzeit noch über bescheidene Ansätze zu den Prämissen größeren Untersuchungsmaterials. Derartige vergleichende Pubertätsstudien dürften auch erbbiologisch und biologisch-prognostisch unser Wissen bereichern.

Eine Bearbeitung der normalen und krankhaften Entwicklung, der Widerstandsfähigkeit und Anpassung in einer, wenn auch unscharf begrenzten Lebensphase muß notwendigerweise alle die Fäden und Zusammenhänge, die zu den zeitlich und entwicklungsgeschichtlich benachbarten Phasen hinüberleiten, da und dort durchtrennen, um nicht ins Uferlose zu geraten. Im vorliegenden Buche, wie in jedem ähnlichen Versuche waren solche Schnittstellen nicht zu vermeiden.

Die zusammenfassende Bearbeitung unserer Erkenntnisse von der Physiologie und Pathologie der Reifeepoche, eines Themas, das den Arzt, den Naturforscher und den Pädagogen in gleichem Maße betrifft, wurde bis nun nicht versucht. Das vorliegende Buch macht es sich zur Aufgabe, diese Lücke auszufüllen.

Wien, im April 1932

R. NEURATH.

Inhaltsverzeichnis.

Einleitung.

Die Phase des körperlichen und psychischen Persönlichkeitsaufbaues, die durch den Begriff der Pubertät umschrieben werden kann, repräsentiert das Grenzgebiet zwischen Kindesalter und Mannesalter, in welchem zeitlich und in gewissen Grenzen ursächlich die beginnende Abscheidung der Keimzellen bei beiden Geschlechtern mit einem rasch vor sich gehenden Wachstum des Körpers und der Organe und mit der prägnanteren Ausbildung der sog. sekundären Geschlechtsmerkmale zusammenfällt. Die Produktion fortpflanzungsfähiger Keimzellen, beim Mädchen durch das erste Auftreten der Menstruation (Menarche) markiert, beim Knaben weniger deutlich und schwerer feststellbar durch die erste Pollution, bildet in engerem Sinne das Merkmal der Reife, einer Lebensetappe, in der das Individuum durch Wachstum, Differenzierung und Funktionserwerb auch eine der menschlichen Art, der Rasse und seinem Stamm entsprechende Höhe erreicht. Alle diese Sinnfälligkeiten verraten nach außen die sich in Szene setzende Reife, ohne daß sie zeitlich scharf begrenzt sind, vielmehr fließende Übergänge vom Kindesalter und zum Mannesalter bieten.

Das Bedürfnis, altersgemäß und morphologisch charakteristische Erscheinungen mit der Reife kausal zu verknüpfen, veranlaßte die Versuche, Unterstufen der Pubertät, so die Präpubertät, die eigentliche Pubertät und die Adolescenz zu umgrenzen. BIEDL unterscheidet die Pubescenz (Präpubertät), die Adolescenz und die Maturität und charakterisiert das erste Stadium durch das rapide Längenwachstum und eine gewisse Erregbarkeitssteigerung des Nervensystems, vor allem aber durch eine Steigerung des Stoffwechsels, die Adolescenz durch eine Prävalenz der Keimdrüsenentwicklung, die Maturität durch die fortgesetzte Körper- und Drüsenentwicklung bis zum Wachstumsabschluß und zum vollendeten Körperaufbau. BIEDL betont den bekannten Synchronismus des stärksten Entwicklungsaufschwungs einzelner Hormondrüsen mit bestimmten Reifestadien des Organismus und bezeichnet neben dem verstärkten Wachstum der Keimdrüsen eine den Stoffwechsel mächtig steigernde Hyperaktivität der Schilddrüse (Pubertätskropf) als charakteristisch für die Präpubertät, das Längenwachstum dieser Periode beherrsche die Prähypohpyse, das verstärkte Wachstum der Röhrenknochen trete nicht ein wegen, sondern trotz der zunehmenden Gonadenreife, denn mit Vollendung dieser komme ja die Streckung zu Ende. In der Adolescenz kämen die Keimdrüsen zur Vorherrschaft, der Stoffwechsel werde der Führung der Schilddrüseninkrete entzogen, und immer mehr erlangen neue Stoffwechseldrüsen, das Adrenalsystem und der Inselapparat des Pankreas sowie der Mittellappen der Hypophyse einen Einfluß auf Stoffverbrauch und -ansatz. Es reiße das stoffwechselregulierende Zentrum im Zwischenhirn an Stelle des Schilddrüsenhormons die Herrschaft temporär an sich. Die dritte Phase der Pubertät sei charakterisiert durch den endgültigen Sieg der Keimdrüsen um die Herrschaft.

Auch Marañon sucht die Altersstufen nach dem ihnen eigentümlichen Vorwiegen bestimmter endokriner Beeinflussungen zu unterscheiden. Bis zum 9. Jahre herrschen Thyreoidea und Thymus vor, dann stellt sich der Organismus auf die Geschlechtsreifung ein, wobei der Thymus zurücktritt, die Hypophyse zu stärkerer Wirkung gelangt und die Geschlechtsdrüsen sich leise regen. In der Reifezeit bis zum 16.—18. Jahr tritt neben den stärkeren Einfluß der Sexualdrüsen vorübergehend eine Hyperfunktion der Hypophyse auf, die zur „Pseudoakromegalie" führt. Erst nach 30 Jahren ist die Geschlechtsdrüse ausgereift und ihr paßt sich das übrige endokrine System an, bis dann im Klimakterium („gefährliches Alter") sich neue Gleichgewichtsstörungen infolge Rückbildung der Geschlechtsdrüsen einstellen.

Ein solcher Versuch einer Gliederung der Reifeperiode nach anatomischer und funktioneller Entwicklungshöhe der endokrinen Drüsen läuft leicht Gefahr, die Rolle dieser Parenchyme in der Phasenfolge des Körperaufbaues zu überschätzen. Wir wissen, daß die Entwicklung der Geschlechts- und anderer Hormondrüsen nur bedingt in der Reihe der anderen Organe nach demselben Maße des Aufbaues gewertet werden kann, da ihr protektiver Einfluß (Halban) auf das Wachstum des ganzen Körpers und auf die Reifung der sekundären Sexuszeichen einen entscheidenden Einfluß nimmt. Neben den anderen Organen reifen auch die Gonaden nach artgegebenem Plane und Tempo, aber in ihnen reift nicht nur der exokrin wirkende Kraftquell, sondern auch neue Energie für den ganzen Organismus, ein protektiver Stimulus für das Wachstum nach artlich und geschlechtlich festgelegten Proportionen, für die sekundären Geschlechtscharaktere, für die geschlechtsbestimmten Funktionen.

Wenn der Idiotypus die Folge und die Dauer der Entwicklungsepochen der Art und des Individuums bestimmt, wenn wir physiologisch dem in der aufsteigenden Tierreihe späten Erwerb der endokrinen Drüsen eine wirksam schaffende, morphokinetische (E. Thomas) und zur Harmonie der Körperteile führende Rolle für die „geprägte Form, die lebend sich entwickelt" zuerkennen müssen, so ist auch als wichtige Triebkraft die der Umwelt in Rechnung zu bringen, die Wirklichkeit, das Leben, an das der einzelne, bewaffnet mit den energetischen Möglichkeiten seiner Anlage, seiner Widerstandsfähigkeit und seiner Anpassungsfähigkeit herantritt. Wir sehen gerade in der Pubertät, der Phase des Startes in die Gemeinschaft, wie Naturnähe oder -ferne, primitive oder differenzierte Kultur, Land oder Stadt, Grade der Domestikation, die Zeit, den Ablauf und das Endresultat der Reife bedingen. So wirft wie auf jedes Teilgebiet der Forschung und auf jedes Problem die Dualität der Schicksalswurzeln: Vererbung und Umwelteinfluß, ihr Licht und ihren Schatten.

I. Physiologie der Pubertät.

1. Die Zeit des Reifeeintritts.

Das Alter, in welchem beim Mädchen die Menstruation, beim Knaben Samenerguß, meist in Form der nächtlichen Pollution, auftritt, kann als der Beginn der Fortpflanzungsfähigkeit, als Pubertätsbeginn gelten. Dieser Termin schwankt nach Klima, Rasse, Wohlhabenheit, Beruf und Konstitution. Für Mitteleuropa kann als Durchschnittsalter Erstmenstruierter das 13.—15. Lebensjahr gelten, als mittleres Alter für den Reifeeintritt der Knaben das 14.—16. Jahr, doch besteht eine gewisse Variationsbreite (bei Mädchen 13.—17. Jahr), von der abweichende Termine ins Gebiet des Pathologischen gehören.

Ein Vergleich des Pubertätseintrittes beim Menschen mit dem bei Säugetieren, wie ROSENSTERN ihn zieht, zeigt für den Menschen eine auffallend lange Dauer der Jugendperiode, für die FRIEDENTHAL folgende Erklärung gibt: „Die Säugetiere haben im Interesse der schnelleren Erzeugung von Nachkommen die Erlangung der Geschlechtsreife und das Ende des Wachstums in immer frühere Lebensepochen zurückverlegt, der Mensch dagegen kann nach Überwindung aller Feinde aus dem Tierreich und nach Überwindung der Mordlust und Kampflust in der eigenen Psyche ohne Gefährdung der Erhaltung der Art das Ende des Wachstums und die Erlangung der vollen Zeugungsreife in immer spätere Lebensepochen hinausschieben." ROSENSTERN betont ergänzend, daß beim Menschen die Geschlechtsreife in einem späteren Stadium der Gesamtentwicklung erfolgt, während beim Säugetier die Pubertät schon lange vor Abschluß des Knochenwachstums eintritt.

Gesamtdauer der Kindheit (einschließlich Trächtigkeitsdauer) und höchstes Lebensalter bei Mensch und Säugetieren. (Nach J. ROSENSTERN.)

	1	2	3	4	
	Ungefähre Trächtigkeitsdauer	Ungefähre Kindheit von Geburt an	Summe 1 + 2	Höchstes Lebensalter	Relat. 3 : 4
Mensch	9 Mon.	180 Mon.	189 Mon.	840 Mon.	1 : 4,4
Pferd	11 „	9 „	20 „	324 „	1 : 16
Rind	10 „	6 „	16 „	192 „	1 : 12
Schwein	4 „	4 „	8 „	144 „	1 : 18
Schaf und Ziege	5 „	5 „	10 „	144 „	1 : 14
Hund	2 „	9 „	11 „	192 „	1 : 17

Das Durchschnittsalter der Erstmenstruierten ist nach SCHRÖDER ungefähr für Schweden, Finnland, Japan, Italien, Südrußland und Deutschland identisch. Jüdinnen, Orientalinnen, Romaninnen menstruieren im allgemeinen etwas früher.

1*

Rosenfeld konnte für Wien feststellen, daß im 15. Jahr noch nicht ganz die Hälfte aller untersuchten Mädchen schon geschlechtsreif war, und zwar war es im 1. und 2. Quartale nur ungefähr $^1/_4$, im 3. und 4. Quartale dieses Lebensjahres dagegen schon fast die Hälfte. Im 16. Jahr waren schon mehr als $^2/_3$ geschlechtsreif, ja im letzten Quartal dieses Jahres schon mehr als $^3/_4$. Andererseits waren mit Abschluß des 19. Jahres schon alle Mädchen menstruiert, mit Abschluß des 18. Jahres war kaum noch $^1/_{10}$ nicht menstruiert.

Bei den zur Zeit der Untersuchung schon menstruiert gewesenen Mädchen hatte sich die erste Menstruation eingestellt:

	im 11.	12.	13.	14.	15.	16.	17.	18.	19. Jahr	noch später
in	2	10	74	239	317	320	143	36	2	2 Fällen.

Im Vergleich zu anderen Angaben zeigen diese Erfahrungen einen frühzeitigen Beginn der Reife für Wien. Möglicherweise spiegelt das verwertete Untersuchungsmaterial eine Kriegsfolge wieder.

Bei Braunhaarigen fand Rosenfeld einen früheren Reifebeginn als bei Hellhaarigen, jedoch ein Verhältnis der anfänglichen Minderzahl, der nachträglichen Mehrzahl der geschlechtsreifen Blondhaarigen, das von $^1/_4$ Jahr zu $^1/_4$ Jahr, genauer von $^1/_2$ Jahr zu $^1/_2$ Jahr zu verfolgen ist.

Der Einfluß des Klimas ist schwer als solcher zu umschreiben, er deckt sich zum Teil mit dem der Rasse.

Die vielfache Annahme eines früheren Reifebeginnes in wärmeren Regionen, für die ja auch der Unterschied der hochbeinigen, weil später reifen Nordländer, gegenüber den kurzbeinigen, früher geschlechtsreifen Südländern verwertbar scheint, wird von namhaften Forschern als problematisch genommen. So bestreitet Engelmann den Einfluß der geographischen Breitenlage auf die Menarche, er hebt hervor, daß die Negermädchen des Somalilandes sich mit 16 Jahren entwickeln, daß die Pubertät am Pol ebenso früh einsetzen könne, wie es gewöhnlich für Äquatorialdistrikte angenommen werde, daß in den eigentlichen arktischen Gegenden eine Frühreife, in den tropischen eine Spätreife (15.—16. Jahr), also das Gegenteil der herkömmlichen Anschauungen die Regel sei. Für einflußreicher hält Engelmann die Rassenzugehörigkeit. Auch Rössle gedenkt der bei Tropenbewohnern zu beobachtenden relativen Spätreife und erwähnt die einschlägigen Angaben (Reche, Neuhaus). Bei Harms finden sich Untersuchungsergebnisse an Matupikindern. Alle untersuchten Mädchen mit Ausnahme der 17jährigen hatten noch nicht menstruiert, eine Auffälligkeit, die auch von Missionären zitiert wird. Die von Baelz vorgenommenen Studien in Japan zeigten eine ähnliche Spätreife der Mädchen. Bemerkenswert ist auch das späte Auftreten der sekundären Sexuszeichen, so ihrer Knospenbrust bei den Matupikindern. Bei 17jährigen Jünglingen fand sich noch keine Spur des Bartes. Baldwin fand für Jova, daß die Pubertät bei Knaben und Mädchen auf dem Lande früher eintrat als in der Stadt, ein unseren Erfahrungen widersprechendes Verhalten.

Der Einfluß sozialer Momente auf den Pubertätseintritt ist vielfach hervorgehoben. In wohlhabenderen Kreisen setzt die Menstruation —

für das männliche Geschlecht fehlen ja verläßliche zeitliche Indicatoren—
früher ein, als in Proletarierschichten (s. die Tabelle nach STRATZ), die
Stadtbevölkerung ist in der Regel früher geschlechtsreif (Kultustypus),
als die ländliche (Naturtypus). v. PFAUNDLER nimmt eine vorzeitige Reife
bei den Stadtkindern an, RÖSSLE ist geneigt, die Frühreife der Städter
für eine unphysiologisches Domestikationsergebnis zu halten und H. ARON
gibt der Ansicht Ausdruck, daß die verschiedene soziale Höhe den endokrin mitbedingten Entwicklungscyclus: autochthones Wachstum, beschleunigtes, dann gehemmtes Wachstum altersgemäß und graduell verschieden durchmacht; die Kinder der besser Gestellten in früherem

Alter, die schlechter Ge-
stellten später, die Stadt-
kinder früher als die Landkinder.

Bei solchen Feststellun-
gen der Abhängigkeit des
Reifebeginnes von der sozialen Höhe des Milieus, die
auch für den Gang der
morphologischen Entwick-
lung und des funktionellen
Ausbaues Geltung hat, greifen einander zum Teil
deckende und überschnei-
dende Momente ineinander.
Wenn wir in einer statistischen Reihe die Landmäd-
chen, in einer anderen die

Eintritt der ersten Menstruation.

Lebensjahr	Zahl der Fälle (je 50)		
	Erster Stand	Mittelstand	Bauernstand
11.	6	2	—
12.	11	5	—
13.	20	12	2
14.	8	13	4
15.	4	14	9
16.	1	2	11
17.	—	2	13
18.	—	—	5
19.	—	—	5
20.	—	—	1

Durchschnitt:
für den ersten Stand . . . . 13 Jahre (12,9)
„ „ Mittelstand . . . . . 14 „ (14,4)
„ „ Bauernstand . . . . 16 „ (16,4)
(Nach STRATZ: Der Körper des Kindes.)

Städterinnen als die später geschlechtsreif gewordenen gekennzeichnet
finden, geschlossen aus dem höheren Wuchs, so unterläuft bei Ver-
wertung der Zahlen leicht eine Außerachtlassung der einzelnen hygienischen Teilfaktoren: die Vorzüge reinerer Luft und einfacherer Lebensweise auf dem Lande können durch die sanitären und hygienischen
Vorzüge der Stadt aufgewogen werden (WEISSENBERG). Die geographische
und kulturelle Bedingtheit des Pubertätsbeginnes erhellt aber deutlich
aus der Angleichung dieses Termines bei Auswanderern an den der
neuen Heimat zu eigenen, wenn auch die Erfahrung einer Heredität,
z. B. der Menarche, deren genotypische Verankerung zu erweisen scheint.

Auch gewisse Teilreize des Milieus und der Erziehung variieren den
Zeitpunkt des Reifebeginnes. So kann alles, was die Reife der Kinder
in geistiger Beziehung fördert, alles die sexuelle Sphäre anregende auch
die körperliche Reifung beschleunigen (KLEINSCHMIDT).

2. Allgemeines Körperwachstum.

In der Wachstumslinie der menschlichen Art zeitigt die Periode der
Geschlechtsreife deutlicher als in der ganzen Tierreihe einen Kurven-
scheitel. Dieser erreicht das der Spezies, der Rasse, der erbgegebenen
Konstellation entsprechende Endziel, das Resultat eines Wachstums-

abschlusses, der allerdings faktisch erst im späteren Mannesalter definitiv wird.

Mit STETTNER können wir, in Anlehnung an SCHLOSS und an FRIE-DENTHAL, unter dem Begriff des Wachstums eines Organismus die zeitlich geregelte, artspezifische Entwicklung verstehen, deren einzelne Komponenten: Massenzunahme, materieller und formaler Aufbau in bestimmter, gegenseitiger Beziehung stehen. Von der Geburt bis ins höhere Alter ändert der Organismus fortgesetzt seine äußere Erscheinung und seinen inneren Aufbau. Bis zum Abschluß der Pubertät und darüber hinaus bezeichnet man diesen Vorgang als „Reife".

Dieses so wichtige Teilstück in der rhythmischen Entwicklungskurve des menschlichen Lebens schließt sich an das im wechselnden Längen- und Massen-(Dicken)-wachstum verlaufende Kindesalter. Zahlreich sind die Versuche, nach divergierenden Merkmalen die Entwicklungskurve des Menschen zu unterteilen.

WEISSENBERG anerkennt drei Perioden: 1. Progressives Wachstum, beim Manne bis zum 25., beim Weibe bis zum 18. Jahre. 2. Stabiles Wachstum, bis zum 50. Jahre, stabil aber nur der Höhen-, nicht der Breitenentwicklung nach. 3. Regressives Wachstum. — Die 1. Periode ist noch zu teilen in A. Periode der ersten Fülle; B. Periode der ersten Streckung; C. Periode des verlangsamten Wachstums; D. Periode der zweiten Streckung und Pubertät; E. das sehr verlangsamte Wachstum; F. Stillstand und zweite Fülle; G. Periode des Rückganges.

STRATZ unterscheidet:

1. Periode der ersten Fülle . . . . von 1 bis 4 Jahren
2.   „   „   ersten Streckung . . . .   „   5 „   7   „
3.   „   „   zweiten Fülle . . . .   „   8 „ 10   „
4.   „   „   „   Streckung . . . .   „ 11 „ 15   „
5.   „   „   dritten Fülle oder der Reifung . .   „ 15 „ 20   „   .

Von anderen Versuchen, die Wachstumserfolge der Altersphasen in ein System zu ordnen, bringt W. BRANDT folgende:

SCHLOSSMANN und EDELSTEIN: 4 Perioden. 1. Neugeborenenperiode (die ersten 10 Tage). 2. Säuglingsalter (bis Ende des 1. Jahres). 3. Alter des Kleinkindes (bis Ende des 6. Jahres). 4. Schulalter (bis Ende des 16. Jahres).

MACAULIFFE: 3 Phasen. Première age (bis zum 2. Lebensjahr), seconde age (30 Monate bis 6 Jahre), période pubère.

MARTIN: 5 Phasen. 1. *Kindesalter* von der Geburt bis zur Geschlechtsreife. Diese Zeit zerfällt in 3 Unterabteilungen: A. Säuglingsalter. B. Frühes Kindesalter (Beginn der ersten bis Beginn der zweiten Dentition). C. Spätes Kindesalter (bis Eintritt der Reife). 2. *Jugendalter*, bis zum Abschluß des Längenwachstums. 3. *Erwachsenenalter* (bis zum

Wachstumsrhythmus (nach MARTIN).

	Wachstum	Knaben	Mädchen
1. Periode	rasch	bis 5.— 6. Jahr	bis 5.—6. Jahr
2. „	langsam	„ 10.—12. „	„ 10. „
3. „	beschleunigt	„ 16.—18. „	„ 14.—15. „
4. „	verlangsamt	„ 25. „	„ 18.—20. „

Ergrauen der Haare). 4. *Reifes Alter* (bis zum Klimakterium). 5. *Greisen-alter* mit Involution fast aller Organsysteme.

GROSSER greift (1924) auf Angaben von BARTELS, STRATZ und E. SCHWALBE zurück und unterscheidet: 1. *Erstes Kindesalter* bis zum 7. Jahr einschließlich. A. Säuglingsalter (bis zum 1. Jahr). B. Neutrales Kindesalter, 1.—7. Jahr, Milchzahnperiode. In dieser: 1. Fülle, 2.—4. Jahr, $4^1/_2$—$5^1/_2$ Kopfhöhen, und 1. Streckung, 5.—7. Jahr, 6 Kopfhöhen. 2. *Zweites Kindesalter*, 8.—20. Jahr. A. Bisexuelles Kindesalter, 8.—15. Jahr, in diesem 2. Fülle, 8.—10. Jahr mit 6 Kopfhöhen, und 2. Streckung, 11.—15. Jahr mit 7—$7^1/_2$ Kopfhöhen, B. Reife (Pubertät), 16.—20. Jahr mit $7^1/_2$—8 Kopfhöhen.

M. v. PFAUNDLER (Körpermaßstudien, 1916) hat bezüglich der Gegenüberstellung der Streckung und Fülle hervorgehoben, daß Streckung und Fülle nicht Veränderungen, sondern Zustände wären. Nach der Statur ergeben sich: eine 1. Periode latenter Streckung bis $^3/_4$ Jahren, eine 2. rascher Streckung (Spielalter), eine 3. langsamer Streckung (Schulalter), eine 4. mit relativer Fülle. Die starken individuellen Schwankungen gestatten nicht, die einzelnen Perioden nach Altersstufen zu umgrenzen.

SCHWALBE (Diagn. u. therap. Irrtümer, S. 3. 1924) unterscheidet: 1. *Säuglingsalter*; 2. *Kindheit*, a) erste Periode 1—6 Jahre, b) zweite Periode 6—10 Jahre, c) dritte Periode 10—14 Jahre; 3. *Reife*, 14 bis 18 Jahre.

BRUGSCH (Arch. mikrosk. Anat. u. Entw. mechan. 1920) umgrenzt 4 Perioden: 1. Rasches Wachstum (männlich bis 5. oder 6. Jahr, weiblich bis 5.—6. Jahr); 2. langsames Wachstum (männlich bis 10. oder 12. Jahr, weiblich 14. bis 15. Jahr); 3. beschleunigtes Wachstum (männlich 16.—18. Jahr, weiblich 14.—15. Jahr); 4. verlangsamtes Wachstum (männlich bis 25., weiblich 18. oder 20. Jahr).

PFUHL (Handb. d. Anat. d. Kindes, 1925) versucht eine Ordnung der Entwicklungsphasen nach funktionell-energetischen Gesichtspunkten. Während des Wachstums findet eine Proportionsverschiebung zwischen den Stoffwechselorganen und dem Bewegungsapparat statt. Die ersteren nehmen vom Augenblick der Milchentwöhnung ständig ab, die letzteren von der Geburt an dauernd zu. Bei beendetem Wachstum beträgt der Bewegungsapparat $^2/_3$ des ganzen Körpers. Gewichtsveränderungen einzelner Organe im Rahmen dieses energetischen Proportionsgesetzes beruhen auf Änderungen der Lebensweise des wachsenden Individuums. Die biologischen Grundlagen der Lebensetappen bilden: Wechsel der Ernährung und Beweglichkeit, die Proportionsverschiebungen und die Geschlechtsreife. Folgende Gliederung ergibt sich:

1. Periode. Übergang von der parasitären Lebensweise des Fetus in die halbparasitäre des Säuglings.

2. Nestjungendasein, reine Milchernährung. Die Verdauungsorgane nehmen an Gewicht zu, Hirn und Auge wachsen sehr schnell und erreichen endlich ihr relatives Höchstgewicht.

3. Anpassung an die freibewegliche Lebensweise und Ernährung mit Pflanzenkost. Durch Gewöhnung an diese erreicht der Magendarmkanal sein relatives Höchstgewicht.

4. Jugendwachstum nach vollkommener Anpassung an die freibewegliche Lebensweise. Charakteristische Proportionsverschiebung in Form relativer Gewichtszunahme der Bewegungsorgane und Abnahme der Stoffwechselorgane.

5. Reifung, das prämature Stadium, ein Vorgang, der zur Reife führt, Gewichtszunahme der Geschlechtsdrüsen; der Skeletmuskelapparat scheint eine vorübergehende, relative Gewichtsverminderung zu erleiden.

6. Eintritt der Körperreife und Abschluß des eigentlichen Wachstums, Vollendung des Kampf-ums-Daseins-Apparates, d. h. des Skeletmuskelapparates, der sein relatives Hauptgewicht erreicht zugleich mit Gewichtsabfall der Stoffwechselorgane. Wachstumsabschluß, dem nur Fettansatz oder Anpassung einzelner Organe durch Trainierung folgen kann. Dieser Wachstumsstillstand ist phylogenetisch zu verstehen, da es für jede Tierart ein Optimum der Proportionsverhältnisse gibt, das von den Umweltsbedingungen abhängt.

7. Nachwachstum und völlige Ausreifung. Das Körpergewicht kann noch durch peristatische Lebensbedingungen zunehmen.

N. PENDE unterscheidet folgende Phasen und Gesetze des normalen Wachstums:

1. Erste Kindheit, Periode des Turgor primus, erste Dentition.

2. Zweite Kindheit, 4—6$^1/_2$ Jahre, Piccola pubertá, mit den wichtigen Änderungen der ersten Streckung (Praecocitas prima).

3. Dritte Kindheit, von 6$^1/_2$ Jahre bis zum Pubertätsbeginn mit 15$^1/_2$ Jahren. Für diese Epoche läßt sich die Präpubertät abtrennen, 13$^1/_2$—15$^1/_2$ Jahre mit den evolutiven Erscheinungen der zweiten Strekkung.

4. Pubertät, 15$^1/_2$—17$^1/_2$ Jahre.

5. Internubilopubertätsperiode (GODIN) vom Ende der Pubertät bis zur Periode der Nubilität, 23$^1/_2$ Jahre beim Manne, 21 Jahre beim Weibe; es ist die Phase der eigentlichen Jugend bis zur Vollständigkeit der Geschlechtsreife.

BRUGSCH (Allgem. Prognostik, 1922) geht vom Begriff des vitalen Geschehens aus, das im Laufe des Wachstums eines Organismus auf einen Gleichgewichtszustand hinstrebt. Wenn allgemein mit dem 25. Lebensjahr die eigentliche Wachstumsintensität, die Periode der Integration, aufhört, entsteht eine Periode des Ausgleichs, des Gleichgewichtszustandes, die übergleitet in die 3. Periode, des Abbaues, bis schließlich das gesamte funktionelle Gleichgewicht des vitalen Systems der Zerstörung anheimfällt. Innerhalb dieses Gesamtrhythmus verläuft nun der zelluläre Rhythmus, der für eine betreffende Zellart spezifisch ist und nicht diesem generellen Rhythmus im einzelnen folgt. Im ganzen aber ist doch nach BRUGSCH das Wachstum eine Summe periodischer Vorgänge der Zellteilung. Da nun zweifellos dem Endokrinon wachstumsregulierende Einflüsse zukommen, so spricht BRUGSCH letzten Endes von einer hormonalen Periodik als übergeordnetem Faktor.

All diese Versuche einer klinischen und einer funktionell-energetischen Gruppierung der Evolutionsphasen, wie wir sie der Ordnung BRANDTS entnehmen, zeigen die unendlichen Schwierigkeiten, die einzelnen Perioden abzugrenzen.

Die einfach erscheinende STRATZsche Einteilung wird von FRIEDEN-THAL, v. PFAUNDLER, E. SCHLESINGER als zum Teil mit den Kurven der Längen- und Gewichtszunahme in Widerspruch stehend abgelehnt. RÖSSLE und BÖNING verwerfen sie und jede andere Stufeneinteilung der normalen Entwicklung, sie halten Füllung und Streckung für Domestikationsfolgen und unphysiologische Aufzuchtsergebnisse einer hauptsächlich der Schule zur Last fallenden Kulturschädigung.

Auch Wachstumsschwankungen innerhalb eines Jahres finden sich. Nach MALING-HANSEN u. a. (RÖSSLE) lassen sich 3 Perioden feststellen: 1. das erste Jahresdrittel mit mittelstarker Gewichts- und Längenzunahme; 2. das zweite Drittel mit stärkerer Längenzunahme, dagegen Stillstand oder Abnahme des Gewichtes; 3. das dritte Drittel mit stärkster Gewichts-, schwächster Längenzunahme. Die Ursachen dieser Aufeinanderfolge sind bisher nicht bekannt.

Die Rolle der Geschlechtsreife in der Wachstumslinie des Menschen fesselte seit langem die Aufmerksamkeit der Forscher. Schon KUSSMAUL unterstrich auf Grund eigener Studien über die vorzeitige Geschlechtsreife und unter Hinweis auf die Fälle der Literatur das wichtige Gesetz von GEOFFROY ST. HILAIRE: Sobald die Geschlechtsreife vollendet ist, hört der Körper zu wachsen auf, auch wenn er hinter der mittleren Größe zurückblieb. DAFFNER, QUETELET, ERISMAN, A. KEY, PFITZNER, v. LANGE, GUNDOBIN, WEISSENBERG, FRIEDENTHAL, VON PFAUNDLER, E. SCHLESINGER, SCHEIDT, BERLINER u. a. würdigten in ihren wichtigen Körpermaßstudien die bedeutsame Rolle der Pubertät. Die Wachstumskurven beider Geschlechter sowie das Endresultat der vollreifen Körper zeigen charakteristische, geschlechtsspezifische Züge, geschlechtseigene Proportionen. Das Ergebnis der körperlichen Entwicklung findet STRATZ um so vollkommener, je länger sie dauert.

Die mancherseits vertretene Ansicht (STRATZ), daß die erste Kindheit mit ihren Unterteilungen des Säuglingsalters und der „neutralen" Phase bis zu ihren Grenzen zu Ende des 7. Lebensjahres keine auffälligen Unterschiede des Wachstums erkennen lasse, ist wohl zu bestreiten. Wie auf allen Gebieten der Morphologie und der Funktionen sind auch auf dem des Wachstums und der Entwicklung schon von frühesten Lebensstadien an Geschlechtsunterschiede zu finden. KORNFELD und SCHÖNBERGER fanden schon bei 7jährigen Kindern deutliche Differenzen der Geschlechter bezüglich einiger Körpermaße und Proportionen. Die sog. „bisexuelle" Kindheit mit ihren eklatanteren sexuellen Divergenzen läßt mit ihren zeitlichen Untergruppen der zweiten Fülle und zweiten Streckung eine auffällige Kreuzung der Längen- und Gewichskurven der beiden Geschlechter erkennen. Im 8. bis 10. Jahre (s. Abb. 1 u. 2) liegt die männliche Höhenkurve oberhalb der weiblichen, zu Ende des 10. Lebensjahres überholen die Mädchen die Knaben, welche ihnen bisher über waren, an Länge und Gewicht, es kommt zum Kreuzen der Linien, und während der Phase der zweiten Streckung liegt die weibliche höher, um mit Ende des 15. Lebensjahres zum zweiten Male die männliche zu schneiden und nun dauernd tiefer zu bleiben. Ähnlich verhalten sich die Gewichtskurven, doch mit dem Unterschied, daß der

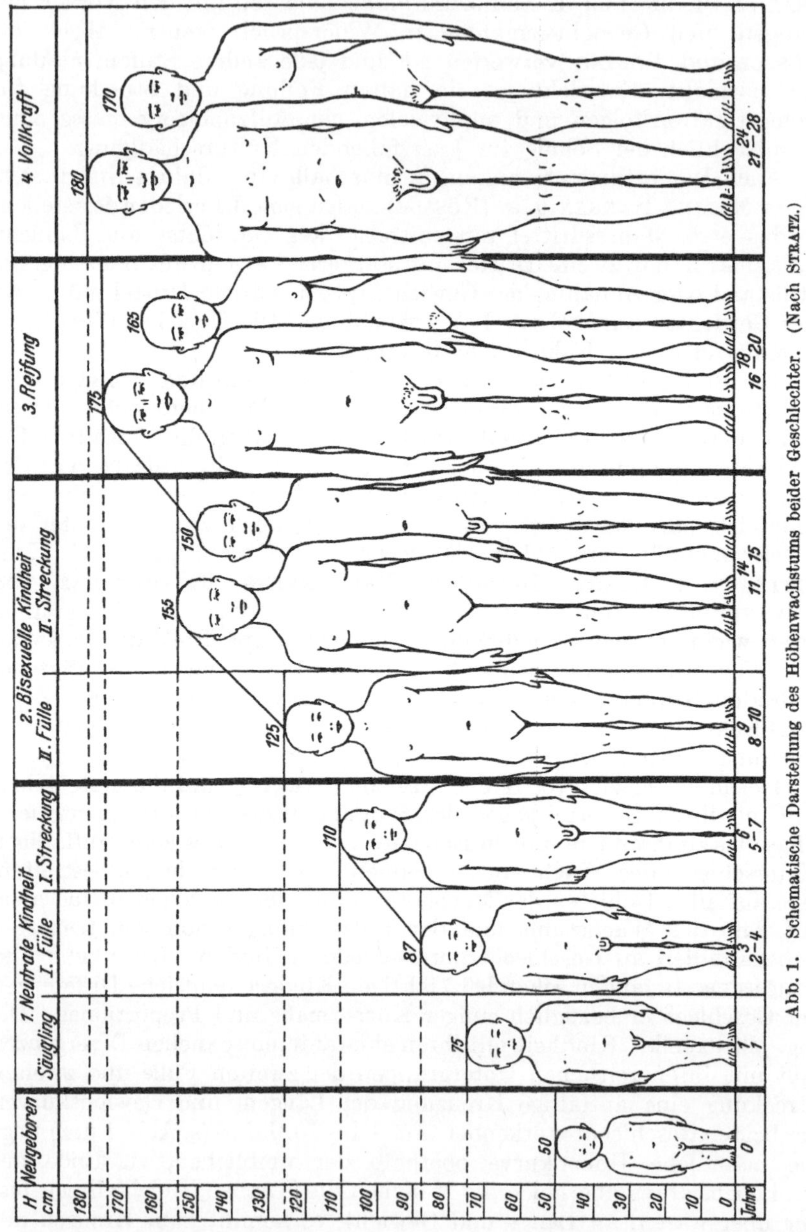

Abb. 1. Schematische Darstellung des Höhenwachstums beider Geschlechter. (Nach STRATZ.)

erste Kreuzungspunkt schon Mitte des 10. Lebensjahres, der zweite nahe dem 17. Jahre zu liegen kommt. Bei den Mädchen liegt das

Höchstmaß des Längenwachstums im 12. Lebensjahr, erhöhte Gewichtszunahme schließt sich vom 12. bis zum 15. Lebensjahr an; während
dann das Längenwachstum mit dem 17. Jahre abschließt, dauert erhebliche Gewichtszunahme noch bis zum 20. Lebensjahre an. Bei den
Knaben beginnt mit dem 14. Jahre eine 4 Jahre andauernde erhebliche
Wachstumszunahme mit dem Höchstpunkte im 15. Jahre, das Gewicht

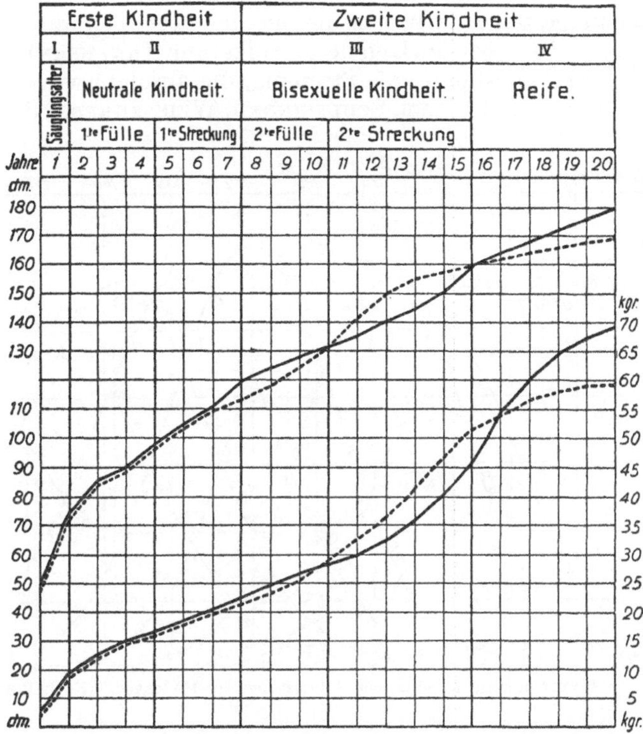

Abb. 2. Höhen- und Gewichtskurven beider Geschlechter, ——— männlich, – – – – weiblich.
(Nach STRATZ.)

steigt am meisten im 16. Lebensjahre. Das 16. und 17. Jahr sind die
kräftigsten Entwicklungsjahre (KLEINSCHMIDT, STRATZ). Recht anschaulich kommen diese Unterschiede in den Skizzenbildern und der
Tabelle von STRATZ zur Darstellung

(Nach STRATZ.)

	Mädchen	Knaben
Höhenantrieb	13 Jahre	15 Jahre
Gewichtsantrieb und deutliche Geschlechtsumbildung	14 „	16 „
Ende des Pubertätsantriebes	15 „	17 „
Geschlechtsreife	18 „	24 „
Höhepunkt der Geschlechtskraft	24 „	30 „

Diese geschlechtsspezifischen Wachstumskurven, aus denen wie aus vielen anderen evolutionären Einzelheiten eine relative Frühentwicklung des weiblichen Geschlechtes aufscheint, spiegeln nur das Verhalten der Durchschnittswerte wider. Wie bei allen anthropometrischen Begriffen sagt uns das Mittel nicht alles. Je älter die Kinder einer bestimmten Altersstufe sind — bis zu einer gewissen Zeit — und je lebhafter in dieser Phase das Wachstum vor sich geht, um so größer ist die Variationsbreite, die Streuung (s. Abb. 3). Mit zunehmendem Alter, mit zunehmender Länge und mit gesteigerter Wachstumsenergie, aber auch mit zunehmendem Unterschied der sozialen Lage der Bevölkerung (Dikansky) vergrößert sich die Schwankungsbreite, die Streuung, die absolute wie die relative Variationsbreite (Pfaundler, Schlesinger, Weissenberg, Rössle und

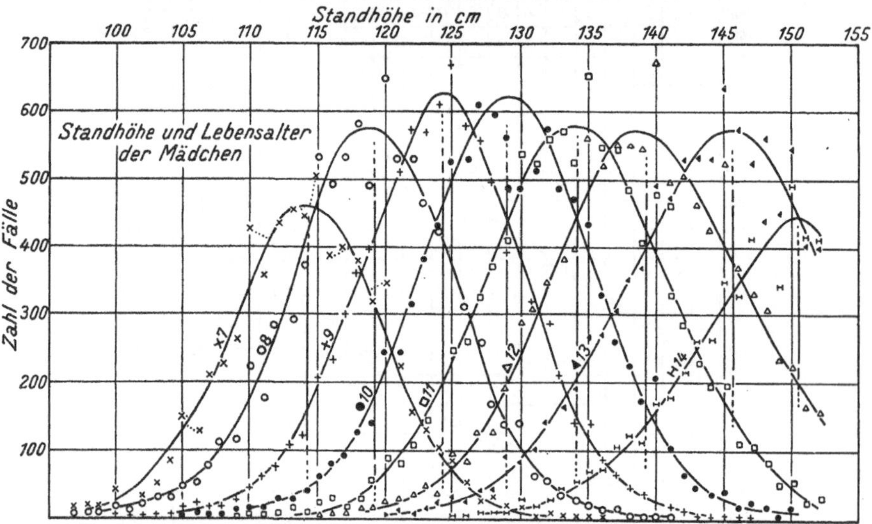

Abb. 3. Streuungskurven der einzelnen Altersstufen des Mädchens. (Nach Pirquet.)

Böning). In der Pubertät ist sie recht groß. Die hohe Körpervariation des Menschen, die keinem freilebenden Säugetier annähernd gleichkommt, bezeichnet v. Pfaundler als Domestikationsmerkmal. Recht instruktive Kurvenbilder finden wir in Pirquets Anthropometrischen Studien. Hier wird auch der Nachweis erbracht, daß die Woodsche Ansicht zu Recht besteht, nach der ältere Kinder bei derselben Körperhöhe (Standhöhe) ein größeres Gewicht haben als jüngere. Gleich lange Knaben sind anfangs schwerer als Mädchen, gegen die Pubertätszeit werden diese schwerer.

Als Ergänzung zu den Resultaten der Körperlängenmessungen brachte Kistler interessante Ergebnisse der Sitzhöhenuntersuchungen. Mit Beginn der Pubertät wird die Sitzhöhenkurve steiler als sie vorher war, auch die Linie der Beinhöhen entfernt sich zur Reifezeit immer mehr von der der Standhöhen. Das stärkere Wachstum der Sitzhöhe gegenüber dem der Beine erklärt bei Rücksichtnahme auf den früheren

Längen- und Gewichtszunahme. (Nach KAUP.)
Männliches Geschlecht.

Alter	Länge	Gewicht	Differenz Länge	Differenz Gewicht	Indices		
Jahre	cm	kg	cm	kg	P/L	P/L^2	P/L^3
10	131,50	29,00	—	—	2,21	1,68	1,285
11	136,45	31,60	4,95	2,60	2,32	1,70	1,245
12	140,78	34,39	4,33	2,79	2,42	1,74	1,240
13	145,72	37,39	4,94	3,00	2,56	1,77	1,210
14	153,52	41,94	7,80	4,55	2,73	1,78	1,160
15	158,48	46,49	4,96	5,00	2,96	1,87	1,180
16	164,73	53,30	6,25	6,36	3,24	1,96	1,198
17	168,50	56,50	3,77	3,20	3,35	1,99	1,183
18	169,14	59,09	0,64	2,59	2,49	2,06	1,220
19	169,60	60,98	0,46	1,89	3,60	2,12	1,250
20	169,80	62,86	0,20	1,88	3,70	2,18	1,288
21—24	170,00	65,00	0,20	2,14	3,83	2,25	1,324
25—30	170,00	66,47	0,00	1,47	3,91	2,30	1,350

Weibliches Geschlecht.

Alter	Länge	Gewicht	Differenz Länge	Differenz Gewicht	Indices		
Jahre	cm	kg	cm	kg	P/L	P/L^2	P/L^3
10	131,50	29,00	—	—	2,21	1,68	1,278
11	139,00	32,65	7,50	3,65	2,35	1,69	1,220
12	143,66	35,62	4,66	2,97	2,48	1,73	1,215
13	148,05	38,52	4,39	2,90	2,59	1,76	1,183
14	152,10	42,10	4,05	3,58	2,76	1,82	1,200
15	155,64	45,86	3,54	3,76	2,94	1,90	1,220
16	158,52	51,99	2,88	6,13	3,28	2,08	1,310
17	159,55	55,02	1,03	3,03	3,45	2,16	1,357
18	160,00	56,58	0,45	1,56	3,54	2,21	1,380
19—24	160,50	58,00	0,50	1,42	3,65	2,25	1,405
25—30	160,50	50,25	0,00	1,25	3,69	2,30	1,438

Sitz- und Thoraxhöhe. (Nach KAUP.)

Alter	Männliche Jugendliche					Weibliche Jugendliche				
	Sitzhöhe		Bruchwand		Ver-hältnis	Sitzhöhe		Bruchwand		Ver-hältnis
Jahre	cm	%	cm	%		cm	%	cm	%	
11	71,4	52,3	40,1	29,4	56,1	72,9	52,0	40,7	29,2	55,8
12	73,4	52,2	41,4	29,5	56,4	74,6	52,0	41,9	29,2	56,2
13	75,2	51,7	42,7	29,3	57,0	76,3	51,8	42,5	28,7	56,0
14	78,2	51,0	44,9	29,2	57,0	77,8	51,0	43,4	28,4	56,0
15	79,4	50,2	46,2	29,2	58,0	81,5	52,5	45,2	29,2	56,0
16	83,7	50,8	47,4	28,8	57,0	82,6	52,1	46,4	29,3	56,0
17	85,3	50,9	49,2	29,3	58,0	83,8	52,5	47,3	29,6	56,0
18	88,5	52,3	51,4	30,4	58,0	82,6	52,2	46,8	29,5	57,0
19	88,7	52,3	51,6	30,4	58,0					
20	89,0	52,4	52,0	30,6	58,0					

Pubertätsbeginn beim Weibe die kürzeren Beine des weiblichen Geschlechtes. Auch WEISSENBERG hebt dieses Verhalten des Pubertätswachstums der Sitz- und der Beinhöhe hervor. W. BRANDT bemerkt, daß nach DAVENPORT die bei Mädchen vom 4. bis zum 11. Jahre geringere Sitzhöhe im 12. Jahre die männliche kreuzt und überholt, um im 13. wieder abzusinken, während bei den Knaben eine Zunahme eintritt, im 16. Jahr findet dann eine zweite Kurvenkreuzung statt.

Extremitätenmaße und Proportionen. (Nach Kaup.)

Alter	Männliche Jugendliche					Weibliche Jugendliche				
	Armlänge		Beinlänge[1]		Ver-hältnis	Armlänge		Beinlänge		Ver-hältnis
Jahre	cm	%	cm	%		cm	%	cm	%	
11	60,2	44,1	75,1	55,1	80,2	61,2	43,9	78,9	56,5	77,6
12	61,5	43,7	78,0	55,5	79,0	62,8	43,7	80,9	56,3	77,6
13	64,2	44,1	80,5	55,2	80,0	65,4	44,2	82,4	55,0	79,0
14	67,9	44,2	84,2	55,0	81,0	65,9	43,5	84,1	55,3	78,0
15	70,0	44,1	87,4	55,1	80,0	68,4	44,2	84,5	54,4	81,0
16	73,8	44,8	91,5	55,6	81,0	69,6	43,9	86,5	54,5	80,0
17	75,2	44,9	91,0	54,0	83,0	69,9	43,8	86,7	54,4	81,0
18	76,0	44,9	91,5	54,2	83,0	69,9	44,1	85,5	53,5	82,0
19	76,2	44,9	91,8	54,1	83,0					
20	76,3	44,9	92,0	54,2	83,0					

[1] Korrektur nach Martin.

Entwicklung des Brust- und Bauchumfanges. (Nach Kaup.)

Alter	Männliche Jugendliche				3 : 1	Alter	Weibliche Jugendliche				3 : 1
	Umfänge						Umfänge				
	Brust		Bauch				Brust		Bauch		
	1	2	3	4			1	2	3	4	
Jahre	cm	%	cm	%		Jahre	cm	%	cm	%	
11	65,77	48,22	—	—	—	11	67,7	48,4	60,3	43,4	89,1
12	68,33	48,6	—	—	—	12	69,1	48,2	61,8	43,0	89,3
13	70,0	48,1	61,7	42,4	88,1	13	71,7	48,3	61,6	41,6	86,0
14	73,5	47,9	64,0	41,0	85,8	14	73,6	48,4	62,0	40,7	84,3
15	76,1	48,0	64,7	40,8	85,0	15	77,05	49,5	64,6	41,6	84,0
16	79,9	48,5	67,4	40,8	84,3	16	80,04	50,0	66,73	42,1	83,3
17	83,4	49,5	69,4	41,1	83,2	17	82,17	51,5	68,13	42,7	83,0
18	85,4	50,5	70,2	41,5	82,3	18	84,0	52,5	68,8	43,0	81,9
19	87,4	51,6	71,6	42,3	82,0	19—24	85,7	53,4	70,0	43,6	81,5
20	89,2	52,6	73,2	43,2	82,0						
21—24	89,5	52,6	76,0	44,6	85,0						
25—30	90,5	53,3	77,5	45,6	85,7	25—30	86,7	54,0	71,5	44,6	82,5

Entwicklung der Breitendimensionen. (Nach Kaup.)

Alter	Männliches Geschlecht							Weibliches Geschlecht						
	1		2		3		4	1		2		3		4
	Schulter-breite		Becken-breite		Sitzknorren-breite		Proz. 1 : 2	Schulter-breite		Becken-breite		Sitzknorren-breite		Proz. 1 : 2
Jahre	abs.	%	abs.	%	abs.	%		abs.	%	abs.	%	abs.	%	
11	29,8	21,9	22,3	16,4	—	—	74,7	30,3	21,7	23,2	16,6	25,3	18,5	76,5
12	30,8	21,9	23,0	16,4	—	—	74,7	30,7	21,4	23,7	16,5	26,0	18,1	77,1
13	31,0	21,3	23,8	16,3	27,0	18,6	76,8	31,9	21,5	24,5	16,5	27,0	18,2	76,2
14	32,1	20,9	24,8	16,2	27,7	18,1	77,2	31,0	20,9	24,7	16,3	28,9	19,0	77,4
15	34,2	21,6	25,6	15,8	28,9	18,2	74,8	32,8	21,2	26,6	17,2	30,8	19,6	81,1
16	36,2	21,1	26,7	16,2	30,2	18,4	73,8	34,4	21,7	27,8	17,5	32,2	20,2	80,9
17	36,5	21,8	26,7	15,9	31,0	18,6	73,3	34,9	21,8	28,3	17,8	32,3	20,4	81,1
18	37,2	22,0	28,1	16,6	31,6	18,7	75,5	34,7	21,7	28,3	17,9	32,4	20,4	81,5
19	37,8	22,3	28,5	16,8	31,7	18,7	75,4							

Normen der Vitalkapazität. (Nach Smedley, zitiert bei I. E. Young, Abts Pediatrics, I.)

Alter Jahre	Knaben cm	Mädchen cm	Alter Jahre	Knaben cm	Mädchen cm
6	1023	950	13	2108	1827
7	1168	1061	14	2395	2014
8	1316	1165	15	2697	2168
9	1469	1286	16	3120	2266
10	1603	1409	17	3483	2319
12	1883	1664	18	3655	2343

Das Breitenwachstum zeigt später seinen Pubertätsanstieg als das Längenwachstum, wobei die Zunahme der Schulterbreite nicht ganz den Gang anderer Dimensionen durchmacht. Rössle und Böning heben hervor, daß, je frühzeitiger die sexuelle Differenzierung einsetzt und je rascher sie vor sich geht, desto ausgeprägter die Modellierung in die Breite in Szene zu treten pflegt. Brock konnte feststellen, daß das Breitenwachstum des menschlichen Brustkorbs in der Wachstumsperiode in allen Dimensionen hinter dem Längenwachstum zurückbleibt. Dabei

Absolute Sitzhöhe während des Wachstums.
(Nach Weissenberg.)

Alter	Knaben		Mädchen	
Jahre	cm	Zuwachs cm	cm	Zuwachs cm
7	62,6	1,9	62,0	2,7
8	64,3	1,7	63,7	1,7
9	66,4	2,1	66,0	2,3
10	67,8	1,4	68,9	2,9
11	69,3	1,5	69,9	1,0
12	71,3	2,0	72,9	3,0
13	73,3	2,0	75,9	3,0
14	75,1	1,8	78,7	2,8
15	78,4	3,3	80,7	2,0
16	81,8	3,4	81,6	0,9
17	84,8	3,0	82,4	0,8
18	85,4	0,6	83,0	0,6
19	85,6	0,2	82,5	—
20	86,3	0,7	83,0	—

entsteht eine Formveränderung dadurch, daß sich der Tiefendurchmesser verhältnismäßig mehr verkürzt als der Breitendurchmesser (Abflachung). Gleichzeitig kommt es, anatomisch betrachtet, zu einer Änderung des Rippenverlaufes, der beim Neugeborenen horizontal, später abwärts gerichtet ist.

Das Anfangswachstum in die Breite erscheint um die Reife abnehmend gesteigert und geht dann in ein schwächeres über, das bei Mädchen bis zum 11., beim Knaben bis zum 14. Jahr dauert. Dann beginnt die Pubertätssteigerung, das Auseinanderrücken der Schultern mit etwa dreijähriger Dauer bei beiden Geschlechtern, welches ein charakteristisches Höherstehen der weiblichen Kurve erkennen läßt, die dann im 15. Lebensjahr endgültig unter die männliche rückt. Für das Breitenwachstum sieht BIEDL in der Änderung des proportionalen Brustumfanges, des Quotienten $\dfrac{\text{Brustumfang} \times 100}{\text{Körperlänge}}$, eines Wertes, der bis zum 14. Jahr sinkt, um dann zuerst langsam, später rascher anzusteigen, ein brauchbares Maß. Sein Tiefstand findet sich nach BRUGSCH im 12. Jahr, er beträgt in der zweiten Streckungsperiode 46—48 und erreicht im 19. Jahr durchschnittlich den Wert von 50.

Relativer Brustumfang während des Wachstums. (Zusammengestellt von ROSENSTERN.)

Alter	WEISSENBERG		KAUP		QUETELET		SCHLESINGER (gut situiert)	
Jahre	männlich	weiblich	männlich	weiblich	männlich	weiblich	männlich	weiblich
6	52,1	50,9	—	—	52,0	50,6	—	—
7	50,3	50,3	—	—	51,1	49,5	—	—
8	50,1	48,8	—	—	50,4	48,7	—	—
9	50,2	48,6	—	—	49,9	47,9	—	—
10	49,5	47,9	—	—	49,5	47,4	44,2	—
11	49,2	47,1	48,2	48,4	49,2	47,0	43,8	—
12	47,4	48,0	48,6	48,2	49,1	46,7	44,1	—
13	48,6	48,3	48,1	48,3	49,0	46,6	44,0	—
14	49,0	48,5	47,9	48,4	49,0	46,7	43,9	—
15	49,3	50,1	48,0	49,5	49,1	47,1	44,8	—
16	48,9	51,1	49,5	50,0	49,3	48,1	45,7	—
17	49,4	50,7	49,5	51,5	49,7	49,1	47,0	—
18	50,6	51,6	50,5	52,5	50,4	50,0	47,1	—
19	50,8	51,5	51,6	53,4	51,1	50,7	47,7	—
20	50,6	52,3	52,6	—	51,8	51,1	47,7	—

Aus vorstehender Tabelle schließt ROSENSTERN: Der proportionale Brustumfang sinkt bei beiden Geschlechtern bis zum Beginn der Reife, um dann stetig anzusteigen. Der tiefste Punkt liegt bei Mädchen im 11. bis 13. Jahr, bei den belgischen und deutschen Knaben im 14. Lebensjahr, bei den südrussischen im 12. Lebensjahr. Es sind dies die Jahre, in denen nach den Sammelstatistiken die stärkste Längenentwicklung erfolgt. Offenbar bleibt gerade während dieser Zeit die relative Brustentwicklung zurück. Im frühen Schulalter ist der relative Brustumfang beim weiblichen Geschlecht kleiner als beim männlichen. Bei den Belgierinnen bleibt dieses Verhältnis bis zum 20. Jahre, wenn auch in geringerem Grade, bestehen, bei den von KAUP untersuchten Münchnerinnen und noch mehr bei den russischen Jüdinnen WEISSENBERGS wird der relative Brustumfang vom 14. bzw. 15. Lebensjahr an bei den Mädchen größer.

GIESELER und BACH würdigen den relativen Brustumfang (relativ = in Prozent der Körpergröße) als sexuelles Maß; die Knaben weisen einen größeren relativen Brustumfang auf als die Mädchen, sie haben absolut und relativ einen längeren Stamm und Rumpf, die Mädchen eine größere Beinlänge. Die relative Beinlänge steigt mit zunehmendem Alter, d. h. mit wachsender Körperlänge; die untere Extremität erobert sich gewissermaßen im Wachstum ständig einen höheren Anteil an der Körpergröße.

Die Symphyse wird beim männlichen Adolescenten höher als beim weiblichen, bei diesem breiter als beim männlichen.

Die Proportionen der einzelnen Körperpartien wandeln sich in der Pubertät, ARON[1] spricht von „disproportionalem Wachstum in der Streckungsperiode", besonders in der der Pubertät vorangehenden zweiten Streckung. Mit einem Tempo, das dem allgemeinen Entwicklungsrhythmus entspricht, bringt die Reifezeit die Änderung. Ein Vergleich der Wachstumstendenzen einzelner Partien von der intrauterinen Epoche bis zu der infolge Abschluß der Epiphysenfunktion mit der Pubertät erreichten Körperhöhe weist nach WEISSENBERG zwischen Neugeborenem und Erwachsenem folgende Unterschiede:

Neugeborener	Erwachsener
Körperlänge > Klafterbreite	Körperlänge < Klafterbreite
Rumpf > Bein	Rumpf < Bein
Rumpf > Arm	Rumpf < Arm
Arm > Bein	Arm < Bein
Kopfumfang > Brustumfang	Kopfumfang < Brustumfang

Die erlangte völlige Körperausbildung schafft demnach beim Menschen Verhältniswerte, die ein Zurückbleiben der bei der Geburt fortgeschrittener geformten Anteile und ein energischeres Wachstum der anfänglich geringer entwickelten Teile erkennen lassen, in der Reihenfolge der Entwicklungsstadien geordnet: Kopf, Rumpf, Arm, Bein. Der Kopf wächst am schwächsten, die Beine am stärksten, die Extremitäten intensiver als der Rumpf, das Bein stärker als der Arm. Da die das stärkste Wachstumsmaß zeigenden Röhrenknochen der Beine in erster Linie als die Säulen des Rumpfes die Länge des menschlichen Körpers bestimmen, so wird ihre Längenzunahme, die um die Zeit der Geschlechtsreife am intensivsten in Erscheinung tritt, die Höhenzunahme des Adolescenten besonders eklatant gestalten. Bis zur Pubertät wachsen die Beine stärker als der Rumpf, dann noch vor Abschluß der Reife greift eine Dissoziation zwischen Extremitäten- und Rumpfwachstum Platz, erstere kommen früher zum Wachstumsabschluß.

Was die Wachstumsgeschwindigkeit betrifft (s. Kurvenzeichnung CZERNY-KELLER, Abb. 4, und HOLT-FALES, Abb. 5), nimmt diese nach FRIEDENTHAL in der ersten Zeit des Lebens rasch bis zum Maximum (9. Lebensjahr) zu, bleibt dann beim Knaben bis zum 15. Jahr konstant und zeigt (s. auch Tab. KAUP und Abb. HOLT) zwischen dem 14. und 16. Jahr eine Zunahme; beim Mädchen findet sich der stärkere Längen-

---

[1] Den Begriff Disharmonie, welchen ARON bezüglich des Pubertätswachstums gebraucht hat, will THOMAS noch in anderer Beziehung gelten lassen, so in Hinblick auf die zugrunde liegenden hormonalen Verhältnisse, vor allem auch auf die cerebralen und psychischen Funktionen. Solche Inkongruenzen hält er für das Charakteristikum von Übergängen in eine andere Lebensphase, so Geburt, Pubertät, Klimakterium. Diese sind mit Schädigungen, mit „Übergangsschäden" verknüpft. Sie offenbaren die Erschöpfbarkeit konstitutionell minderwertiger Systeme. Im Pubertätsalter entstehen solche Schädigungen in vielen wichtigen Organsystemen: im ganzen Zirkulationsapparat, in der Lunge, im Blut, in den Nieren, im Nervensystem.

wuchs schon zwischen dem 9. und der ersten Hälfte des 15. Lebensjahres. Die Durchschnittszahl bringt die Pubertätsstreckung nicht genügend deutlich zum Ausdruck. E. Schlesinger betont nachdrück-
lich, daß nur die absoluten Längen- und Gewichtszahlen der Knaben
(vor der Pubertät) größer sind als die ihrer Altersgenossinnen. In
Prozenten der definitiven Länge ausgedrückt eilen stets die Mädchen
den Knaben im Wachstum voraus. So haben die Knaben mit 2 Jahren
mit 85 cm nur 50% ihrer Länge erreicht, gleichaltrige Mädchen von
84 cm Höhe schon 52,5%. Die Geschwindigkeit der Abnahme des

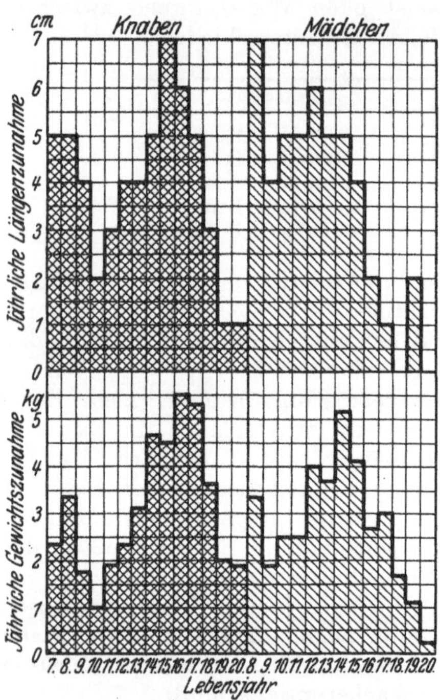

Abb. 4.   Wachstums- und Gewichtszunahmen.
(Nach Czerny-Keller.)

Wachstumstempos ist für einige
Jahre zur Reifezeit sehr erheblich gehemmt oder aufgehoben.
Vom 7. Lebensjahr bis zum 16.
beläuft sich der Jahreszuwachs
fast ungeändert auf 3,7%, um
dann abzufallen. Streng genommen bewirkt also die Reife gar
nicht eine Beschleunigung des
Längenwachstums, sie verhindert nur für einige Zeit das
Absinken der Zuwachswerte
(Friedenthal). Nur bei rasch
reifenden Individuen kommt es
zu einer wahren Steigerung des
prozentischen Jahreszuwachses
und damit zu einer Geschwindig-
keitssteigerung des Längenwachstums gegenüber dem
7. Jahr, niemals aber werden
die hohen Zahlen der ersten
Kindheit erreicht.

Die Pubertätssteigerung des
Wachstums, diesen zweiten
Wellenberg nach dem auf em-
bryonalen Impulsen ruhenden
des Säuglingsalters, bezeichnet
E. Schlesinger als die wesentliche Eigentümlichkeit des menschlichen
Wachstums gegenüber dem aller Säugetiere. Auch er nimmt wie Stratz
an, daß das Endergebnis des Wachstums, endogen festgelegt, im wesent-
lichen also ererbt und im allgemeinen um so größer ist, je später der
Pubertätsantrieb einsetzt und je länger er dauert.

Nach Untersuchungen Rosensterns führt die Gesamtheit aller
Wachstumsveränderungen im Laufe der Entwicklung zu einer voll-
kommenen Ummodellierung des Körpers, die ihren Ausdruck findet in
dem geradezu gesetzmäßig eintretenden Wechsel des „Körperbautypus".
Aus dem kurzen, breiten und runden Körper des Säuglings wird der
lange, schmale und dünne Typ in der Pubertät. Jedes Alter hat seine
Körperform, die im wesentlichen durch die Wachstumsphase bedingt

ist. Dazu kommt noch der Einfluß der individuellen morphologischen Konstitution.

Um die Breitenentwicklung richtig beurteilen zu können, berücksichtigt FRIEDENTHAL das Körpergewicht in seinem Verhältnis zum Längenmaß in dem sog. Streckengewicht, jener Gewichtsgröße, welche auf die Längeneinheit entfällt. Gute Übersichten über die Altersverhältnisse beider Geschlechter bezüglich Körperlänge, Jahreszuwachs,

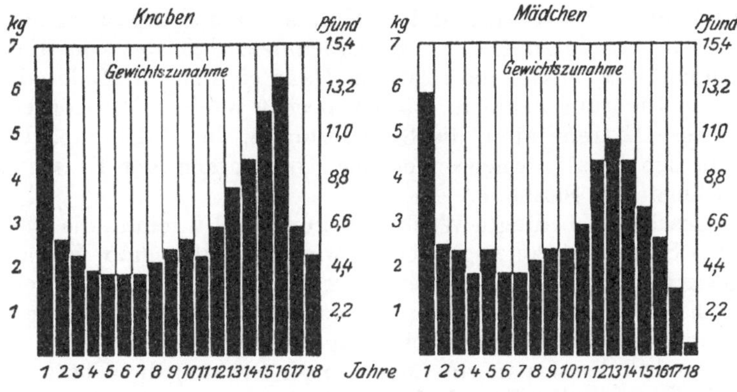

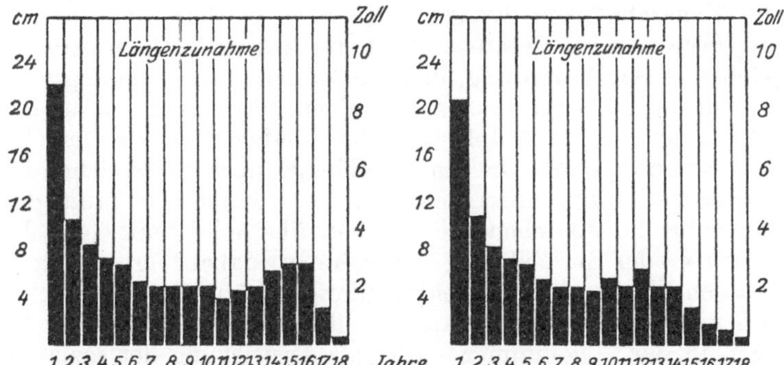

Abb. 5. Längen- und Gewichtszunahmen beider Geschlechter. (Nach HOLT und FALES.)

Körpergewicht, Streckengewicht gibt die Tabelle FRIEDENTHALS (S. 21), zusammengestellt aus den Mittelzahlen der Autoren, die Zahlen veröffentlicht haben, und die Tabellen, die KAUP an Hand der Untersuchungen an Münchener Schülermaterial bringt.

Einen eigentümlichen Wachstumsgang zeigt die Hüftbreite (WEISSENBERG), der die Sitzknorrenbreite und der Bauchumfang parallel gehen, und deren Besonderheiten in geschlechtlichen Differenzen liegen. Nach FEHLING ist schon im 5. Monat der Charakter des weiblichen Beckens ausgeprägt; LENZ anerkennt keinen geschlechtlichen Unterschied im Kinderbecken. Anfangs wiederholt die Hüftbreite den Entwicklungsgang der Höhenmaße, bis zum 8. Jahre ist sie bei Knaben etwas größer

2*

als bei Mädchen, mit 9 Jahren ist sie gleich groß, um dann ein umgekehrtes Verhältnis zu erlangen, indem sie beim weiblichen Geschlecht
stark zunimmt. Dieser Zeitpunkt stimmt mit dem des Höherwerdens
der Mädchen überein. Während aber die Knaben nach dem 15. Lebensjahr an Körperlänge wieder höher stehen, bleibt die Hüftbreite bis ans
Lebensende bei der Frau größer, das einzige Maß, dessen absoluter Wert
bei der Frau höher liegt als beim Manne.

M. HIRSCH bemerkt in seinen Beckenstudien, daß in der Pubertätszeit die Wachstumsenergie einzelner Körperteile und Organe nicht gleich
ist, daß die absoluten Maße zwar zunehmen, daß aber, da die Teile
ungleichmäßig wachsen, die relativen Maße eine zunehmende oder abnehmende Richtung nehmen. Zu den positiv wachsenden Körperteilen
gehören die Extremitäten, die Schulterbreite, die Hüftbreite, das Gesicht, zu den negativ wachsenden der Kopfumfang, der Brustumfang,
Rumpflänge und Sitzhöhe.

Die geschlechtsbedingte Wachstumskurve mit ihrem in die Pubertät
fallenden Scheitelpunkt zeigt, ebenso wie der Reifebeginn, Variationen
nach geographischen, klimatischen, rassenmäßigen und sozialen Gegebenheiten. Erst zur Reifezeit werden Rasseneigenheiten, erbbedingte Merkmale sowie geschlechtsspezifische Züge in vollem Umfang manifest.
So dauert bei der Japanerin (MIVA, nach STRATZ) die Überkreuzung
der Höhenkurven der Geschlechter vom 10. bis zum 14. Jahr, bei der
Negerin vom 8. bis zum 14. Jahr. Gleiche Verhältnisse vorausgesetzt,
wäre die Menarche nach STRATZ je 1 Jahr vor dem Ende der Überkreuzung festzusetzen. Interessant ist die Angabe, daß in ostafrikanischen Gebieten der Vorsprung, den die Mädchen der gemäßigten Zone
in bezug auf das Pubertätswachstum zeigen, nicht nachweisbar ist; die
Knaben werden nur im 7. Jahr von den Mädchen übertroffen, in den
Pubertätsjahren ragen sie um ein Erhebliches über die Mädchen hinaus
(MACKINNON). SCHIOTZ untersuchte dänische Kinder, er fand, daß im
12. Lebensjahr die Mädchen die Knaben überholen, mit $14^1/_2$ Jahren
die Knaben wieder die Führung übernehmen; dabei zeigten sich Differenzen in den Werten der höheren Schüler gegenüber den Volksschülern,
Beeinflussung der Wachstumskurven, die auch von anderen Untersuchungen in der Folge immer wieder als Auswirkung der sozialen und
Wohlstandsfaktoren hervorgehoben werden. Mit den Gewichtskurven
verhält es sich ähnlich wie mit den Wachstumszahlen, nur daß die
Mädchen hier ein Jahr länger ($12.—15^1/_2$ Jahr) den Knaben überlegen
sind und daß die sozialen Unterschiede sich stärker bemerkbar machen.
Die Verhältniszahl des Gewichtes zur Länge nimmt bei Knaben nach
SCHIOTZ vom 7. Jahr an langsam ab und wird mit 14 Jahren wieder
größer. Bei den Mädchen beginnt das Sinken dieses Index erst mit
9—10 Jahren und der Wiederanstieg schon mit 12 Jahren, wie überhaupt die einzelnen Entwicklungsphasen bei den Mädchen immer eine
plötzlichere Wendung nehmen, bei den Knaben allmählich ineinander
übergehen.

Die Konkurrenz der geographisch-klimatischen mit den Rassenfaktoren in ihrer Bedeutung für die Wachstumskurven zeigt sich über-

Tabelle nach FRIEDENTHAL.

Lebensalter	Körperlänge		Jahreszuwachs		Jahreszuwachs in Proz.		Körpergewicht		Streckengewicht Gewicht durch Länge		Jahreszuwachs des Körpergewichts		Jahreszuwachs des Körpergewichts in Proz.	
	männlich	weiblich	männlich	weiblich	männlich	weiblich	männlich	weiblich	männlich	weiblich	männlich	weiblich	männlich	weiblich
Neugeboren	50,8	50,0	48,0	38,4	94,60	77,00	3,300	3,100	65,2	62,0	6000,0	3600,0	182,000	116,00
1. Jahr	74,0	70,5	23,2	20,5	31,80	29,00	9,450	8,900	128,0	126,0	6150,0	5800,0	65,100	65,20
2. ,,	84,0	82,5	10,0	12,0	11,90	14,40	12,100	11,130	132,0	136,0	2650,0	2230,0	21,900	22,10
3. ,,	90,0	90,0	6,0	7,5	6,70	8,36	13,240	12,600	147,0	140,0	1140,0	1470,0	8,700	11,70
4. ,,	97,0	96,0	7,0	6,0	7,20	6,25	14,870	14,290	153,0	149,0	1630,0	1690,0	10,900	11,90
5. ,,	104,0	103,0	7,0	7,0	6,74	6,80	16,500	15,730	159,0	153,0	1630,0	1440,0	9,900	9,20
6. ,,	110,0	109,0	7,0	6,0	6,30	5,50	18,190	17,150	164,0	157,0	1690,0	1420,0	9,300	8,30
7. ,,	115,0	115,0	4,0	6,0	3,50	5,20	20,260	18,620	176,0	162,0	2070,0	1470,0	10,300	7,90
8. ,,	119,0	119,0	4,0	4,0	3,36	3,50	22,260	21,190	187,0	169,0	2000,0	1570,0	9,000	7,80
9. ,,	124,0	125,0	5,0	6,0	4,02	4,80	24,290	22,200	196,0	177,0	2030,0	2010,0	8,400	9,00
10. ,,	128,0	130,0	4,0	5,0	3,10	3,85	26,380	24,430	206,0	187,0	2090,0	2230,0	8,000	9,10
11. ,,	133,0	136,0	5,0	6,0	3,76	4,40	28,420	26,750	214,0	197,0	2040,0	2320,0	7,200	8,70
12. ,,	138,0	142,0	5,0	6,0	3,62	4,23	30,940	30,800	224,0	217,0	2520,0	4050,0	8,200	13,10
13. ,,	142,0	147,0	4,0	5,0	2,82	3,40	34,690	34,500	244,0	234,0	3750,0	3700,0	10,800	10,70
14. ,,	147,0	150,0	5,0	3,0	3,40	2,00	39,100	38,420	266,0	256,0	4410,0	3920,0	11,300	10,20
15. ,,	153,0	151,0	6,0	1,0	3,92	0,67	43,970	42,170	287,0	279,0	4870,0	3750,0	11,100	8,90
16. ,,	159,0	152,0	6,0	1,0	3,78	0,66	49,880	45,570	313,0	298,0	5910,0	3400,0	11,800	7,50
17. ,,	162,0	153,0	3,0	1,0	1,85	0,65	54,260	48,700	335,0	316,0	4380,0	3130,0	8,100	6,40
18. ,,	163,0	154,0	1,0	1,0	0,61	0,65	58,050	51,350	356,0	337,0	2790,0	2650,0	6,500	5,20
19. ,,	164,0	154,0	1,0	—	0,61	—	60,520	52,980	369,0	344,0	2470,0	1630,0	4,100	3,10
20. ,,	165,0	154,0	1,0	—	0,60	—	61,910	53,970	375,0	350,0	1390,0	990,0	2,200	1,80
25. ,,	165,0	154,0	—	—	—	—	64,060	54,455	389,0	353,0	2150,0	97,0	0,700	0,18
30. ,,	164,5	153,5	—0,25	—0,25	—0,1520	—0,1630	66,210	54,940	403,0	357,0	350,0	97,0	0,540	0,18
40. ,,	164,0	153,0	—0,05	—0,05	—0,0304	—0,0327	66,240	55,920	404,0	366,0	3,0	98,0	0,005	0,17
50. ,,	163,0	152,0	—0,10	—0,10	—0,0610	—0,0660	66,800	57,310	409,0	377,0	50,6	139,0	0,700	0,24
60. ,,	162,5	151,0	—0,05	—0,10	—6,0610	—0,0670	66,260	55,510	407,0	366,0	—54,0	—180,0	—0,080	—0,32
70. ,,	159,5	148,0	—0,30	—0,30	—0,1880	—0,2030	63,700	52,600	399,0	355,0	—256,0	—285,0	—0,400	—0,54

nach der Geburt

aus deutlich in den mehrfach mitgeteilten Beobachtungen von Änderung der Kurvenhöhe und -gestalt bei Auswanderern, die auch bezüglich der evolutionären Einzelheiten eine Akklimatisation schon in der zweiten Generation erkennen lassen.

Soziale Divergenzen der Wachstumskurven heben v. PFAUNDLER, BERLINER, KLEINSCHMIDT, HECKER, RÖSSLE, KAUP, SCHEIDT, BRANDT u. a. hervor.

Differenzen im Längen- und Breitenwachstum zwischen Stadt- und Landbevölkerung, zwischen sozial Höher- und Tieferstehenden, zwischen Schülern der Pflichtschulen und solchen der nur Begüterten zugänglichen

Schwankungsbreite des Längenwachstums Berliner Kinder. (Nach RIETZ.)

Knaben:

Alter	Gymnasium		Gemeindeschule	
Jahre	Variationsbreite	Durchschnitt	Variationsbreite	Durchschnitt
6	106,0—134,5	118,3	101,0—125,0	113,6
7	113,0—134,0	122,0	98,5—133,0	117,2
8	113,0—142,0	127,3	102,0—136,0	121,4
9	118,5—147,5	131,2	107,5—141,0	126,5
10	122,0—151,0	135,7	116,0—148,0	130,9
11	128,5—155,0	139,5	102,5—150,0	135,3
12	132,5—165,0	145,4	123,5—157,0	139,7
13	137,0—176,0	150,6	127,0—160,0	144,7
14	137,5—175,0	156,0	132,5—163,0	146,6
15	139,5—180,0	162,4		
16	144,5—180,0	165,8		

Mädchen:

Alter	Gymnasium		Gemeindeschule	
6	112,5—126,5	119,0	96,0—213,0	111,9
7	114,5—134,0	122,7	102,5—133,0	117,3
8	118,0—136,5	127,2	98,0—137,0	121,7
9	116,0—143,0	131,0	109,0—137,5	125,0
10	122,0—156,0	135,7	116,0—146,0	130,6
11	121,0—153,0	141,2	120,0—151,0	135,7
12	128,0—161,5	147,8	121,0—157,5	140,8
13	134,5—179,5	152,1	129,0—169,0	148,0
14	143,5—170,5	156,6	136,0—162,0	150,5
15	147,0—169,0	158,0		

höheren Schulen, Unterschiede der Meßresultate, die vielfach hervorgehoben werden, fallen nicht nur um die Zeit der Reife, aber vorwiegend bei Individuen dieser Altersklasse auf. BERLINER bringt die instruktive Tabelle von RIETZ (s. diese), die den Unterschied der Gemeindeschüler und der Gymnasiasten illustriert. BRANDT meint, daß unter Umständen die Unterschiede der Volksschüler und der Frequentanten höherer Schulen größer sein können als diejenigen, welche sich aus Stammeseigentümlichkeiten ergeben. Im allgemeinen finden sich die Kinder höhergestellter Eltern an Wuchs größer, auch an Gewicht sind sie den sozial schlechter gestellten Familienangehörigen oft um 2 kg über, nicht aber an Brustumfang, an dem sie hinter den anderen zurückstehen. Die Reaktion der Körpergröße ist für ein gegebenes Alter größer als die des Brustumfangs (BRANDT). „Die Schule ist ein Milieu, an welches

der kindliche Organismus sich anpassen soll. Diese Anpassung erfaßt
in Wirklichkeit nur die reaktionsfähiger konstituierten Kinder." All
diese Unterschiede des sozialen Ursprungs sind nicht etwas Definitives,
später tendieren die Differenzen zu einer der Rasse und der Abstammung zustrebenden Nivellierung.

HECKER unterstreicht die Feststellung SCHWIENINGS, daß die durchschnittliche
Körperlänge eine Beziehung zu der Geburtsgemeinde habe, daß je größer der
Geburtsort, desto größer auch die Körperlänge sei. Er zitiert auch die Messungsergebnisse LUBINSKIS an etwa 700 Knaben im Alter von 7—13 Jahren aus drei
Bevölkerungsschichten: Landkinder, städtische Volksschüler und städtische Gymnasiasten. Die Gymnasiasten (wohlhabende Stadtschicht) übertreffen an Körperlänge ihre Altersgenossen aus den Volks- und Landschulen erheblich. Die städtischen Volksschüler sind größer als die Landkinder, die Gymnasiasten sind an Gewicht weitaus schwerer als die Landkinder und als die Volksschüler, die letzteren
leichter als die Landkinder.

Die Unterschiede des Land- und des Stadtkindes im Wuchs beziehen
sich ebenfalls auf das Längen- und das Breitenwachstum. Der leptosome Körperbau des Schulkindes als Folge der Milieuschäden der städtischen Schulen hat als Gegenstück den gedrungenen, mehr in die Breite
gehenden Wuchs des Landkindes. RÖSSLE meint: Je mehr wir uns den
vermutlich naturgemäßesten, unverdorbensten Bedingungen nähern,
desto unmerklicher beginnt und desto stetiger verläuft die Pubertät.
BRANDT findet drei exogene Faktoren, die konstitutionell eine Entwicklungstendenz des Kindes in die Breite bedingen: das Landleben,
die Leibesübungen und der Ferienaufenthalt. Die entgegengesetzte
Tendenz kann durch die Folgen der Überkultur vermögenderer Familien
der Großstadt eine „Treibhauspflanze", den leptosomen Gymnasiasten
erzeugen, einen beschleunigten Gang der Längenzunahme, mit der die
Gewichtszunahme nicht immer gleichen Schritt hält. Die Zahlen der
Landkinder sprechen für eine ruhige, gleichmäßige, konstante Weiterentwicklung, die harmonisch Gewicht und Größe erfaßt. Die Breitenstatur des Landkindes wäre demnach als die naturgemäße, biologische
aufzufassen. Was die Unterschiede des Arbeiterkindes gegenüber dem
Gymnasiasten als Repräsentanten der Wohlhabenheit anbelangt, stehen
nach BRANDT im Rahmen des Volksganzen die Kinder der sozial ärmeren
Schichten, konform den Befunden der Landkinder, biologisch auf einer
höheren Stufe als die Kinder der Reichen. Auch PFAUNDLER möchte
an Stelle der von RIETZ angenommenen „Entwicklungsverzögerung",
also Hysteroplasie bei den Kindern der Armen eine Entwicklungspräzipitation, eine Proteroplasie bei den Kindern der Reichen annehmen.
Ähnliche Untersuchungsergebnisse und Schlüsse finden wir (zitiert
bei KAUP) für Italien bei LIVI; Studierende mittlere Körperhöhe von
166,9, bei Arbeitern von 164,4 cm, für Nordfrankreich bei CALICE 169,7,
für Gesamtfrankreich 168,7 gegen 164,4, für England bei ROBERTS 172,4
gegen 169,8, für Spanien bei OLORIZ 163,9 gegen 159,8, für Deutschland
bei EVERT und SCHWIENING: Einjährig-Freiwillige 171,6 gegenüber der
Gesamtheit von 167,5. Auch GEISSLER für Freiburg, PAGLIANI für Turin
heben die Unterschiede zwischen Kindern ärmerer und solcher wohlhabenderer Bevölkerung hervor. Wir finden also Schwankungen der

Gesamtheit der Berufstätigen von München, Augsburg und Wien. (Nach KAUP.)
a = München 1929, b = Augsburg 1929/30, c = Wien 1929/30.

	14 jährige		15 jährige			16 jährige			17 jährige		18 jährige		19 jährige
	a	c	a	b	c	a	b	c	a	c	a	c	c
Körpergröße . . .	152,0	156,0	155,6	156,0	159,6	161,9	161,76	167,1	167,3	166,1	167,03	168,7	170,8
Körpergewicht. . .	43,0	45,6	46,3	45,8	50,1	53,6	51,39	54,4	56,2	57,0	58,38	59,9	64,3
Körperbauindex . .	1,86	1,87	1,91	1,88	1,97	2,04	1,97	1,95	2,0	2,07	2,10	2,11	2,19
Brustumfang . . .	—	73,1	—	76,8	76,4	—	80,1	78,9	—	81,2	82,88	83,1	86,5

sozialen Unterschiede in der Körpergröße bei den einzelnen Nationen zwischen 2 und 5 cm und im allgemeinen die sozialen Differenzen in den Pubertätsjahren besonders deutlich. Die Auflockerung der Integration der einzelnen Körpermaße ist nach KAUP in diesem Lebensabschnitt am weitesten vorgeschritten.

KAUP vermag nicht die Auffassung von FRIEDENTHAL, MATHIAS, RÖSSLE, daß der Pubertätsanstieg nur Kulturprodukt sei, zu teilen, denn die gleichen Wahrnehmungen wie in Europa hat ERISMANN bei seinen Körpermaßstudien in Zentralrußland gemacht, auch bei anderen Naturvölkern, wie bei den Serben, wurden sie bestätigt.

SCHEIDT würdigt auf Grund eigener somatometrischer Studien die wachstumsbestimmende Rolle der Reife in anderem Sinne. Er findet, daß während in der Zeit vom 10. bis Mitte des 15. Jahres die Knaben der kleinstädtischen und ländlichen Bevölkerung um ein beträchtliches größer sind als die der Großstadt entstammenden, sich das Verhältnis im 15. Jahr zugunsten der letzteren umkehrt und fortab die Großstädter im Vorsprung sind. Die Provinzkinder zeigen die deutliche Wachstumssteigerung im 12. Jahr und damit um 1 Jahr früher als die Großstadtkinder, die Wachstumsbeschleunigung dieser ist eine um so intensivere. Es läßt sich schließen, daß der Zeitabschnitt des stark gesteigerten Längenwachstums bei Knaben der Kleinstadt und der ländlichen Bevölkerung zwar 1 Jahr früher beginnt als bei Großstadtkindern, aber um ebensoviel länger dauert als bei diesen. RÖSSLE schreibt der eiweißreichen Kost einen wachstumsfördernden Einfluß zu. Die Lebensweise (mehr Sitzen bei den Großstadtkindern) ist insofern von Bedeutung, als Bewegung wachstumshemmend wirkt. Dagegen sah NOEGGERATH eine fördernde Beeinflussung des Breitenwachstums durch Leibesübungen, so daß eine Annäherung an jene quantitativ hochstehende Wuchsform des Landkindes erreicht wird.

All diese sozialen Differenzen des Körperbaues machen, ebenso wie viel krasser die Beobachtungen STEFKOS an hungernden Kindern Rußlands, die Einflüsse der Peristase auf den der Spezies, der Rasse und dem Stamme zu eigenen idiotypischen Gang der Körperentwicklung deutlich. Während normalerweise zwischen 6. und 11. Jahr die Knaben größer sind als die Mädchen, dann aber bis zum 15. Jahr, wie wir erwähnt haben, von den Mädchen an Wuchs überholt werden, dreht sich das Verhältnis nach STEFKO unter dem Einfluß des Hungerns um; gleich vom 6. Jahr an sind die Mädchen größer als die Knaben und bleiben es auch weiterhin mit einer kurzen Plateaubildung der Wachstumskurve zwischen 12. und 13. Jahre. Das Massenwachstum in der Pubertät war beim männlichen Geschlecht deutlicher gestört als beim weiblichen, der sich entwickelnde männliche Organismus ist im Hunger weniger stabil als der weibliche.

Einfluß des sozialen Milieus auf das Wachstum.
(Nach SCHLESINGER; Teiltabelle.)

Alter	Größe		Gewicht	
Jahre	Gutsituierte	Unbemittelte	Gutsituierte	Unbemittelte
6	118,0	112,0	20,9	18,6
7	122,0	118,0	22,3	20,6
8	126,5	123,0	24,5	23,1
9	132,5	128,0	27,6	24,6
10	135,5	130,5	28,9	27,1
11	139,5	135,0	31,5	28,2
12	145,0	141,5	34,7	32,3
13	150,0	147,5	38,8	33,8
14	157,0	151,5	42,5	38,8
15	163,0	154,0	49,0	43,5
16	168,5	158,0	54,7	48,6

ROSENSTERN hebt hervor, daß aus der Tabelle SCHLESINGERS der Differenzanstieg der Durchschnittskörpergröße, die bis zum 13. Lebensjahr etwa 3—5 cm beträgt, mit 15 Jahren auf 9 cm, mit 16 Jahren sogar auf 10,5 cm aufscheint.

PAULL versuchte (CZERNY-KELLER) aus einem anderen Gesichtspunkte, dem der psychophysischen Gebundenheit, die Unterschiede in der Entwicklung zwischen Schülern höherer Schulen und von Volksschülern zu beurteilen und konnte einen Parallelismus von körperlicher und geistiger Entwicklung bestätigen. Die Hilfsschüler und Repetenten bleiben auch in körperlicher Beziehung im allgemeinen hinter den Nichtrepetenten zurück. Es läßt sich schließen, daß der Umstand, daß die Schüler höherer Schulen an Körper, Länge und Gewicht gleichaltrige Volksschüler überragen, darauf zurückzuführen ist, daß wir es bei den höheren Schülern eben doch mit einem einigermaßen ausgesuchten Schülermaterial zu tun haben, das „schon rein vom elterlichen Keimplasma her höhere Anlagewerte zu körperlicher und geistiger Tüchtigkeit besitzt".

Mit Abschluß des Wachstums — beim Manne im 23., beim Weibe im 18. Jahre — resultieren die charakteristischen Körperproportionen des Weibes mit im Verhältnis zum Manne geringer Standhöhe (933 : 1000, W : M), geringer Sitzhöhe (950 : 1000, W : M), kurzen Extremitäten und langem Rumpf. Die durchschnittliche Endhöhe des Mannes ist in unseren Breiten 172 cm, die der Frau 160 cm. Da der weibliche Rumpf relativ länger ist als der männliche, tritt die Differenz der Körperlängen

im Sitzen weniger in Erscheinung. Als Folge der relativ kurzen Arme
der Frau ist ihre Klafterbreite klein; der Kopfumfang ist bedeutend
größer als beim Manne, im Brustumfang ist kein Unterschied. Die
Hüftbreite der Frau übertrifft die des Mannes.

Auch die Wachstumslinien der einzelnen Skeletpartien weisen um
die Zeit der Pubertät wichtige Auffälligkeiten auf. KLEINSCHMIDT
findet mit dem 10.—11. Lebensjahr eine stärkere Entwicklung des Ge-
sichtsschädels und eine offenbar von dem stärkeren Hervorbrechen des
starken bleibenden Gebisses abhängige Ausbildung der Kiefer. Mit der
Zunahme des Oberkiefers verbindet sich stärkere Vorwölbung der Nase
und Ausprägung des Mundes, so daß gerade diese Teile sich besonders
bemerkbar machen. Parallel zur Höhenzunahme der Kiefer geht auch
eine Verbreiterung, wodurch das runde niedere Oval des Gesichtes eine
mehr und mehr sich abstumpfende Eiform erhält. Diese zunehmende
Verbreiterung des Gesichtes im unteren Anteil bedingt nebenbei, daß
sich die abstehenden Ohren, ein häufiges Vorkommnis der ersten Kindheit, immer mehr dem Kopfumriß anlegen. J. ROSENSTERN beschreibt
als Hauptveränderungen des Gesichtes in der Wachstumsperiode eine
Streckung desselben, die im wesentlichen durch starkes Höhenwachstum
des mittleren und unteren Gesichtsabschnittes bedingt ist und in der
Herausarbeitung und Modellierung der beim Kinde kümmerlich entwickelten prominenten Teile (Oberaugenbrauenwulst, Nase, Jochbein-
gegend, Mundpartie, Kinn).

Auch das Gesicht entwickle sich in Phasen verstärkter und ver-
minderter Wachstumsintensität. In der Pubertät zeigen gerade jene
Gesichtsabschnitte starken Zuwachs, welche für die endgültige Form
maßgebend sind. Die Nase wird in der Pubertät oft erheblich größer,
wofür LEBZELTER und in jüngster Zeit M. FISCHER die Beziehung des
Geruchsinnes zu den Geschlechtsfunktionen als maßgebend annehmen.
Dafür scheint ja auch die Abnahme des Geruchsinnes im Senium zu
sprechen. Die Pubertätsänderungen des Gesichtes fand ROSENSTERN
namentlich bei an sich großen, schlanken, rasch wachsenden Kindern
gleichzeitig mit der Streckung des Körpers. Beim weiblichen Geschlecht
ist sie weniger prägnant als beim männlichen. Manchmal handelt es
sich um temporäre, wieder schwindende Dysharmonien in Form von
Vergröberung oder gar Verplumpung des Gesichtes.

Ein Versuch, analog der Typisierung der Statur Erwachsener auch
für das Kindesalter eine Typenordnung des konstitutionellen Körperbaues aufzustellen, wie ihn LEDERER, vor kurzem auch KRASUSKY u. a.
unternommen haben, zeigte keine Möglichkeit, die Systematik SIGAUDS
oder die KRETSCHMERS für das Kindesalter zur exakten Durchführung
zu bringen. Auch für die Phase der Pubertät, in der ja die psychophysische Architektonik des Organismus einen oft stürmischen Wandel
erfährt, muß eine strengere Ordnung der Körperbauformen auf Schwierigkeiten stoßen. Das Resultat aller Änderungen der Form und der Proportionen ist in der Regel ein variiertes Spiegelbild der elterlichen Eigenschaften, ein Kompromiß zwischen väterlicher und mütterlicher Erblage,
gewandelt in gewissen Grenzen durch die Umweltfaktoren. Der Weg

zu diesem Endergebnis führt von der infantilen Initialstatur über die Füllungs- und Streckungsphasen in allmählicher oder brüskerer Änderung zum mehr gedrungenen oder longilinen Endresultat des Erwachsenen. Die interessanten Wandlungen der Total- und Partialumformung sind bei ROSENSTERN durch periodisch aufgenommene Lichtbilder dargestellt.

ROSENSTERN zitiert die Unterscheidung nach SEREBROWSKAJA und SENIN in einen mageren und langen dolichomorphen Typ, einen mittleren mesomorphen und einen breiten und kurzen (brachymorphen) Typ, wobei nicht der visuelle Eindruck, sondern ein Altersstandard des proportionalen Brustumfangs zur Entscheidung verwendet wird.

Körperbauveränderungen während des Wachstums.
(Nach SEREBROWSKAJA und SENIN.)

Alter	Knaben			Mädchen		
Jahre	dolichomorph %	mesomorph %	brachymorph %	dolichomorph %	mesomorph %	brachymorph %
8	23,4	61,1	15,5	24,6	58,4	18,0
13	48,5	39,8	11,7	45,5	39,7	14,8
16	31,5	56,5	12,0	31,9	55,9	13,2

Die Tabelle zeigt eine deutliche Zunahme der dolichomorphen Typen im Pubertätsbeginn bei beiden Geschlechtern, dann eine Verschiebung im entgegengesetzten Sinne.

KELLER fand unter ungefähr 7000 Schulkindern 54 mit hochgradiger Fettsucht, die das Normalgewicht um $^1/_4$ bis $^1/_2$ überschritten. Der starke Fettansatz setzte bei den Knaben meist im Alter von 11 bis 12 Jahren ein, bei den Mädchen etwas früher, also in derselben Zeit, in der auch die physiologisch vermehrte Fetteinlagerung erfolgt. Weitaus die Mehrzahl stammte aus höheren Schulen. Unter 1900 höheren Schülern waren 36 mit Fettsucht, unter 3500 Gemeindeschülern nur 6. Die fettleibigen Kinder hatten großen und starken Knochenbau. Ähnliches konnten ROSENSTERN und ALTERTHUM feststellen. Bei Knaben fand sich immer der feminine Typ, ohne daß eine rückständige sexuelle Entwicklung für den Pubertätseunuchoidismus (BAUER) sprach. Im Gegensatz zum Fettypus fanden sich bei ROSENSTERN auch Kinder, die in der Pubertät auffallend mager blieben (Hypoplasten und leptosomer Habitus).

Auf die puberale Umformung der Hände und Füße weist HOMBURGER hin. Die Knabenhand wird breit und muskelkräftig, die Fingerlänge, namentlich die des Nagelgliedes, nimmt auffällig zu, damit der Greifumfang und die Kraftentfaltung beim Händedruck, die geschlossene Faust erhält eine massige Form. Der Fuß wird gleichfalls derb und breit. Die weibliche Hand bleibt in der Form zarter, der Handrücken wird höher und weich, die Hand bleibt im ganzen viel schmäler und kürzer als die gleichaltriger und sonst gleich entwickelter Jünglinge.

Es sei schon hier auf die Ähnlichkeit solcher Vergröberung des Gesichtes und besonders der Akren, zusammen mit der der Hände mit akromegaloiden Stigmen, die passager in den Entwicklungsjahren vorkommen, hingewiesen.

Das Körpergewicht der Mädchen ist, wie FRIEDENTHAL, STRATZ, v. LANGE u. a. hervorheben, in der Reifezeit — 9. bis 15. Jahr — höher als das der gleichaltrigen Knaben, die Mittelzahlen ergeben aber für die Mädchen geringere Werte des Gewichtes, selbst in den Jahren größerer Körperlänge. Dementsprechend findet FRIEDENTHAL das Streckengewicht im Mittel geringer als das der Knaben. Er findet auch den absoluten Jahreszuwachs des Körpergewichtes der Mädchen nur im 12. Jahr größer als bei den Knaben, sonst die absolute Massenzunahme der Knaben durch das ganze Leben größer.

Im Gegensatz zu den prozentischen Jahreszuwächsen der Körperlänge möchte FRIEDENTHAL beim Gewicht nicht nur von einer Verzögerung des Absinkens der Geschwindigkeit sprechen; die Geschwindigkeit der Massenzunahme zeigt um die Pubertät eine wenn auch nicht allzu bedeutende Beschleunigung bei beiden Geschlechtern. Ein sehr anschauliches Bild über den Jahreszuwachs an Höhe und Gewicht gibt die bei CZERNY-KELLER wiedergegebene Abb. nach HOLT.

Schon auf früher Entwicklungsstufe finden sich Geschlechtsdifferenzen der Knochenentwicklung, bereits im Säuglingsalter eilt das weibliche Geschlecht in der Bildung der Knochenkerne dem männlichen voraus, in der Reifezeit haben wir Differenzen von 2 Monaten zugunsten der Mädchen. MUNK untersuchte das Auftreten der Kernanlagen der Handwurzelknochen und fand, mit Ausnahme des Os triquetrum, die Mädchen den Knaben um 1 Jahr voraus. Bei den Mädchen erscheint eine geringe Verlangsamung des Knochenwachstums vom 8.—11. Lebensjahr, bei Knaben erst vom 9.—11. Dann steigt die Kurve der Kernentwicklung bei beiden Geschlechtern wieder steiler an. STETTNER betont die Geschlechtsgebundenheit der Knochenentwicklung. Beim weiblichen Geschlecht drängen sich die Geschehnisse auf einen engeren Zeitraum zusammen und schließen zu einem früheren Zeitpunkt ab, das Auftreten der Knochenkerne verläuft rascher, Beginn und Abschluß der Synostosierung erfolgt früher als beim Knaben. In Anbetracht des verhältnismäßig langsamen Längenwachstums der Mädchen werden bei ihnen die Ossifikationsvorgänge bei geringeren Körpergrößen in reiferem Zustand angetroffen, während sonst im allgemeinen im Massendurchschnitt eine höhere Körperlänge eine reifere Ossifikation bedeutet. Die Landkinder ossifizieren und wachsen langsamer, die Kinder des gehobenen Bürgerstandes entwickeln sich und wachsen rascher, die Kinder der Arbeiterbevölkerung stehen in der Mitte der beiden Gruppen.

HASSELWANDER fand folgende Differenzen im Verschmelzungsprozeß des Fußskelets:

	Mann		Weib	
	Beginn	Ende	Beginn	Ende
Metatarsus	17. Jahr	21. Jahr	14. Jahr	21. Jahr
Phalanx 1	16. „	21. „	14. „	17. „
Phalanx 2	15. „	19. „	13. „	16. „
Phalanx 3	15. „	17. „	12. „	14.—15. Jahr

Die Synostosierung erfolgt beim weiblichen Geschlecht um durchschnittlich 2—4 Jahre früher und in rascherem Tempo. Auch ließ sich nachweisen, daß die Epiphysenscheiben bei kleinen Individuen länger persistieren als bei großen. Betreffs des Ellbogengelenkes ist die frühere Ossifikation durch Untersuchungen Köhlers festgestellt.

M. Breitmann führt folgende Termine der Knochenentwicklung an: Der Knochenkern im Os pisiforme tritt bei Mädchen im 11., bei Knaben im 12. Lebensjahr auf. Das Sesambein im 1. Metacarpophalangealgelenk tritt *vor* der Tätigkeit der Geschlechtsdrüsen, vor dem Erscheinen der sekundären Behaarung, vor dem Auftreten der Menses auf, bei Mädchen im 12.—14., bei Knaben im 13.—15. Jahr. Die Synostose der Epiphyse mit der Diaphyse im 1. Metacarpalknochen kommt nach Funktionsbeginn der Gonaden, nach dem Auftreten der Behaarung des Mons veneris und nach Auftreten der Menstruation zustande, bei Mädchen im 15.—17., bei Knaben im 16.—18. Lebensjahr. Die Synostose an den anderen Metacarpalknochen kommt gewöhnlich ein Jahr später zustande.

Auftreten der Verknöcherungskerne. (Nach Friedenthal.)

Lebensalter	Auftreten der Kerne
10. Jahr	Os pisiforme, proximale Epiphyse der Ulna.
11. u. 12. Jahr	2 Kerne am Olecranon, Ossa acetabuli noch erhalten.
13. u. 14. Jahr	3 Knochenkerne in der distalen Epiphyse des Humerus, 1 im Trochanter min. Ossa sesamidea der großen Zehen.
15. u. 16. Jahr	Knochenkerne für das Os infracoracoid., Ossa sesamoidea der Hand, Epiphyse am Ang. scap. noch knorpelig.
17. u. 18. Jahr	Acetabulum verknöchert ohne Grenzlinien, Epiphysen der Finger und des Olecranon in Verschmelzung und Epiphyse des Capitulum radii.
19. u. 20. Jahr	Knochenkerne im Angulus inf. scap. Sekundäre Epiphyse am Processus coracoid. Verschmelzung der proximalen Epiphyse des Humerus. Knochenkern in der sternalen Epiphyse der Clavikel.

Zur Zeit der Pubertät kommt es (Rössle), und zwar zwischen 15. und 20. Jahr, zur Synchondrosis spheno-occipitalis, später schwindet die Fuge am sternalen Ende der Clavicula, die basale sekundäre Epiphyse des Proc. coracoideus, der Wirbelkörper, der Crista ilei, der Tuberositas ischiadic.

Auch Stettner konnte zeigen, daß das weibliche Geschlecht dem männlichen in der Knochenbildung im allgemeinen voraus ist, die Kerne früher und bei einer geringeren Körpergröße bildet und daß zur Anlage sämtlicher Kerne eine kürzere Zeitspanne notwendig ist. Weiters, daß die Betrachtung des Röntgenschattens bei Handaufnahmen von Kindern verschiedenen Alters im Augenblick der Geburt und dann wieder nahe der Pubertät ein dichter gefügtes, kräftig schattenspendendes Knochenmaterial zeigt, im Kleinkindesalter dagegen ist das Knochenbild verhältnismäßig kontrastarm und von lockerem Gefüge.

Daß der Gang des Knochenwachstums bis zu dessen Abschluß beim weiblichen Geschlecht zu grazileren Endformen und zur geringeren Prägnanz der Knochenvorsprünge und Vertiefungen führt als beim Manne, ist bekannt.

3. Wachstums- und Funktionsentwicklung der Organe.

Das Wachstum und die der Funktion dienende Entwicklung der einzelnen Organeinheiten zeigt eine dem einzelnen Organ eigene Kurve des Aufbaues. Eine harmonische, die einzelnen Kurven beeinflussende gegenseitige Bindung ordnet die organischen Einheiten im ganzen Gange ihrer Entwicklung nach einem der Art und der Rasse zukommenden vitalen Plane. „Das Wachstum ist ein in Rhythmen zerlegter Bewegungsvorgang, der die verschiedenen Gewebe, Organe und Systeme des menschlichen Körpers nicht allein in ihrer allgemein typischen Grundform, sondern zugleich in individuell eigenster Prägung integriert.“ (BRANDT.)

Dem Gesamtwachstum, dem beschleunigten Knochenaufbau einigermaßen parallel geht in der Phase der Pubertät auch eine raschere Massenzunahme der einzelnen Organe. Bei isolierter Betrachtung der Wachstumskurve des Einzelparenchyms, so der einzelnen endokrinen Drüse, bei Außerachtlassung des Relativwertes im Vergleich zur gesamten Körpermasse scheint allzu leicht eine zu hoch geschätzte Massenzunahme und damit eine überwertete funktionelle Rolle des Einzelorgans auf. Es wird übersehen, daß der größeren Körpermasse und deren zunehmendem Bedarf an Drüsensekreten und anderen organfunktionellen Leistungen auch größere Parenchymmassen entsprechen. Die puberale Wachstumszunahme des Einzelorgans sollte immer im relativen, am besten prozentuellen Verhältnis zur Körpermasse gewürdigt werden. Derartige Vergleichssetzungen fehlen bisher fast ganz.

Trotz dieser Vorbehalte muß die Eigenentwicklung bestimmter Gewebe nach eigenem Altersrhythmus im Gefüge des artlichen rhythmischen Gesetzes anerkannt werden. Die Spezifizität der einzelnen, das Wachstum und den Stoffwechsel regulierender Drüsen kommt in einer altersgegebenen Größenzunahme bald des einen, bald des anderen Parenchyms zum Ausdruck, wobei nicht so sehr in der jeweiligen Drüsenfunktion die Ursache als die Folge des ihr Wachstum provozierenden Bedarfs des Organismus zu sehen ist. Nicht die Drüsenhyperplasie bringt das Wachstums-, das geänderte Stoffwechselresultat, sondern die Drüse hyperplasiert, weil die Alters- die Entwicklungsstufe das oder mehr Drüsensekret beansprucht.

Wichtige Zwischenglieder in diesem Abhängigkeitsverhältnis bilden die sog. „Erfolgsorgane“ (J. BAUER), die Gewebe, die unter dem Einfluß der wachstumbeeinflussenden Drüsensekrete (Hormone) stehen, die Angriffsstellen ihrer Energien. Auch bei bestehender Sekretion des Hypophysenvorderlappens, bei versuchsweiser Einführung des Hormons in den Körper kommen sie nicht zur Wirkung, solange ihr Erfolgsorgan, z. B. die Geschlechtsdrüsen, nicht auf entsprechender Entwicklungshöhe sind, nicht ansprechen.

Die Pubertätsentwicklung der *Geschlechtsdrüsen,* des Ovars und des Hodens, drückt sich anatomisch in einer eklatanten Massenzunahme derselben aus. Während die von GUNDOBIN angeführten Daten eine Größen- und Gewichtszunahme des Eierstockes um die Reifezeit nicht erkennen lassen, tritt eine solche in der von WEHEFRITZ zusammen-

gestellten Tabelle deutlich, der Zunahme anderer Parenchyme parallel-
gehend, in Erscheinung:

Tabellenfragment nach Wehefritz (Gewichtsangaben in Gramm).

Lebensalter	Ovarien	Uterus	Schilddrüse	Nebenniere
1 Stunde bis 1 Monat . . .	0,206	1,88	2,08	2,91
2. Monat bis 12 Monate . .	0,53	1,36	2,09	2,85
1.— 5. Jahr	1,01	1,86	4,3	3,99
6.—10. „	1,91	2,35	7,68	5,92
11.—20. „	6,63	16,17	18,62	9,77
21.—30. „	10,97	40,43	27,0	12,15
31.—40. „	9,30	50,7	28,11	12,15
41.—50. „	6,63	57,01	29,06	11,92

Erinnert der histologische Aufbau des Ovars schon beim Neugeborenen an spätere Entwicklungsepochen (Runge, P. G. Schmidt),
finden sich schon bald nach der Geburt[1] manchmal sprungfertige Follikel [schon vor Runge und Halban haben Grohe und Waldeyer im
kindlichen Eierstock fertige Eier beobachtet, und Slavjanski fand, daß
die Follikel lange vor der Pubertät reifen (Lenz], so bildet doch im allgemeinen die Pubertät die zeitliche Grenze zwischen einem einerseits
sexuell-funktionell und hormonal inaktiven Zustand, andererseits einem
morphologisch und physiologisch maturen Zustand. Die Follikelreifung,
die Eiabstoßung, die Bildung des gelben Körpers, die in Form der
Menstruation sinnfällige periodische Reaktion des Uterus sind Manifestationen der erreichten geschlechtlichen Reife.

Auch beim männlichen Geschlecht tritt mit der Pubertät ein Massen-
zuwachs der Gonade ein. H. Reich konnte klinisch den Wachstumsaufschwung des Hodens, der in den ersten 11 Lebensjahren ein schwaches
Wachstum zeigt und mit dem 16. Jahr die definitive Größe des geschlechtsreifen Organs erreicht, feststellen. Mita (zitiert von Thomas)
gibt auf Grund seines Sektionsmaterials folgende Hodengrößen an:

Neugeborene	3 Jahre	6 Jahre	11 Jahre	14 Jahre	18 Jahre
0,5 g	1,2 g	1,25 g	1,7 g	3,9 g	18,1 kg

Nach Scammon verdoppelt sich das Geburtsgewicht beider Hoden (2 g)
in den ersten 2 Lebensjahren, steigt bis zum 16. Jahre auf 20 g, bis zum
25. Jahre auf 40—50 g. Das relative Gewicht bleibt immer das gleiche.
Die Hypothese einer für die Ausbildung der sekundären Sexualmerkmale relevanten vor der Pubertätsentwicklung auftretenden Hyperplasie der Leydigschen Zwischenzellen (Ancel und Bouin, Biedl,
Steinach, Lipschitz, Tandler und Gross u. a.), der sog. „Pubertätsdrüse", erscheint durch die exakten Untersuchungen, die Kyrle, Berblinger, Tiedje, Stieve, Romeis, C. Sternberg u. a. der Frage gewidmet haben, widerlegt, die in Betracht kommenden hormonalen Lei-

---

[1] Reifende Follikel kommen neben Primordialfollikel nach Runge in den
Ovarien Neugeborener, auch in denen von Früchten aus den letzten Schwanger-
schaftsmonaten physiologischerweise vor. Auch in diesem Alter ist die Rückbildung bis zur völligen Atresie bekannt. Dabei spielen höchstwahrscheinlich die
im Mutterblute vorhandenen mütterlichen Hormone (*Synkainogenese*) eine Rolle.

stungen kommen offenbar hauptsächlich dem generativen Gewebsanteil des Hodens und des Ovars zu oder einem aus Kanälchen und Zwischenzellen zusammenwirkenden Gewebssystem (K. ZIEGLER).

Sowohl Uterus wie Vagina folgen von Geburt an dem Wachstumstempo des ihnen funktionell übergeordneten Ovars und zeigen gleichzeitig mit diesem einen starken Pubertätsimpuls. Die Befunde LJUBETZKIS (bei GUNDOBIN) lassen als genaueren Termin des Wachstumsaufschwunges des Uterus das 13. Jahr (11.—12. Jahr 5,3 g, 13. Jahr 15,4 g) erkennen. Alle Abschnitte des Organs zeigen um diese Zeit eine starke Zunahme ihrer Masse. Die Vagina, die sowohl in ihrer Länge als auch bezüglich ihrer Wanddicke mit zunehmendem Alter in ununterbrochenem Wachstum begriffen ist, läßt vom 10.—13. Jahr eine rapide Entwicklung erkennen, die der des Uterus völlig analog ist. Die elastischen Fasern werden im Alter von 8 Jahren wahrnehmbar und treten im 12. Jahr stark hervor. Größen- und Weitenzunahme der äußeren Geschlechtsteile, Wachstums- und Dickenzunahme der großen, Konfiguration der kleinen Labien, Vortreten der Klitoris, Sekretion der Drüsen dieser Region, Pigmentation des Integuments gehen dem Auftreten der periodischen, menstruellen Erscheinungen meist parallel. Die Flora der Vagina macht nach SOEKEN und nach DYCHNO und DERTSCHINSKY mit Eintritt der Pubertät eine Wandlung durch. Die kindliche Flora stellt eine Kokkenflora dar, vom Eintritt der Reife an finden wir eine Bacillenflora. HEURLIN und LAHM (zitiert bei JASCHKE) fanden bis zum 10. Lebensjahr die Reaktion des Scheidensekretes lackmussauer oder neutral, erst mit der Pubertät trete ein Umschwung ein. Der Vaginalflora und -reaktion entspricht (ROSENSTERN) in den verschiedenen Altersperioden der Glykogenbefund: Bei Feten und Neugeborenen positiv, im weiteren Kindesalter negativ, nach der Pubertät wieder positiv.

Auch die dem männlichen Sexualapparat zukommenden Adnexe, Samenbläschen, Prostata, nehmen einen Entwicklungsgang, der dem der eigentlichen Geschlechtsdrüsen entspricht.

Ein markantes sekundäres weibliches Geschlechtsmerkmal, das zur Zeit der Pubertät zur Ausbildung gelangt, ist die weibliche Brust. Nach WEISSENBERG beginnt dieselbe schon vor dem 10. Jahr, doch gibt es diesbezüglich starke Differenzen. Von den 10jährigen Mädchen, von denen erst jedes 500. menstruiert, zeigt schon jedes 15. markanten Brustansatz, mit dem 15. Jahr besitzen die Mädchen mit seltenen Ausnahmen mehr oder weniger reife Brüste, während die Hälfte von ihnen noch nicht menstruiert hat.

Die weibliche Brustanlage der Vorreifezeit besitzt nach DIECKMANN keine Drüsenläppchen, sondern nur Milchgänge, denen die läppchenbildenden Endverzweigungen fehlen. Die Brustdrüse der Präpubertät wurde als die Drüse des kindlichen Typus bezeichnet; die Umbildung der kindlichen zur reifen Drüse erfolgt in der Pubertätszeit oder noch später in den sich anschließenden Jahren. Der Umbildungsvorgang besteht in der Entwicklung der Drüsenläppchen und scheint sich bis zu seiner Vollendung über Jahre hinaus zu erstrecken.

Der äußeren Formung der weiblichen Brüste um die Zeit der Geschlechtsreife widmet STRATZ die Aufmerksamkeit. Im Beginn des zweiten Kindesalters wird durch die wachsende Milchdrüse der Warzenhof, die Areola emporgewölbt, und so stark ausgedehnt, daß die Brustwarze keine knopfförmige Hervorragung mehr bildet, sondern in der gemeinschaftlichen Wölbung aufgeht und verstreicht (Abb. 6b): *Stadium der Knospe, Areolamamma.* Dieses Stadium geht meist sehr bald in das folgende über, bei dem die Knospe durch stärkere Fettbildung in der Umgebung emporgehoben wird, während gleichzeitig von ihr Drüsenausläufer in die Tiefe wachsen. Die äußere Gestalt der Brust gleicht dann einem abgeflachten Hügel, dem die Knospe als eine stärker gewölbte Kuppe aufsitzt (Abb. 6c): *Stadium der Knospenbrust, Mamma areolata.* Beim weiteren Wachstum der Brust nimmt die eigentliche Milchdrüse größtenteils die Grundfläche ein, von welcher die Ausführungsgänge zur Warze hinziehen und sich in ihr vereinigen. Die bedeckende Haut, die mit der Milchdrüse durch festere Bindegewebszüge verbunden ist, wird durch die Ausfüllung der Zwischenräume mit Fett immer mehr von ihr abgehoben und prall gewölbt. Wenn die Brust fertiggebildet ist, bezieht sie auch den Warzenhof wieder in ihre größte Wölbung mit ein und nur die Brustwarze ragt noch knopfartig empor (Abb. 6d): *Stadium der reifen Brust, Mamma papillata.*

Eine wichtige morphokinetische (E. THOMAS) und stoffwechselbestimmende und dementsprechend auf diese Funktionssteigerung hinweisende Reifeentwicklung zeigen die

Endokrinen Drüsen. Als einer der ersten hat H. W. FREUND auf den Zu-

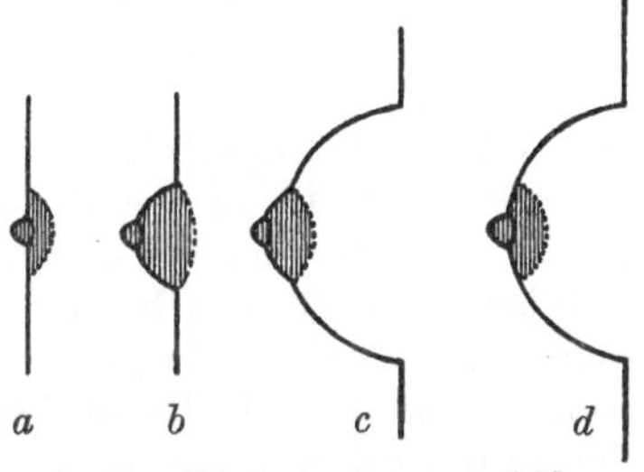

Abb. 6. Skizze der Brustentwicklung. (Nach STRATZ.) *a* Stadium der Zitze. *b* Stadium der Knospe. *c* Stadium der Knospenbrust. *d* Stadium der reifen Brust.

sammenhang der *Schilddrüse* mit den Generationsorganen aufmerksam gemacht und unter Hinweis auf Angaben der älteren Literatur ihre Massenzunahme in den Pubertätsjahren betont. WEHEFRITZ hebt hervor, daß das Durchschnittsgewicht der Schilddrüse durch Jahrzehnte dem des Ovars parallel geht, sich bis zum 10. Jahr nur langsam hebt, um die Mitte des ersten Jahrzehnts 4,39 g, für die zweite Hälfte 7,65 g, für das zweite Jahrzehnt 18,62 g, für das dritte 27 g beträgt, wobei allerdings große Schwankungen vorkommen.

Nach HUSCHKE (zitiert bei BERBERICH und FISCHER-WASELS) verhält sich das Schilddrüsen- zum Körpergewicht:

Neugeborener . . . . 1 : 400—243
3 wöchiges Kind . . . . . . 1 : 1166
Erwachsener. . . . . 1 : 1800

mit großen lokalen Schwankungen. Die Schilddrüse bei der Frau und sogar schon beim weiblichen Fetus soll größer sein als beim Manne.

Neurath, Pubertät. 3

Aus dem Kieler Material berechnet WEGELIN folgende Gewichte:

1.—10. Tag	1,9	11—15 Jahre	11,2
½ Jahr	1,55	16—20 „	22,0
1 „	2,4	21—30 „	23,5
2 Jahre	3,73	31—40 „	24,0
3 „	6,1	41—50 „	25,3
4 „	6,12	51—60 „	19,0
5 „	8,6	61—70 „	20,0
6—10 „	7,4	71—80 „	21,2

Exakte Zahlen der Schilddrüsengröße in den einzelnen Altersstufen bringt auch die Tabelle von WEHEFRITZ, die zeigt, daß dieser Wert im zweiten Jahrzehnt über das Doppelte in die Höhe schnellt.

Auch NOVAK betont den markanten Einfluß der Pubertät auf das Schilddrüsenwachstum und das auffallende Übergewicht beim weiblichen Geschlecht, das auch in der Schilddrüsenpathologie der Reife noch zu besprechen ist. In der älteren und neueren Literatur finden sich solche Hinweise in unübersehbarer Häufigkeit (GUNDOBIN, ARON, STRATZ, FINKELSTEIN, GUDERNATSCH, HUNZIKER u. a.).

GUDERNATSCH hebt die Vollfunktion der Drüse zur Differenzierung hervor, die daraus erhellt, daß in der Periode sehr scharfer Differenzierung, vor und nach der Pubertät, ihr aus chemischen Gründen oft die Hinlänglichkeit mangelt, allen Ansprüchen zu genügen und sie deshalb zur Hyperplasie (Jugendkropf) neigt, einer „Differenzierungshyperplasie", die bei Mädchen häufiger ist. HUNZIKER bezieht sich auf die Erfahrung, daß je schwerer eine Rinderrasse ist, desto kleiner ihre Schilddrüse und desto geringer ihr Jodgehalt ist. Wenn dies stimmen sollte, so ließe sich die größere Häufigkeit der großen Schilddrüse bei der Frau erklären, sie hat dem Manne gegenüber eine größere Körperoberfläche im Verhältnis zum Gewicht.

Der Zusammenhang der Schilddrüsenfunktion mit dem Körperwachstum, die Abhängigkeit der Drüsenentwicklung vom Bedarf des wachsenden Organismus, der in der größeren Drüsenmasse bei Hochwüchsigen, als bei niederem Wuchs in Erscheinung tritt, soll bei Besprechung der Schilddrüsenpathologie noch behandelt werden.

Die Altersinvolution der *Thymusdrüse* soll, wie HAMMAR hervorhebt, um die Zeit der Reife einsetzen. Das normale Gewicht beträgt bei der Geburt 7—25 g, zur Zeit der Pubertät 19—43 g, doch finden sich große Schwankungen (s. Tabelle). Auf das Körpergewicht berechnet fand HAMMAR beim Neugeborenen 0,42 %, mit 15 Jahren 0,09 %, mit 50 Jahren 0,02 %. Indes ist sicher, daß das Thymusgewicht bis zur Pubertät steigt und hernach wieder abnimmt. „Es hat den Anschein, daß das Einsetzen der Keimdrüsenfunktion die Thymus in jeder Weise zur Rückbildung veranlaßt." Man kann nach HAMMAR den Keimdrüsen einen thymusdepressorischen Einfluß zuschreiben, und zwar einen frühzeitig bemerkbaren rindendepressorischen und einen etwas späteren markdepressorischen, ein Einfluß, der vielfach tierexperimentell erweisbar ist. HAMMAR hebt hervor: Wenn die Größenkorrelationen zwischen den einzelnen Gliedern des lymphoiden Systems, Tonsillen, Zungenbalgdrüsen, Darmfollikel usw. berechnet werden, so ergibt sich präpuberal

Thymusnormalgewicht. (Nach HAMMAR.)

Alter	Minimum g	Mittel g	Maximum g
Neugeborene	7,29	15,2	25,5
1 Monat bis 2 Jahre	8,0	22,5	31,0
2— 3 Jahre	13,8	22,4	35,5
4 „	18,6	24,7	32,9
5 „	18,0	30,8	48,0
6 „	15,6	24,5	29,0
7— 8 „	17,5	30,9	48,0
9—10 „	13,0	30,1	43,0
11 „	19,5	18,5	43,3
12—13 „	19,0	28,0	34,0
14—15 „	20,0	31,9	42,1
16—20 „	15,9	26,2	49,7
21—25 „	9,5	21,1	51,0
26—30 „	8,3	19,5	51,5
31—35 „	9,0	20,2	37,0
36—45 „	5,9	19,0	36,0
36—55 „	5,0	17,3	45,0
55—65 „	2,1	14,3	27,0

Alle Fälle stammen von plötzlichen Todesfällen aus äußeren Gründen.

eine ziemlich beträchtliche Korrelation zwischen den meisten dieser Glieder, gleichwie zwischen den meisten der sonstigen Organe des Körpers. Gewisse von ihnen wie die Gaumentonsillen und die PEYER-schen Haufen zeigen den anderen gegenüber eine auffallende Selbständigkeit. In der puberalen und postpuberalen Periode aber ist die fragliche Korrelation in der Regel stark verringert oder gar nicht nachweisbar. Kaninchen zeigen eine zur Zeit der Pubertät hervortretende normale oder Altersinvolution auch der echt lymphoiden Gewebe. Daß diese auch beim Menschen vorkommt, zeigt das Verhalten der Milz: Wendepunkt im Verhalten der weißen Milzpulpe in der Zeit nach der Pubertät. Auch DE RUDDER vermochte den allmählichen Rückgang sämtlicher Thymusanteile nach der Pubertät, der langsamer das Gesamtorgan, rascher das funktionsfähige Parenchym betrifft, zu erweisen. Um die Pubertät beginnt das Fett, ganze Follikel zu ersetzen, das lymphoide Gewebe verliert seine ursprüngliche Gestalt, sowohl im Bindegewebe wie im Drüsengewebe treten viele Gefäße auf. Für den Zusammenhang zwischen Thymus- und Geschlechtsdrüsenfunktion spricht die verzögerte Involution bei Kastraten, die verzögerte Geschlechtsreife durch Hyperthymisation (HEWER, zitiert bei SCIPIADES). Eine vorzeitige Geschlechtsreife will PATON durch Thymektomie erzielt haben. ASCHNER sah nach Thymektomie ein Stehenbleiben der Genitalentwicklung auf kindlicher Stufe im Tierexperiment.

Die Entwicklung der *Hypophyse*, speziell in der Reifezeit, ist durch anatomische Reihenuntersuchungen bisher nicht festgestellt. Zur Pubertätszeit findet sich eine deutliche Zunahme der chromophilen Zellen. Die vielfachen Relationen zu anderen mit der Genitalfunktion in Beziehung stehenden endokrinen Drüsen, die Veränderungen, die das Organ bei genitopriven Zustandsbildern (Kastration, Eunuchoidismus) zeigt,

seine Hypertrophie in der Schwangerschaft läßt mit Sicherheit eine mit
der aufsteigenden Entwicklungslinie des Gesamtorganismus in Harmonie
stehende Reifungskurve annehmen. BORCHARDT erwähnt nach Hypophysenexstirpation eine Hypertrophie der Thyreoidea (CASELLI), nach
Thyreoidektomie soll die Hypophyse an Masse zunehmen.

Der in den letzten Jahren vervollkommnete Stand unserer Kenntnisse von der Hypophysenfunktion läßt keinen Zweifel darüber, daß es
der Hypophysenvorderlappen und ihm übergeordnete nervöse Zentren
sind, die für die allgemein somatische, für die genitale Trophik und
für den Stoffwechsel die wichtigste Bedeutung haben, daß wir in den
Geschlechtsdrüsen ein Erfolgsorgan der prähypophysären Regulation
zu sehen haben. Die Darstellung des den Fettstoffwechsel regulierenden
Hypophysenvorderlappenhormons gelang ANSELMINO und HOFFMANN
in letzter Zeit. Dieser Drüse kommen drei prinzipielle Wirkungen zu:
das Wachstumshormon (Akromegalie, P. MARIE, 1886), die Wirkung
auf die Keimdrüsen (CUSHING, 1908; ASCHNER, 1912) und die auf den
Fettstoffwechsel (Dystrophia adiposogenitalis, FRÖHLICH, 1901). Die
Prüfung mit Drüsenextrakten gelang EVANS und LONG für die wachstumsfördernde, die von der genitalwirksamen Funktion verschieden ist
(LONG und EVANS). ZONDEK und ASCHHEIM konnten überstürzte
Reifungserscheinungen am infantilen Mausgenitale hervorrufen und das
Follikelreifungs- und das Luteinisierungshormon isolieren. Der Nach-
weis des dritten, des stoffwechselwirksamen Hormons gelang ANSEL-
MINO und HOFFMANN mittels einer Testmethode in Form der Steigerung
des Acetonkörpergehaltes im Rattenblut, es ist verschieden von der
genitalwirksamen Komponente.

Die *Zirbel*, deren Zugehörigkeit zu den endokrinen Drüsen noch in
Diskussion steht, zeigt mit einsetzender Pubertät Rückbildungserschei-
nungen, ja es sollen nach A. SCHÜLLER die Anzeichen beginnender Involution sich schon im 7. Jahre einstellen. Mit zunehmendem Alter
treten die Bindegewebsanteile mehr hervor und vermindert sich das
Drüsengewebe.

In der Entwicklung der *Nebennieren*, die beim Menschen eine
Kombination des Suprarenal- und des Interrenalorgans darstellen, findet
sich nach einem Entwicklungsanstieg zur Zeit der Kindesreife nach
ASCHOFF eine zweite Entwicklungshöhe bei Beginn der Pubertät,
gleichzeitig mit einer deutlicheren Differenzierung der Rinde und mit
stärkerer Fettspeicherung. Die Gewichtskurve der Nebennieren zeigt
in den Jahren der Entwicklung bei beiden Geschlechtern (SCHILF) zunächst ein Parallellaufen beider Linien mit dem Unterschied, daß beim
weiblichen Geschlecht das Gewicht stets um einige Grammbruchteile
hinter dem des männlichen zurückbleibt. Schon zwischen dem 10. bis
15. Jahr tritt eine Änderung ein, indem das männliche unter den bereits
erreichten Wert sinkt, das weibliche hingegen abnorm hoch ist; sicher
ist, daß im 16.—20. Jahr das Gewicht für das weibliche Geschlecht
über dem männlichen liegt.

Nach den Untersuchungen H. WALTERS übertreffen die Nebennieren
von Geburt an die Ovarien an Gewicht und erreichen zu Beginn der

Durchschnittsgewicht der Nebennieren in Gramm in den verschiedenen Altersstufen. (Nach Scheel.)

Alter	männlich	weiblich	Alter	männlich	weiblich
neugeboren . . .	4,7	5,0	21—30 Jahre . .	11,4	12,2
bis 1 Jahr . . .	3,3	4,0	31—40 „ . .	11,1	19,2
1— 2 Jahre . .	3,5	4,2	41—50 „ . .	11,0	10,9
3— 5 „ . .	4,3	4,5	51—60 „ . .	11,0	9,4
6—10 „ . .	4,9	5,2	61—70 „ . .	11,2	10,1
11—15 „ . .	7,2	5,2	71—80 „ . .	11,5	9,6
16—20 „ . .	10,2	10,1	81—90 „ . .	8,9	—

Pubertät nahezu ihre definitive Größe. Diese steht im Abhängigkeitsverhältnis zur Körperlänge und deutlich auch zur Entwicklung der Genitaldrüsen. Die Ovarien, bei der Geburt sehr klein, kommen erst gegen Ende des Längenwachstums den Nebennieren an Größe ungefähr gleich. Trotz physiologischer Schwankungen übertreffen die Keimdrüsen die Nebennieren nur wenig oder gar nicht an Gewicht. Bei gleicher Körpergröße entsprechen Gewichtsschwankungen der Ovarien gleichsinnigen der Nebennieren. Beide Organe stehen also in innerer Abhängigkeit. Nach Walters Ansicht übt die Thymusdrüse auf das Wachstum der weiblichen Keimdrüsen durch den Weg über die Nebennieren Einfluß. Wehefritz konnte konstatieren, daß die völlige Entwicklung der Nebennieren beim weiblichen Geschlecht um 4—5 Jahre eher eintritt als beim Manne.

Bezüglich der Wachstumsverhältnisse der Nebennieren nimmt auch Gundobin eine Analogie zu denen des Ovariums an. Ihr Gewicht zeigt in den ersten Lebensjahren starke individuelle Schwankungen, in den nächsten Altersstufen sind die Variationen weniger beträchtlich; um die Zeit der Geschlechtsreife wird ihr Gewicht mehr konstant und ist mit 14—15 Jahren deutlich größer geworden, also beschleunigt vor sich gegangen. Zwei, einem gemeinsamen Keimepithel entstammende Gewebe, das Ovar und die Nebenniere, zeigen demnach auch ein vollständig analoges Wachstum.

Experimentelle Untersuchungen führten Kolmer zur Annahme, daß die Nebennieren (beim Meerschweinchen) sekundären Geschlechtscharakter besitzen. Da in der Anlage ein deutlicher Unterschied nicht zu finden ist, könne man von einer gewissen Analogie mit der Mamma sprechen, bei der sich ja auch erst mit erlangter Geschlechtsreife aus der gleichen Anlage die charakteristischen Unterschiede im Bau sich ausbilden.

Schon Meckel beobachtete nach Gudernatsch auffallend große Nebennieren bei Meerschweinchen mit starker Genitalentwicklung, Stilling beschrieb bei Kaninchen Vergrößerung der Nebennieren in Brunst und Schwangerschaft, Hoskins sah nach Nebennierenfütterung bei jungen Ratten Vergrößerung des Hodens resp. des Ovars. Ähnliches erzielten McKinley und Fisher.

Bei den meisten Wirbeltieren, bei den Fischen sind nach Aschoff das vom Cölomepithel ausgehende Interrenalorgan und das von der sympathischen Anlage entstammende Suprarenalorgan völlig getrennt.

Erst bei den Amphibien beginnt die Verschmelzung, bei den Säugetieren kommt es zu einer direkten Einlagerung des nervösen Suprarenalorgans in das Interrenalorgan als Rinde. Beim Menschen kommt es in den letzten Embryonalmonaten zu Furchenbildung und Einstülpungsprozessen, die kurz vor der Geburt den Höhepunkt erreichen. Nach einer vor sich gehenden Einschmelzung kommt es zu einer bis zu Ende des 2. Lebensjahres beendeten Neubildung. Mit Beginn der Präpubertät beginnt eine neue stärkere Wachstumsperiode, eine deutliche Differenzierung der Rinde und eigenartige Fettspeicherungen in derselben. Die Funktion der Nebennierenrinde sieht ASCHOFF in einer Regulation des Cholesterinfettstoffwechsels, die Rinde wäre ein Speicherungsorgan für die im Blute vorgebildeten Cholesterine und Cholesterinester.

Präpuberal werden die Nebennieren fast doppelt so schwer wie die Hoden, später erfolgt eine Umdrehung des Verhältnisses, so daß der Hoden doppelt und dreifach so schwer wird wie die Nebenniere. Bezüglich der histologischen Ähnlichkeiten zwischen Nebennierenrinde und Geschlechtsdrüsen erinnert SSERDJUKOFF, daß schon von PODWYSOTZKI die frappante Ähnlichkeit zwischen den Luteinzellen des wahren Corpus luteum und der Rindensubstanz der Nebenniere hervorgehoben wurde, und vermutet wurde, daß die Funktion des wahren Corpus luteum identisch mit der Rindenfunktion sei. Auch SSERDJUKOFF zieht solche Parallelen und meint, daß für einen Funktionssynergismus der Nebennierenrinde, des Parenchyms oder interstitiellen Drüse und des Corpus luteum der lipoide Charakter ihres Sekretes spräche.

E. SCHWARZ versucht die Parallelsetzung der Nebennieren- und der Gonadenentwicklung, die sich auf zum Teil zu geringe Zahlenreihen, zum Teil auf das Leichenmaterial an den verschiedensten Krankheiten Verstorbener und auf für die einzelnen Jahresstufen in Betracht kommende divergenteste Todesursachen stützt, zu widerlegen. Auch findet er Vorsicht für nötig beim Gewichtsvergleich zweier Organe, deren jedes eine andere zeitgemäße Entwicklung hat und vermöge seiner biologischen Eigentümlichkeiten auf funktionelle und pathologische Einflüsse verschieden reagiert. Dem Schlusse auf Gewichtsabhängigkeit beider Organe ist also nicht zu trauen, ebenso kranken die Schlüsse LEUPOLDS auf Gewichtsparallelismus der Nebennieren und Hoden an Fehlerquellen wie die WALTERS u. a. auf Gewichtsabhängigkeit von Nebennieren und Ovarien. Solchen Annahmen widerspräche auch der mangelnde Parallelismus dieser Organe im Greisenalter, in welchem die Geschlechtsdrüsen Gewichtsrückgang zeigen, nicht aber die Nebennieren. Wohl aber findet sich eine Abhängigkeit von der Körperlänge. Nach SCHILF erhebt sich die weibliche Nebennierenkurve nach bis dahin ungefähr parallelem Verlauf um das 12. bis 15. Jahr im steilen Anstieg über die männliche hinaus, fällt dann nach dem 20. Jahr und wird erst gegen das 30. Jahr von der männlichen wieder geschnitten, die dann dauernd dem durchschnittlich höheren Gewicht der männlichen Nebennieren um ein geringes höher bleibt. Die Zeit der Erhebung fällt so ziemlich genau mit der zweiten Streckung der Körperlänge zusammen.

Zu bedenken wäre auch, daß die Ausschaltung der Keimdrüse von Vergrößerung der Nebennieren gefolgt ist, wie fänden also eine Divergenz, nicht einen Parallelismus in diesem Punkte. Dieser Parallelismus ist nur ein scheinbarer, andere Vorgänge, die in der Ausgestaltung des Organismus ihre Wurzeln haben, kommen in Betracht, so in erster Linie Längenwachstum, Muskelentwicklung und Muskelarbeit, die viel eher eine Beziehung zum Nebennierengewicht zeigen.

Alle diese Einzelheiten der Nebennierenentwicklung erscheinen mit Rücksicht auf die vielfach angenommenen Beziehungen der Nebennierenhyperplasie und der Rindentumoren zu noch zu besprechenden Entwicklungsstörungen (interrenale Frühreife) von Wichtigkeit.

Das *Pankreas* zeigt nach NACKAMURA im Pubertätsalter die schon ziemlich dem Erwachsenen zukommende Zahl der LANGERHANSSchen Inseln, es finden sich auch schon konstant Lipoide.

Von Interesse ist die hohe Zahl der LANGERHANSSchen Inseln in der ersten Lebenszeit, auf die Maßeinheit berechnet. THOMAS stellt die Berechnungen einiger Forscher zusammen:

Alter	WILMS	SEYFARTH	NAKAMURA
$^1/_4$ Jahr	471	446	457
$^1/_2$,, ...	403	400	316
$^3/_4$,, ...	329	341	423
1 ,, ...	219	313	268
$1^1/_2$ Jahre } 2 ,, }	298	260	249
3 ,, ...	211	216	249
4 ,, ...	116	205	135
5—12 ,, ...	—	168	168
Im 1. Lebensjahr	356	375	371

Das *Gefäßsystem* erfährt zur Zeit der Pubertät einen mächtigen Aufschwung. BENEKE fand, daß das Volumen des Herzens am Schlusse des 2. Lebensjahres gegenüber dem des Neugeborenen sich verdoppelt, die weitere Verdoppelung erfordere 5 Jahre. Bis zum 15. Lebensjahr geht das Wachstum noch langsam vor sich, so daß ein Volumen von 150—160 ccm erreicht wird. Während der Pubertätszeit (15.—20. Jahr) erfolgt dann eine rasche Volumszunahme von mindestens 100 ccm. Noch genauer suchte BENEKE den Einfluß der Pubertät dadurch zu ermitteln, daß er 7 Fälle nichtentwickelter Pubertät (sämtliche Individuen männlich) mit 11 Fällen entwickelter Pubertät (6 männlich, 5 weiblich) verglich. Das mittlere Herzvolumen ergab bei den entwickelten 133, bei den nichtentwickelten 179 ccm. Nach vollendeter Pubertät erfolgt ein langsames Wachstum des Herzens bis zum 50. Jahr mit einer jährlichen Zunahme von $1—1^1/_2$ ccm.

Die Geschlechtsdifferenzen sind nach BENEKE bis zum 7. Lebensjahr äußerst gering, dann entwickelt sich das Herz bis zum 15. Jahr beim weiblichen Geschlecht etwas stärker als beim männlichen, Schlußfolgerungen, die W. MÜLLER wegen des zu kleinen Materials bestreitet.

Er fand für das 16.—20. Jahr, den Zeitraum der Pubertät, in Übereinstimmung mit PEACOCK, BOYD, BENEKE, eine rasche Zunahme der

absoluten Herzmasse bei beiden Geschlechtern. Gleich BENEKE fand
auch JASCHKE bei Mädchen bis zum 15. Jahr ein höheres Herzgewicht
als bei gleichaltrigen Knaben feststehend, erst mit Eintritt der Reife
kehre sich das Verhältnis um, eine Tatsache, die auch von LINCOLN
und SPILLMANN, die eher eine Beziehung der Herzgröße zur Körperlänge als zum Lebensalter finden, bestätigt wird. FALKS ausgedehnte
und vorsichtige Untersuchungen, die bei GUNDOBIN tabellarisch wieder-
gegeben sind, ergaben bei Knaben eine Verdoppelung der Länge des
Herzens mit 6, der Breite mit 9, der Dicke mit 13 Jahren, bei Mädchen
eine Verdoppelung der Länge mit 6, der Breite mit 11, der Dicke mit
10 Jahren. GUNDOBIN findet den Einfluß des Geschlechts in allen Altersstufen deutlich ausgesprochen. Die Differenz zugunsten der Knaben

Gewicht des Herzens im wachsenden Körper. (Nach H. VIERORDT.)
(Zusammengestellt nach verschiedenen Autoren.)

Alter	Herzgewicht in Gramm		Alter	Herzgewicht in Gramm	
	männlich	weiblich		männlich	weiblich
0 Monate . .	23,6	24,0	10 Jahre	130,9	125,0
4—6 „ . .	23,0	21,4	11 „	142,9	—
7—9 „ . .	30,0	27,5	13 „	172,2	142,5
1 Jahr . . .	41,2	32,8	14 „	216,1	173,8
$1^1/_2$ Jahre . . .	—	22,3	15 „	—	248,3
$1^3/_4$ „	46,5	—	16 „	229,4	264,3
2 „	51,9	51,3	17 „	250,9	234,4
$2^1/_2$ „	58,9	—	18 „	251,7	242,0
3 „	64,5	60,1	19 „	298,4	263,3
4 „	74,7	69,0	20 „	305,3	243,0
5 „	83,7	80,3	21 „	303,5	250,6
6 „	87,1	91,4	22 „	311,1	253,5
7 „	93,3	—	23 „	295,8	258,5
8 „	95,0	106,0	24 „	313,4	284,1
9 „	108,3	—	25 „	301,7	260,9

nimmt bis zum 11. Jahr allmählich zu, von da an überholt das Gewicht
des Mädchenherzens das des Knabenherzens, und mit 13—14 Jahren
hat es einen entschiedenen Vorsprung. Die Wachstumsbeschleunigung
des Knabenherzens beginnt auch mit dem 12. Jahr, verteilt sich aber
auf eine größere Zeitepoche als beim Mädchen, und mit 16 Jahren ist
das durchschnittliche Gewicht des Knabenherzens aufs neue größer als
das des Mädchenherzens. Auch die Wachstumskurve der Muskeln beider
Ventrikel fällt mit dem Beginn der Geschlechtsreife zusammen, sie zeigt
einen früheren Vollzug dieser Entwicklung bei Mädchen. Schließlich
sei hervorgehoben, daß die Stellung des Herzens im Thorax mit fortschreitendem Jugendalter immer mehr vertikal wird.

Anatomische Untersuchungen, die M. GEWERT dem Herzgewichte
widmete, ergaben, daß die absoluten Herzgewichte beim weiblichen Geschlecht vom 1. Lebensjahr an immer niedriger sind als beim männlichen; sie zeigen starke Abhängigkeit vom Körpergewicht und geringe
von der Körperlänge. Das relative Herzgewicht ist bei beiden Geschlechtern in den verschiedenen Altersstufen von nahezu konstanter
Größe. M. BERLINER findet beim Prozentverhältnis des Herzvolumens

(in Beziehung zum Körpervolumengewicht) in der ersten Hälfte des zweiten Dezenniums ein ungefähres Stehenbleiben auf gleicher Höhe, während dann die Kurve plötzlich scharf abfällt, um sich langsam wieder zu erholen. Aus dem Vergleich mit dem proportionalen Brustumfang ergibt sich zur Erklärung, daß bei dem rapiden Wachstum der Körperlänge die Kurve des proportionalen Brustumfanges gut Schritt hält, daß aber die des Herzkörpervolumens im 17. Lebensjahr einen Knick nach unten aufweist, bedingt durch den starken Anstieg des Körpergewichtes. Kirsch fand orthodiagraphisch, daß dem physiologischen Entwicklungsgang in keiner Phase des postnatalen Wachstums eine im Verhältnis zum Brustkorb stattfindende Verbreiterung entspricht, sondern während der ersten Lebensjahre eher eine fortschreitende Verschmälerung der Herzbreite; er fand keinen Anhaltspunkt für das Bestehen eines Zusammenhangs von Wachstum mit einer etwa im Verhältnis zum Brustkorbwachstum erfolgenden relativ stärkeren

Herzbreitendurchmesser in Zentimeter. (Nach M. Berliner.)

Alter Jahre	Niedrigster Wert	Höchster Wert	Durchschnitt	$\dfrac{\text{Herzvolumen}}{\text{Körpergewicht}} \times 100$
11	7,0	11,0	9,25	1,36
12	7,5	10,5	9,4	1,41
13	7,5	13,0	9,16	1,36
14	8,0	11,0	9,95	1,38
15	8,5	10,5	10,0	1,36
16	9,0	13,0	10,1	1,35
17	9,0	13,0	10,6	1,20
18	8,5	13,0	10,7	1,25
19	9,5	14,0	11,1	1,29
20	9,5	13,0	12,0	1,30

Größenzunahme des Herzens. Auf Grund von orthodiagraphischen Studien fanden Perrin und Mathevet, daß das Herzwachstum dem Körpergewicht, nicht dem Alter folgt, bei gleichem Gewicht folgen allerdings die Herzdurchmesser dem Alter. Die Mädchenherzen sind auch zwischen dem 9. und 14. Jahr kleiner als die der Knaben.

Hecht gedenkt der älteren Untersuchungen, die Rilliet und Barthez dem Herzwachstum widmeten. Das Ostium venosum dextrum, bis dahin wenig wachsend, dehnt sich um die Zeit der Pubertät plötzlich gleichzeitig mit der raschen Entwicklung des Thorax und der Lungen. Das Ostium venosum sinistrum, das immer kleiner ist, wächst stetiger, ohne aber dessen Größe zu erreichen. Von der Geburt bis zur Reifezeit vergrößert sich das Herzvolumen (Beneke) auf das 12fache, der Umfang der Aorta auf das 3fache. Das Verhältnis des Herzvolumens zum Aortenumfang beträgt nach Baginsky bei der Geburt 25 : 20, vor der Pubertät 140 : 50, nach der Pubertät 260 : 51. Daß die arteriellen Gefäße besonders in der Pubertät im Verhältnis zur Körperlänge sehr enge sein sollen, hält Beneke für ein wichtiges Moment in der Pathologie dieser Periode, doch sind nach Müller Obduktionsbefunde nicht maßgebend, da sich die Aorten Jugendlicher nach dem Tode besonders stark kontrahieren.

Über das Auftreten des Hisschen Bündels in verschiedenen Lebensaltern macht Mönckeberg Angaben (Rössle).

R. Sperling, der in erster Lebenszeit unverhältnismäßig weite Ursprünge der großen Gefäße findet, die sehr langsam an absolutem Um-

Organentwicklung im Pubertätsalter. (Nach Rössle.)

Alter	Länge		Gewicht		Herz in Gramm		Leber in Gramm		Nieren in Gramm	
Jahre	männ-lich	weib-lich	männ-lich	weib-lich	männ-lich	weib-lich	männ-lich	weib-lich	männ-lich	weib-lich
11—12	140,0	137,0	29,75	28,9	169	153	919	918	166	174
13—14	144,5	145,5	31,8	36,6	169	194	1034	987	184	120
15—16	158,0	154,0	48,1	47,0	246	223	1411	1360	251	242
17—18	168,0	157,5	53,1	51,9	288	260	1476	1435	277	273

Zuwächse in den einzelnen Jahresgruppen (je 2 Jahren)

	4,5	8,5	2,05	7,7	0	41	115	69	18	16
	13,4	9,5	16,3	10,4	77	29	377	373	67	52
	10,0	3,5	5,0	4,9	42	37	65	75	26	51

Namentlich die Zuwachswerte für je 2 Jahre lassen den besonderen Pubertätsanstieg schon deutlich in Erscheinung treten.

fang zunehmen, daher von Jahr zu Jahr relativ abnehmen, konstatiert
das Auftreten gewisser Herztypen um die Pubertätszeit, so des sog.
Aktionstypus, das wenig gefüllte, lebhaft tätige, klein konfigurierte Herz
mit hebendem Spitzenstoß, welches sich im Gegensatz zum konstitutionell
asthenischen Herzen nach der Pubertät noch anders formieren kann.

Altersunterschiede des Blutdrucks
bei Mädchen. (Nach Burlage, zitiert
bei Fleisch.)

Alter Jahre	Zahl der Fälle	Systo- lischer Blutdruck	Diasto- lischer Blutdruck
9	65	105	63
10	77	109	66
11	122	109	65
12	92	114	69
13	100	119	71
14	90	124	77
15	116	123	74
16	75	119	74
17	121	115	76
18	175	112	74
19	193	112	75
20	181	110	74

Im Alter von 12 Jahren waren dabei
24%, im Alter von 13 Jahren 58% der
Mädchen menstruiert, und mit 14 Jahren,
wo der durchschnittliche systolische
Druck das Maximum beträgt, waren
90% menstruiert. Es findet sich somit
keine Koinzidenz zwischen Eintritt der
Menstruation und höchstem systolischen
Druck.

Es handelt sich hierbei nur um
eine Änderung des Aktionstonus.
Auch eine Vergrößerung des Herzens wird in diesem Alter angetroffen, die „Wachstumshypertrophie", über deren Zustandekommen noch divergente Anschauungen herrschen.

Der *Blutdruck* steigt während
des ganzen Lebens von 60 mm
(3.—5. Jahr) bis 160 mm (über
60 Jahre). Gleiche Resultate finden Niernheimer und de Vries
Relingh (zitiert bei Hecht). Die
Altersunterschiede illustriert die
Tabelle nach Burlage, die keine
Koinzidenz zwischen Menarche
und systolischem Höchstdruck erkennen läßt.

Im Alter von 3—10 Jahren
findet A. Fleisch einen ungefähr
geradlinigen Verlauf des Anstieges
des systolischen Blutdruckes.
Neue Verhältnisse treten kurz vor

und während der Pubertät auf; so kommt es zwischen 10. und 14. Jahr
zu einem rascheren Anstieg des systolischen Druckes, wobei eine Differenz zwischen männlichem und weiblichem Geschlecht auftritt, indem
z. B. nach ALVAREZ im Alter von 16 Jahren der systolische Druck bei
Frauen 118 mm, bei Männern 127 mm beträgt. Interessant ist das Resultat von ALVAREZ und BURLAGE, daß der systolische Druck während der
Pubertät abfällt, um später wieder anzusteigen.

SUNDALL sowie WIESEL konnten dies bestätigen; WIESEL hebt die
Pubertätssteigerung des Blutdruckes hervor, SUNDALL fand einen verhältnismäßig rascheren Anstieg bei den Mädchen vom 9.—12., bei
Knaben vom 10.—13. Jahr, bei ersteren nach dem 15., bei letzteren
nach dem 17. Jahr keine weitere Steigerung. Mit Zunahme von Größe
und Gewicht steigt der Blutdruck an. Bei Mittelschülern ist er höher

Pulsfrequenz im Pubertätsalter. (Nach KAUP.) (Untersucht
wurden 20—30 Individuen.)

Alter	München	
Jahre	männlich	weiblich
11	—	98
12	91	100
13	92	100
14	92	—
15	86	—
16	89	80
17	84	82
18	81	83
19	83	88
Erwachsene	63	—

[1] 16—20 Jahre männlich: Volkssportkurse.

Blutdruck im Pubertätsalter.
(Nach KAUP.)

Alter	München[1] (Bayern)		Japan	
Jahre	männlich	weiblich	männlich	weiblich
11	—	87/56	96/59	98/60
12	—	101/66	104/63	108/67
13	—	101/66	109/66	115/77
14	—	—	114/69	118/73
15	—	—	120/72	121/75
16	95/53	111/70	124/74	122/76
17	105/55	111/72	124/74	—
18	107/63	108/69	—	—
19	108/67	—	—	—
20	119/66	—	—	—

als bei gleichaltrigen Volksschülern. KAUP bringt instruktive Vergleiche des (systolischen und diastolischen) Blutdruckes, nach Altersstufen geordnet, bei verschiedenen Populationen. Bei KAUP finden wir
auch altersgemäße Vergleiche der Pulsfrequenz. Er erwähnt die Blut-
druckbestimmungen im Reifealter durch ECKART, ARNSTEIN, ZADECK
und POTAIN, die eine besonders starke Steigerung desselben in diesen
Jahren fanden. Nach POTAIN ist der Blutdruck bei Erwachsenen doppelt
so groß als bei Kindern, für das Alter von 5—8 Jahren wurde ein systo-
lischer Druck von 60 mm Hg angenommen. Für Japan liegen von
11—13 und von 16—17 Jahren die Werte höher als für Deutschland.
Die schnellere Entwicklung zur Vollreife bei Japanern kommt auch in
den Blutdruckwerten zum Ausdruck. Das weibliche Geschlecht reagiert
früher als das männliche.

In jüngster Zeit unterzog H. GLENN RICHEY die Blutdruckverhält-
nisse vor und nach der Geburt eingehender Untersuchung. Er fand
einen allgemeinen Anstieg des Blutdruckes mit zunehmendem Alter mit
Ausnahme eines Abfalls bei Mädchen nach dem 16. Jahr. Der mittlere
systolische Druck scheint bei Mädchen im Alter von 10—13 Jahren
höher zu liegen als bei Knaben, nach dem 13. Jahr überschreitet die

Kurve der Knaben die der Mädchen, die Unterschiede steigen mit zunehmendem Alter. — Der systolische und in geringerem Maße der diastolische Druck sind durch die physische Entwicklung bestimmt und unabhängig vom Alter.

STOCKS konstatiert, ausgehend von der Erfahrung, daß die Ähnlichkeit zweieiiger Zwillinge gleichen und verschiedenen Geschlechtes nicht größer ist als die von Kindern, die von gleichen Eltern zu verschiedenen Zeiten in die Welt gesetzt werden, und daß erst mit Beginn des Jugendalters bei zweieiigen Zwillingen eine größere Verschiedenheit des Blutdruckes zu konstatieren ist als bei eineiigen, daß die für die Grundeinstellung des Blutdruckspiegels verantwortlichen erblichen Faktoren erst mit Beginn der Geschlechtsentwicklung in Kraft treten; ebenso wie auch Puls- und Atemfrequenz von der Pubertät an von erblichen Faktoren fast in derselben Stärke beherrscht werden wie die Körpermaße.

Der *Kehlkopf* geht in seiner gestaltlichen Entwicklung im Zeitalter der Reife einen ausgesprochen geschlechtsbedingten Weg. Schon nach dem 3. Lebensjahr erscheint er bei Mädchen relativ kürzer und kleiner (GUNDOBIN), beim Knaben nimmt nun die Größe des sagittalen Durchmessers allmählich zu, der Vereinigungswinkel der Schildknorpel wird spitzer als beim Mädchen (7. Jahr). Mit 10 Jahren verliert das Organ seine für das Kindesalter charakteristische trichterförmige Gestalt, es tritt eine schnelle Zunahme der Dimensionen und eine Differenzierung des weiblichen vom männlichen Kehlkopf ein. Der weibliche Kehlkopf ist zwar höher, doch sein Bau zarter und breiter, nach vorn mehr abgerundet. Während beim männlichen Geschlecht sich das Profil der Vorderfläche mit dem spitzen Vereinigungswinkel der Schildknorpel als Adamsapfel mehr oder weniger deutlich am Halse zeigt, deckt beim weiblichen der stärkere Fettpolster seine grazilere Form in der Fläche des Halses. Die Länge der Stimmbänder, die im 1., dann zwischen 14. und 16. Jahr am stärksten zunimmt, beträgt:

	Knaben	Mädchen
Neugeborener	0,45	0,42
16 Jahre	1,65	1,50
Erwachsener	1,90	1,51

Der normale männliche Kehlkopf hat eine vordere Höhe von 7 cm, eine größte Breite von 4 cm und am unteren Rande des Schildknorpels eine Tiefe von 3 cm; beim Weibe sind die entsprechenden Zahlen: 4,8 — 3,5 — 2,4 cm. Die männliche Stimmritze ist im Mittel 2,5, die weibliche 1,5 cm lang (HARMS).

Über den Stimmumfang in den einzelnen Lebensstufen gibt nebenstehende Abb. 7 AUTENRIETHS ein Bild.

Bis zum 12. Jahr zeigen die Stimmbänder von Knaben und Mädchen annähernd dieselbe Länge, danach werden sie bei Knaben konstant länger als bei Mädchen. Das starke Wachstum des Kehlkopfes, besonders der Stimmbänder, zur Pubertätszeit bringt den für diese cha-

rakteristischen Stimmumschlag hervor, der bei Knaben um das 14. bis
15. Lebensjahr eintritt, bei Mädchen weniger intensiv und weniger plötzlich vor sich geht. Die männliche Stimme wird während der Pubertät
fast um eine Oktave tiefer als die weibliche.

Der individuelle Stimmumfang beträgt bei beiden Geschlechtern
$1^1/_2$—2 Oktaven (BARTH). Hinsichtlich der Klangfarbe überwiegt beim
männlichen Geschlecht das Brustregister, beim weiblichen das Kopf-
register.

Länge und Weite der *Trachea* zeigen den dem allgemeinen Körperwachstum entsprechenden Pubertätsaufschwung, die dem Kindesalter
eigene Zartheit der Schleimhäute, ihre eigentümliche Trockenheit, die
oberflächliche Lagerung der Drüsen, die dadurch bedingte Erleichterung
des Zutritts von Mikroorganismen (GUNDOBIN). Die geringe Entwicklung des elastischen Gewebes schwindet und es etablieren sich die Verhältnisse des Erwachsenen. Die Nase und ihre Hohlräume zeigen eine
starke Zunahme ihrer Dimensionen. Die *Lungen*, die mit zunehmendem
Alter des Kindes ununterbrochen wachsen, lassen nach GUNDOBIN zwei
Perioden besonders energischer Entwicklung erkennen, und zwar die
eine von der Geburt bis zum Alter von 3 Monaten und dann die Periode

Abb. 7. Stimmumfang beider Geschlechter in einzelnen Altersstufen. (Nach AUTENRIETH.)
Halbe Noten = Knaben, Viertelnoten = Mädchen.

der Geschlechtsreife im Alter von 13—16 Jahren. Der Unterschied des
Atmungstypus der Geschlechter wird um die Pubertät eklatant und
dauernd. Fast bei allen Mädchen ist während der Inspiration das
Emporziehen der oberen Thoraxapertur stärker ausgeprägt als das Auf-
ziehen der unteren Rippenränder. Ferner haben die Mädchen bei tieferen
Inspirationen öfter die Neigung, den vorderen unteren Rand des Thorax
einzuziehen, was einen Rest der kindlichen Atmung darstellt. Mädchen
von 7—8 Jahren haben vorwiegend abdominalen Atmungstypus, nach
8 Jahren kombinierten, nach 18 Jahren rein thorakale Atmung. Bei
Knaben wird das Vorherrschen des thorakalen Typus zwischen 10 und
14 Jahren bemerkbar (GROSSER).

BIEDL hebt die juvenile, respiratorische Arrhythmie als ein fast nie
versagendes Frühsymptom der Pubertät hervor und zitiert die Untersuchungen PONGS, der feststellen konnte, daß bei gleicher Ausgangs-
frequenz die Frequenzvariation infolge tiefer Respiration im Beginne
der Pubertät am größten ist und mit zunehmendem Alter abnimmt.

Mit dem Pubertätsanstieg des Lungenvolumens wächst auch die
Vitalkapazität, die begreiflicherweise in Abhängigkeit vom Thorax-
wachstum steht (s. Tabelle Vitalkapazität und Kurvenbild Abb. 8).

Von den blutbildenden Organen wäre zu erwähnen, daß nach GUN-
DOBIN, der sich auf Untersuchungen GARMARSCHOFFS beruft, die Pubertät sich insofern im Verhalten des *Knochenmarks* ausprägt, als eine

deutlich und scharf ausgesprochene Verwandlung des lymphoiden Knochenmarks in Fettmark mit dem 5. Lebensjahr beginnt und mit dem 14. Jahr endet. Die *Milz* geht in ihrem Wachstum der Aufbaulinie des ganzen Körpers parallel. Das lymphoide Gewebe derselben nimmt (T. HELLMANN) bis unmittelbar nach Eintritt der Pubertät rasch

Vitalkapazität. (Nach STEWART[1].)

Alter	Knaben		Mädchen	
Jahre	Körperlänge	Mittlere Vitalkapazität	Körperlänge	Mittlere Vitalkapazität
6	112,2	1124	111,5	1045
7	116,9	1304	114,4	1215
8	121,8	1491	121,0	1373
9	129,9	1679	127,0	1524
10	133,4	1859	132,1	1685
11	137,8	2105	135,9	1781
12	142,4	2210	144,0	2085
13	148,7	2451	151,4	2309
14	154,8	2772	156,6	2511
15	159,9	3094	157,8	2676
16	167,2	3417	160,1	2817

zu, worauf unmittelbar die Altersinvolution eintritt. Das Wachstum der *Rachen- und Gaumenmandeln* dauert nach GUNDOBIN bis zum 16. Jahr, wo sie ihre stärkste Entwicklung erweisen. Jenseits dieser Zeit nimmt ihr Umfang nicht mehr zu, sondern unterliegt einer regressiven Metamorphose. Nach RUTH BLOS entsteht eine Hypertrophie des Rachenringes, die sich durch starke Unempfindlichkeit gegenüber Infektionen und Intoxikationen in Exsudation ausdrückt, bei Kindern mit lymphatischer Diathese; mit der Pubertät hören diese exsudativen Prozesse auf und die lymphoiden Organe, also auch die Tonsillen, erliegen der Involution.

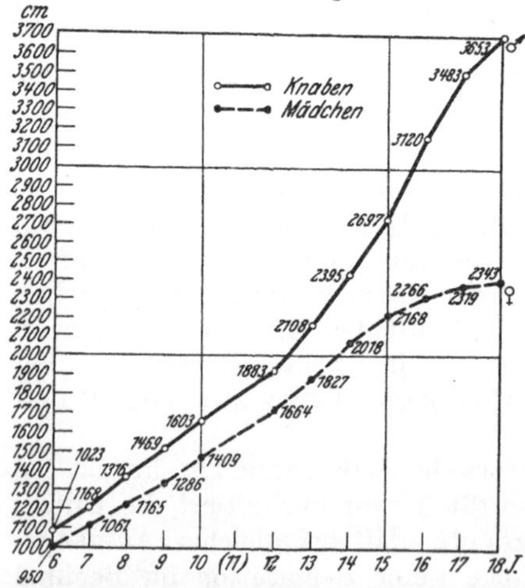

Abb. 8. Vitalkapazität der Lungen von Knaben und Mädchen. (Nach SMEDLEY. Bei NOEGGERATH.)

Blutuntersuchungen KARNITZKIS (bei GUNDOBIN) ergaben bis zum 14. Lebensjahr einen durchschnittlichen Erythrocytengehalt von 5 890 000 mit Schwankungen zwischen 6 200 000 und 5 000 000, also eine höhere Zahl als bei Erwachsenen, bei denen etwa 5 000 000—4 500 000 die Norm ist. Ein geringerer Gehalt vor dem 14. Lebensjahr als 5 000 000 deute auf Entwicklungshemmung, eine noch tiefere Zahl wäre als Anämie zu werten. Die Pubertät müßte demnach einen senkenden Einfluß auf die Erythro-

---

[1] Nach V. HOGT: Kinderärztliche Praxis II (1931).

cytenzahl haben, doch gedenkt Gundobin auch abweichender Befunde. Er bringt recht zahlreiche Literaturangaben, die einen größeren Hämoglobingehalt vor dem 14. Jahr erweisen, doch lassen sich bedeutende individuelle Schwankungen nicht leugnen. Lehndorff konstatiert für die ersten fünf Lebensjahre im Blutbild das Überwiegen der Lymphocyten. Ihre Zahl beträgt 50% gegen 20—25% beim Erwachsenen, die der polynucleären neutrophilen Leukocyten 30% gegen 60—70% beim Erwachsenen. Nach dem 5.—6. Lebensjahr sinkt mit ansteigender Prozentzahl der polymorphkernigen neutrophilen granulierten Zellen die Zahl der Lymphocyten, und mit etwa 14 Jahren, also der Pubertätsepoche, gleicht das Blutbild dem des Erwachsenen. Es scheint demnach die mit fortschreitendem Alter bis zur Pubertät sinkende Leukocytenzahl den Schluß auf eine energischere Funktion der blutbildenden Organe im Kindesalter im Vergleich zum Erwachsenen zu gestatten. Nach Rössle findet sich eine zur Pubertätszeit einstellende sexuelle Differenz: männlich 5 Millionen, weiblich $4^1/_2$ Millionen, ja vorher soll beim weiblichen Geschlecht die Zahl der Roten etwas höher sein. O. Grigorowa untersuchte 200 Schulkinder und fand: Mit Zunahme der Gonadenfunktion kommt es zur prozentuellen Erhöhung des Hb-Gehaltes im Blut. Eine Ausnahme machen Mädchen in der Menarche. Bei verspäteter Pubertät wird der Hb-Wert niedriger, wobei verstärkte Erythrocytenproduktion erfolgt, das Blutbild ist dem bei Kastration ähnlich: Vermehrung der Mononucleären, der Lymphocyten, besonders der Monocyten, gleichzeitig Verminderung der Leukocyten, Auftreten von jugendlichen Formen, leichte Zunahme der Eosinophilen.

Das spezifische Gewicht des Blutes fand E. Müller beim Kinde erheblich geringer als beim Erwachsenen, das Blut prozentisch Hb-ärmer, die O-Kapazität geringer. Hofstätter fand das spezifische Blutgewicht beim weiblichen Geschlecht geringer als beim männlichen, ein Unterschied, der nach Lloyd Jones nicht vor dem 15. Jahr auftritt und im hohen Alter ein umgekehrtes Verhältnis zeigt.

In jüngster Zeit untersuchte G. Schmoll 40 junge Frauen, denen 40 von Horneffer untersuchte junge Männer entgegengestellt wurden (s. Tabelle). Trotz sonst bestehender, wohl hormonaler Unterschiede erwies sich der Hb-Gehalt pro μ^2-Wert, der von Bürkner neuerdings „spezifisches Oberflächenhämoglobin" genannt wird, beim männlichen und beim weiblichen Geschlecht gleich und stimmte mit dem beim Säugling gefundenen Wert überein.

Blutuntersuchungen an 40 jungen Frauen (G. Schmoll) und 40 jungen Männern (Horneffer). (Nach G. Schmoll.)

	Mittlerer Hb-Gehalt in Gramm in 100 ccm Blut	Mittlere Erythrocytenzahl in Mill. in 1 ccm Blut	Mittlerer Hb-Gehalt eines Erythrocyten in 10^{-12} g	Mittlerer Durchmesser eines Erythrocyten in μ	Mittlere Oberfläche eines Erythrocyten in μ^2	Mittlerer Hb-Gehalt pro μ^2 Oberfläche in 10^{-14} g
Gesamtmittel für Frauen . .	13,70	4,56	30,2	7,73	93,8	32
Gesamtmittel für Männer . .	16,03	4,96	32,4	8,15	104,2	31

Die Länge des *Darmkanals* geht in gewissen Grenzen dem allgemeinen Körperwachstum parallel. In der Periode der Geschlechtsreife läßt sie eine rapide Gewichtszunahme der Leber konstatieren.

Die *Muskulatur* nimmt zur Zeit der Pubertät immens zu, die Muskeln sind bei Knaben auf allen Wachstumsstufen stärker entwickelt als bei Mädchen. Sie bewirken eine beim männlichen Geschlecht stärkere Modellierung der Oberfläche, so daß Rumpf und Extremitäten, bis zu einem gewissen Grade auch das Gesicht, ausgeprägtere Reliefs bekommen. Die geschlechtlichen Unterschiede werden zur Zeit der Reife deutlicher. P. GODIN fand bis zum 16. Jahr ein Parallelgehen des Muskel- und des Knochenwachstums, dann nimmt die Muskulatur an Masse stärker zu als der Knochen, eine Tatsache, der GODIN eine biologische, erzieherische und klinische Bedeutung zuschreibt. Im jugendlichen Alter fand er die Zahl der Myofibrillen im Verhältnis zum Sarcoplasma gering, später schwindet letzteres bis auf dünne Lamellen, während erstere stark vermehrt werden.

Nach THEILE (zitiert bei SCAMMON) machen die Muskeln bei der Geburt $1/_4$ des ganzen Körgergewichtes aus, in späterer Kindheit nehmen sie derart zu, daß um die Pubertät und später ihr Anteil 40—50% des Körpergewichtes ausmacht. Das Wachstum der Skeletmuskulatur im postnatalen Leben kommt fast ausschließlich durch Wachstum der einzelnen Muskelfasern und nicht durch ihre Vermehrung zustande.

Auch das *Zentralnervensystem* nimmt zur Reifezeit einen sehr starken Entwicklungsaufschwung. GUNDOBIN zeigt die Verdoppelung des Gehirngewichtes bei beiden Geschlechtern im Vergleich zum Neugeborenen im 8. Lebensmonat, die Vergrößerung um das $2^1/_2$fache zu Ende des 1. Lebensjahres, um das 3fache im 3. Lebensjahr, dann um das 4fache bei Mädchen, um das $3^1/_2$fache bei Knaben in der Periode der Geschlechtsreife auf. ZIEHEN bringt die Wachstumszahlen des Gehirns:

Neugeborenengehirn der Knaben . . . 350—400 g
Ende des 4. Jahres . . . . über 1100 g
14. Lebensjahr . . . . 1300 g

Nach dem 14. Jahr erfolgt eine äußerst langsame Zunahme bis zum Gehirngewicht des Erwachsenen von 1350 g, das nach HANDMANN um das 18. Jahr erreicht wird. Beim weiblichen Geschlecht finden sich dieselben Verhältnisse bei geringeren Werten. Im ganzen ergeben sich demnach keine großen Massenzunahmen in der Pubertät, auch keine Änderungen der Form, keine Vermehrung der Ganglienzellen, insbesondere der Rinde, aber Verdichtung der Assoziationsfasern, die nach KAES und nach O. VULPIUS in der Pubertät an Zahl sehr zunehmen, wobei wahrscheinlich die endgültige Form und Differenzierung der Ganglienzellen der Großhirnrinde erlangt wird (ZIEHEN).

Funktionelle Einzelheiten des Zentralnervensystems um die Reifezeit sollen in einem späteren Abschnitte besprochen werden. Hier sei erwähnt, daß sich der Pubertätsaufschwung recht prägnant schon am *Schädelwachstum* ausdrückt, denn der Kopfumfang läßt eine gesteigerte Wachstumsenergie bei Mädchen zwischen 12 und 14, bei Knaben zwischen 13 und 15 Jahren erkennen. Nach MERKEL lassen sich 3 Hauptperioden des postnatalen Schädelwachstums unterscheiden: 1. rapides Wachstum von der Geburt bis zum 7. Jahr, 2. langsames Wachstum vom 7. bis 10.—12. Jahr, 3. wieder steigendes Wachstumstempo vom 10.—12. bis zum 19. Jahr, bei Mädchen etwas später als beim Knaben. Das Rückenmarkgewicht verdoppelt sich Ende des 1. Jahres, verdreifacht sich mit 15 Jahren, es zeigt eine merkliche Vergrößerung im Alter der Geschlechtsreife um das 4—5fache, bei Mädchen früher als bei Knaben.

Das Wachstum der *Nieren* zeigt nach GUNDOBIN, der sich auf ältere und jüngere Daten stützt, eine Gewichtsdifferenz zwischen beiden Geschlechtern nur vom 9. Jahre ab, wo die Nieren der Mädchen etwas schwerer zu werden beginnen.

Haut. Eine ausgesprochene Wachstumsdifferenz stellt sich um die Reifezeit bezüglich der Haut, besonders des Hautfettes ein (KORNFELD). Die Haut der Mädchen wird reichlicher fettunterpolstert als es schon vorher der Fall war, das Hautfett rundet die Niveauunterschiede der Haut ab und gibt den plastischen Formen die charakteristische Weichheit der Kon-

Fettpolsterdicke während des Wachstums (in Millimeter).
(Nach KORNFELD.)

Alter	Knaben				Mädchen			
Jahre	Wange	Rücken	Brust	Bauch	Wange	Rücken	Brust	Bauch
4—6	8,1	6,4	8,9	8,0	8,3	6,1	8,8	9,2
6—8	7,3	5,9	7,9	7,6	8,1	6,0	9,8	10,6
8—10	8,2	6,7	7,7	8,1	8,3	7,1	10,8	11,6
10—12	6,9	6,5	8,8	9,3	8,4	7,2	12,0	14,7
12—14	7,3	6,5	8,5	10,3	7,6	8,8	13,0	17,4

turen, die den bekannten Unterschied zu dem das Muskelrelief betonenden männlichen Akt schafft, die ohnehin zartere weibliche Muskulatur gelangt unter dieser Bedeckung vielfach überhaupt nicht dazu, die Oberfläche durch ihre Vorsprünge zu modellieren (HOFSTÄTTER). Diese stärkeren allgemeinen Fettdepots, die schon vor der Pubertät der weiblichen Figur zu eigen sind, nehmen oft frühzeitig ausgeprägte Formen an. Stärkere Fettanhäufungen treten regelmäßig an bestimmten Stellen, an den Schultern, an der Brust, besonders am Gesäß, am Unterbauch, am Mons veneris, an den Oberschenkeln auf, an Stellen, die beim männlichen Geschlecht relativ fettarm sind. Die Haut selbst bleibt zur Zeit der Pubertät beim weiblichen Geschlecht zart und dünn, doch nimmt der Pigmentgehalt, wenn auch nicht im Maße des männlichen Geschlechtes, bei welchem er zur vollen Ausbildung gelangt, zu, so am Perineum, in der Analgegend, in den Achselhöhlen. Beim Jüngling färbt sich vor allem das Scrotum dunkler. Für den Zusammenhang der Pigmentbildung mit der Reife sprechen die Erfahrungen GUINARDS (zitiert bei HOFSTÄTTER) bei Völkerschaften Asiens, die den jungen Mädchen die Ovarien exstirpieren: das Perineum, die Analgegend, die Achselhöhlen bleiben weiß. Auch die Iris scheint nach ROSENSTERN im Schulalter nachzudunkeln. Untersuchungen an Däninnen ergaben, daß die Zahl der helläugigen Mädchen von 64% im 6. Jahr auf 58%

im 14. Jahr sinkt (MARTIN). Bei Knaben soll es zu einer Aufhellung der Iris kommen (GODIN).

Hier sei der von J. NOVAK beschriebenen intracutanen Venenbüschel am Oberschenkel gedacht, eines weiblichen Geschlechtsmerkmals, das zur Zeit der Pubertät in Erscheinung zu treten pflegt.

Einen eklatanten Einfluß übt der Eintritt der Geschlechtsreife auf die Entwicklung der *Hautdrüsen*. LÜNEBURG (zitiert bei KLAAR) hat als erster darauf hingewiesen, daß der apokrine Drüsenapparat der Achselhöhle vor Eintritt der Geschlechtsreife — bei Mädchen früher als bei Knaben — auszuwachsen beginnt, aber erst nach eingetretener Pubertät die charakteristischen Sekretionsformen der Epithelien bietet. Auch LOESCHKE und J. KLAAR heben hervor, daß die volle Entwicklung der apokrinen Drüsen des Achselorgans, denen ähnliche sich auch auf dem Mons veneris, den Labien und im Circumanalring finden, erst mit Eintritt der Geschlechtsreife zustande komme, sie seien von der Funktion der Geschlechtsorgane abhängig. Nach SCHIEFFERDECKER wären sie Geschlechtsduftdrüsen, nach KLAAR hätten sie außerdem verschiedene biologisch hochwertige Funktionen. Auch für SCHAFFER besteht kein Zweifel, daß sowohl die apokrinen Schweißdrüsen als auch die Talgdrüsen von den cyclischen Sexualvorgängen beeinflußt werden. Kind und Greis zeigen nur rudimentäre Drüsen. Auch die Talgdrüsen entwickeln sich zum Teil erst zur Zeit der Pubertät und bilden sich im Alter zurück, wie dieses wohl von den Drüsen der kleinen Schamlippen und der Mundhöhle bekannt ist.

Das *Haarsystem* zeigt (FRIEDENTHAL) zur Reifezeit den Fellwechsel des Menschen, das Flaumhaar wird zunächst in Achsel- und Schamgegend, dann bei Knaben auch im Gesicht und an der Oberlippe durch das Terminalhaarkleid ersetzt. Wenn wir von allzu früher und allzu später Reife absehen, so pflegt bei Mädchen im 11.—12. Jahr, bei Knaben im 13. und 14. Jahr die Terminalhaarsprossung sichtbar zu werden. Mit Ausbildung der Achsel- und Schamhaare pflegt bei den Mädchen die Entwicklung des Terminalhaarkleides bis zur Zeit des Klimakteriums ihr Ende erreicht zu haben. Die Schambehaarung zeigt in der Regel beim weiblichen Geschlecht die geschlechtsspezifische, annähernd waagerechte Begrenzung oberhalb der Symphyse, beim männlichen Geschlecht eine dreieckige, mit der oberen Spitze gegen den Nabel strebende Figur, die sich oft in der Linea alba nach oben fortsetzt. Nur selten zeigen sich beim Weibe maskuliner, beim Manne femininer Behaarungstypus. Perineum und Analgegend bleiben beim Weibe unbehaart, beim Manne sind sie behaart. Das Kopfhaar wird in der Pubertät dunkler. STAFFE fand (zitiert nach ROSENSTERN) an 6000 Schulkindern, die im 1. Jahr fast alle hellblond gewesen waren, im Schulalter nur noch 59,4 Blonde, später macht das Nachdunkeln weitere Fortschritte. Das hellblonde Kind kann im Alter von 13—15 Jahren, wenn die Menstruation beginnt, erst dunlkeblonde, dann braune Haare bekommen, dazu nimmt der Teint eine gelbliche Nuance an. Wie denn überhaupt beim weiblichen Geschlecht oft viel stärker sexual bedingte Pigmentverschiebungen vorkommen als beim männlichen (PINKUS).

Für das Behaarungstempo und die Behaarungsintensität der Schamgegend wurden von CRAMPTON (für amerikanische Knaben), dann von
SCHEIDT Tabellen gebracht. SCHEIDT unterscheidet eine erste Stufe, in
der das Auftreten einzelner, nicht gekräuselter, spärlicher Terminal-
haare eben nachweisbar ist, eine dritte Stufe, in welcher das Terminal-
haar stark entwickelt, gekräuselt und weiter ausgebreitet ist, und eine
zweite Stufe, die zwischen 1. und 3. Form etwa die Mitte hält und eine
mäßige, jedoch nicht volle Entwicklung des Terminalhaares zeigt
(s. Tabelle).

MARTIN, FRIEDENTHAL, BERLINER untersuchten auch die Zeit, die
bis zur Erreichung ausgesprochener geschlechtseigener Schambehaarung
verläuft und fanden eine mit höherem Alter zunehmende Frequenz der virilen Behaarungsformen, ohne daß jedoch eine durchgehende Gesetzmäßigkeit in dieser Zunahme zum Ausdruck kommt.

Der Beginn der Schambehaarung liegt nach SCHEIDT bei Dunkelhaarigen etwa $^1/_2$ Jahr früher als bei Hellhaarigen, jedoch holen die letzteren den zeitlichen Vor-

Behaarungsstärke der Regio pubica.

Alter Jahre	Stärke I %	Stärke II %	Stärke III %
10	10,0	—	—
11	20,0	—	—
12	30,0	—	—
13	28,50	2,5	—
14	53,50	14,3	7,1
15	64,2	15,3	11,5
16	54,1	30,6	15,3
17	—	85,7	14,3
18	—	—	100,0

sprung der ersteren vor vollendetem 14. Jahr ein und erreichen gleichzeitig mit den Dunkelhaarigen (16.—18. Jahr) die endgültige Ausbildung.
Kinder von Angehörigen des 1. Standes weisen bei der Hälfte der Individuen bereits mit vollendetem 11. Jahr, in der Gesamtheit 100 % schon
mit vollendetem 15. Jahr Schambehaarung auf, 2 bzw. 1 Jahr früher
als Kinder des Mittelstandes und 4 bzw. 1 Jahr früher als Kinder von
Angehörigen des 3. Standes. Für die letzteren kommt als Jahr der
hauptsächlichsten Schambehaarung das 16. in Betracht, und sie erreichen
den endgültigen Stand erst mit Vollendung dieses Jahres, obwohl die
anfangs stark verzögerte Entwicklung im letzten Jahr schneller fort-
schreitet als bei den übrigen. Kinder der Kleinstadt und der ländlichen
Bevölkerung endlich sind mit der Entwicklung des Schamhaares den
Großstadtkindern gegenüber um etwa 1 Jahr im Vorsprung, sowohl was
den Beginn als das Mittel und die virile Endstufe betrifft.

Am männlichen Genitale finden sich die Haare zuerst an der Peniswurzel, auch am Scrotum bildet sich (SCHEIDT) um die Peniswurzel
ein dichter werdender Kranz von Haaren, der sich nach der Inguinal-
gegend und der Unterbauchgegend ausbreitet, um schließlich das Scham-
dreieck ganz auszufüllen. Mit zunehmender Dicke der Behaarung nimmt
auch die Stärke der Pigmentierung zu.

Im ganzen lassen sich nach SCHEIDT die untersuchten Körperpartien
beziehentlich der an ihnen auftretenden Terminalbehaarung in folgende
Reihe bringen: untere Extremität (Streckseite des Unterschenkels) —
Regio pubica — obere Extremität (Streckseite des Unterarms) — Wange

und Oberlippe — Axilla — Brust (über der Mitte des Sternums und in
der Umgebung der Mamilla) — Bauch (in der Umgebung des Nabels
und längs der Linea alba).

Eine Kurvenzeichnung SCHEIDTs illustriert die Zeitpunkte des Auftretens der extragenitalen Terminalbehaarung (s. Abb. 9).

Die Länge des Kopfhaares erreicht beim Manne niemals die der Frau,
unbeschnitten erlangt die Länge des weiblichen Kopfhaares leicht die
Taille, die des männlichen kaum die Schultern (BUCURA); Unterschiede,
die schon in frühem Kindesalter bemerkbar sind, im Pubertätsalter
aber charakteristisch werden. Auch wird (BIEDL) das Kopfhaar des
Mädchens zur Reifezeit dünner und glänzender, ein frühes und ein-
deutiges Pubertätssymptom.

Vor einiger Zeit hat R. O. STEIN die Aufmerksamkeit auf ein beim
männlichen Geschlecht zu findendes Pubertätszeichen, die Calvities

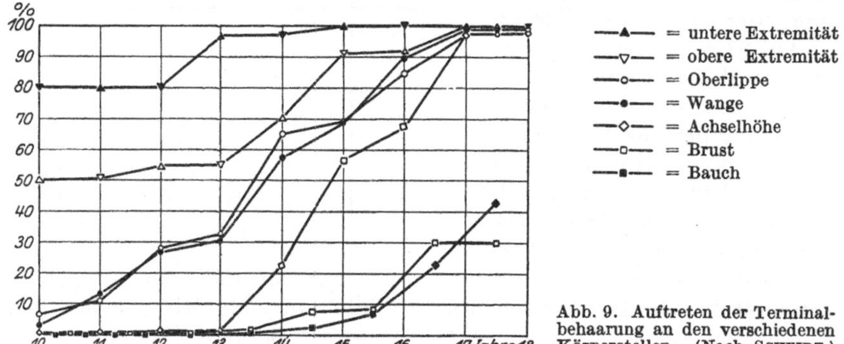

Abb. 9. Auftreten der Terminalbehaarung an den verschiedenen
Körperstellen. (Nach SCHEIDT.)

frontalis adolescentium, gerichtet: Während bei Kindern die Haargrenze in kontinuierlichem Bogen von den Ohren bis zur Stirnhöhe
zieht, läßt sich beim männlichen Geschlecht nach der Pubertät ein
Zurücktreten der Haargrenze in Form symmetrischer, seitlich der Mittel-
linie gelegener einspringender Dreiecke, der sog. Geheimratsecken, feststellen. Bei Frauen, Kindern, femininen Männern, Eunuchoiden soll
die Erscheinung fehlen. BUSCHKE und GUMPERT haben das Phänomen
weiteruntersucht. Sie konnten es zwar auch bei Frauen und besonders auch bei jungen Säuglingen finden, geben aber für die Mehrzahl der Beobachtungen die Richtigkeit des STEINschen Befundes zu.
Das Zustandekommen der Calvities frontalis adolescentium in der
Pubertät bei männlichen Individuen ist nach POÓR ein physiologischer
Vorgang und eine Folge der Idiokinese, einer Erbänderung im Sinne
durch transitive Ursachen zustande kommender neuer Idiovariation,
obwohl diese Erscheinung in bemerklichem Gegensatz zu der auch in
diesen Lebensabschnitt fallenden Entwicklung der Bart- und Schamhaare steht. Bei femininen Männern, bei Eunuchen, Eunuchoiden, bei
Dystrophia adiposogenitalis bleibt diese eigenartige Idiokinese in Form
des frontalen Haarausfalles aus, gleichzeitig aber auch das Sprossen
der Bart- und Schamhaare. Bei maskulinen Frauen dagegen, bei denen

eine Abnormität auf dem Gebiete der Idioplasmavariation, der Idiokinese, besteht, kommt es zu einer hormonalen „Dyssekretion" mit dem
Ergebnis, daß sich nicht eine Calvities frontalis entwickelt, sondern daß
an den bei der Frau mit Lanugohaaren bedeckten Stellen zu einem derben
(Bart usw.) Haarwuchs kommt, gelegentlich auch zu einer maskulin
begrenzen Schambehaarungsfigur.

Nach DAFFNER werden die Augenbrauen zur Zeit der Pubertät
derber. Auch die Wimpern nehmen bei beiden Geschlechtern an Länge zu.

Gleichzeitig mit der Entwicklung des Genitales sah W. KOLMER bei
Tieren und Menschen von der Geburt bis zur Pubertät eine Entwicklung der lokalen Nerven der Haut vor sich gehen, indem zuerst nur
freie intraepitheliale Endigungen, später aber die im Bindegewebe ge-
legenen Endkolben sich entwickeln, welche nur eine Modifikation von
Endapparaten darstellen, die auch außerhalb des Genitales in der Haut
gefunden werden. Zuletzt, beim Menschen zuerst im frühen Kindesalter, dann nach und nach bis zur Pubertät zunehmend, entwickeln
sich die eigentlichen, für das Genitale charakteristischen Genitalkörper-
chen. KOLMER prägt hierfür die Bezeichnung: genitale Pubertät.

4. Der Stoffwechsel in der Pubertät.

Dem mächtigen Wachstumsaufschwung in der Entwicklungsphase
der Reife, dieser Periode des gewaltigen Massenzuwachses und seiner
Organisation, der Zunahme des funktionellen Leistungsbereiches entspricht auch eine Steigerung des Stoffwechsels, des Nahrungsbedarfes,
der Sauerstoffaufnahme und der Kohlensäureabgabe. BIEDL betont
die vermehrte Appetenz, die energischere Tätigkeit des Magen-Darm-
Kanals. HOLT und FALES haben an Kindern im Alter von 1—18 Jahren
genaue Erhebungen über die aufgenommenen Nahrungsmengen vor-
genommen. Der durchschnittliche Calorienverbrauch betrug im Alter
von 1 Jahr etwa 100 Cal. pro Kilogramm,
er fiel bei Knaben auf etwa 80 Cal. mit
6 Jahren (etwa 20 kg Körpergewicht) und
blieb auf dieser Höhe bis zum 15. Jahr,
dann sank der Verbrauch auf das für Erwachsene geltende Maß (48 Cal. pro Kilogramm). Bei Mädchen sank der Calorienverbrauch auf 76 mit 6 Jahren, blieb dann
bis zum 9. Jahr auf dieser Höhe, stieg vorübergehend im 11.—12. Jahr auf 80, um
nun bis zum 18. Jahr auf 56 Cal. pro Kilogramm Körpergewicht abzusinken. Was

Calorienverbrauch nach
Alter. (Nach BENEDICT und
TALBOT.)

Alter	Nordamerika	
Jahre	männlich	weiblich
11	1120	1000
12	1185	1030
13	1245	1070
14	1305	1100
15	1360	1130

die Menge und die Art der einzelnen Nahrungsbestandteile betrifft,
so beträgt der Eiweißgehalt der täglichen Nahrung im 2. Lebensjahr
etwa 44 g, im 6. Jahr 60 g, im 11. Jahr 80 g, im 15.—16. Jahr etwa
130 g. Doch finden CZERNY-KELLER diese und andere fremdländische
Angaben weit über den natürlichen Nahrungsbedarf hinausgehend.

SONDÉN und TIGERSTEDT bestimmten die Unterschiede in der Kohlensäureabgabe bei Individuen verschiedenen Alters und Geschlechts. Unter

sonst ähnlichen Umständen ist der nach der CO_2-Abgabe geschätzte Umsatz bei Kindern an und für sich und unabhängig von ihrer geringeren Körpergröße größer als bei Erwachsenen, und zwar in um so höherem Maße, je jünger das Kind ist. Bei Knaben nimmt die Kohlensäureabgabe zwischen 9. und 12. Jahr nur wenig zu, steigt im 13. Jahr beträchtlich an und behält diesen hohen Wert bis zum 19. Jahr; bei Mädchen nimmt die Kohlensäureabgabe nach dem 10. Jahr wohl zu, zeigt aber nicht die bei den Knaben hervortretende starke Steigerung (Czerny-Keller). Während nach Ansicht Rubners es an Beweisen dafür fehlt, daß für den Heranwachsenden die Anwendbarkeit des Oberflächengesetzes versagt, konstatierten Sondén und Tigerstedt, daß während des Wachstums der Energiewechsel größer ist als dem Oberflächengesetz entspräche, eine auch von Levy und Falk, von Benedict und Talbot bestätigte Tatsache.

Stündliche Wärmeproduktion pro Quadratmeter Körperoberfläche. (Nach du Bois, zitiert bei Kaup.)

Alter Jahre	Männer	Frauen
14—16	46,0	43,0
16—18	43,0	40,0
18—20	41,0	38,0
20—30	39,5	37,0

du Bois berechnete bei 12—14jährigen Burschen die Wärmebildung auf die Körperoberflächeneinheit und fand um durchschnittlich 26% höhere Zahlen als beim Erwachsenen.

Eine Tabelle Talbots illustriert die Basalwärmeproduktion pro Kilogramm Körpergewicht bei 12—18jährigen Mädchen:

Alter	12—12½	13—13½	14—14½	15—15½ Jahre
Calorien	31 29,8	28,6 27,4	26,2 25	23,8

Alter	16—16½	17—17½	18 Jahre
Calorien	22,6 21,9	21,8 21,8	21,8

Als erste gut aufgebaute Arbeit über den Einfluß der Pubertät auf den Stoffwechsel bezeichnen Czerny-Keller die Untersuchungen du Bois' (1916). Seine Beobachtungen bei Knabenriegen zeigten eine Zunahme des Stoffwechsels gerade vor dem Eintritt der Pubertät. du Bois schloß, daß es besser sei, diese Zunahme irgendeinem mit dem Wachstum zusammenhängenden Stimulus zuzuschreiben, aber er schließt die Möglichkeit nicht aus, daß sie evtl. theoretisch durch eine Zunahme der Schilddrüsentätigkeit erklärt werden könne. Nach dem Auftreten der physischen Pubertätsmerkmale fand er einen verringerten Stoffwechsel. Benedicts Beobachtungen zeigten in der Pubertät keine Abnahme des Gruppenstoffwechsels (Group metabolism). Talbots Beobachtungen an einer Anzahl von Kindern mit einer Vergrößerung der Thyreoidea zeigten während der Pubertät eine deutliche Neigung zur Stoffwechselsteigerung. Wenn auch bisher ein ausreichendes Material nicht vorhanden ist, um auf breiter Grundlage ruhende Schlüsse zu gestatten, so halten es Czerny-Keller doch für wahrscheinlich, daß ein erhöhter Stoffwechsel bei der Pubertät eine Überaktivität der Schilddrüse anzeigt. Abbildungen von Holt und Fales, die auch Czerny-Keller bringen (s. Abb. 10 und 11), illustrieren recht gut, wie nach Ansicht

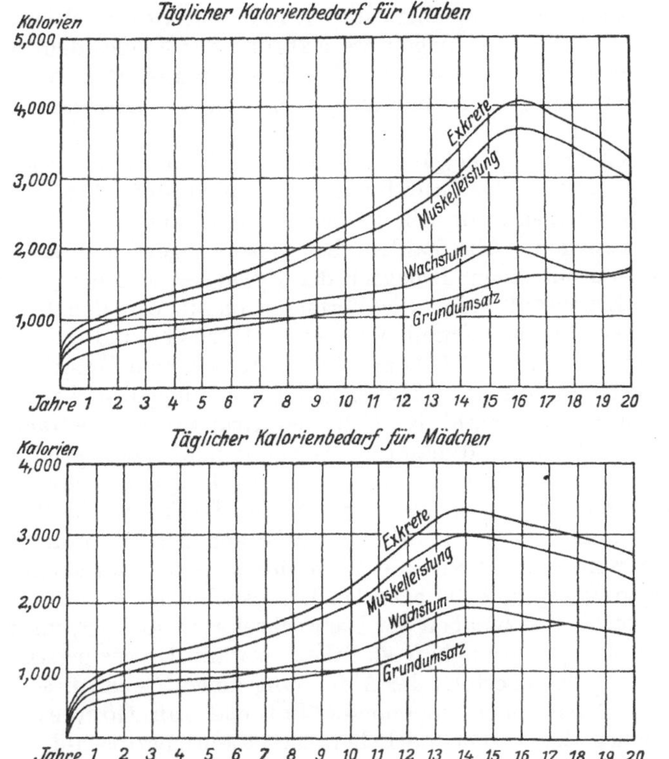

Abb. 10. Teilstoffwechsel in den einzelnen Altersstufen. (Nach HOLT und FALES.)

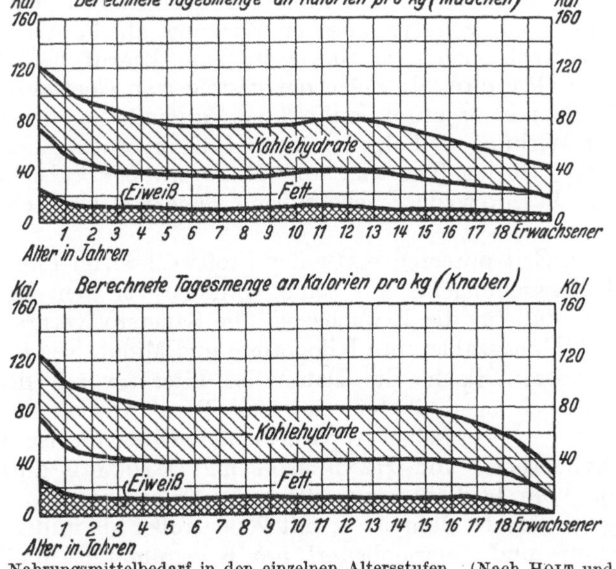

Abb. 11. Nahrungsmittelbedarf in den einzelnen Altersstufen. (Nach HOLT und FALES.)

der amerikanischen Forscher auf Grund von Stoffwechselversuchen und Ernährungsbeobachtungen die Nahrung des Kindes dem Alter entsprechend beschaffen sein soll, wie sich ihnen der Bedarf an Nahrung und wie die Verwendung der zugeführten Energie im Haushalt des Organismus darstellt.

Nach KESTNER ist bei Jugendlichen vor der Pubertät und vermutlich über sie hinaus der Grundumsatz um mindestens 20% höher, teils weil der Ruheumsatz an sich größer ist, teils weil sie sich mehr und lebhafter bewegen. Alle Zahlen, bei denen Jugendliche in Familienberechnungen mit einem Bruchteil der Erwachsenen eingesetzt werden, beweisen (KESTNER), „daß die Verfasser nichts von den Dingen verstehen, über die sie schreiben". Auch PETÉNYI und LAX sowie in letzter Zeit TOPPER und MÜLLER fanden an größerem Material gesunder Kinder an Hand von Gasstoffwechseluntersuchungen, daß während der Pubertät in der Mehrzahl der Fälle der Grundumsatz beträchtlich erhöht war, die spezifisch dynamische Wirkung fehlte oder vermindert war.

SCHADOW konstatierte unter Hinweis auf die großen Schwierigkeiten, ein Maß, Alter, Größe, Körperoberfläche für die Stoffwechselbeurteilung zu finden, auf die Lücken in den Statistiken von BENEDICT, HARRIS, die von KESTNER und KNIPPING ausgefüllt wurden, auf die harmonische Körperentwicklung, auf die bei allen Untersuchungen zu achten ist, daß in der Pubertät der Knaben der Gaswechsel sehr hoch ist, um zwischen 13 und 16 Jahren sprunghaft zu fallen, worauf der gesteigerte Appetit beruht; bei Mädchen erfolgt der Abfall langsamer. Neben diesem starken Abfall zur Norm nach vollendeter Pubertät sah GÖTTCHE ebenfalls einen Anstieg der vorher stark herabgesetzten spezifisch-dynamischen Wirkung auf einen späteren Normalwert des Erwachsenen. Er fand bei Pubertätsbeginn in der Hälfte der Fälle eine starke Steigerung des Grundumsatzes und in 90% der Fälle eine fast Null erreichende Verminderung der spezifisch-dynamischen Wirkung, am Pubertätsende die Werte des Erwachsenen. Im Gegensatz zum Begriff der Pubertätsreaktion nach GÖTTCHE, als Folge der gesteigerten Genitaldrüsenfunktion und der Schilddrüsenfunktion und der Verminderung der spezifischdynamischen Wirkung als Folge erhöhter Hypophysentätigkeit, konnten (nach THOMAS) SUDEK-KESTNER und ECKSTEIN bei Pubertätsstruma mit und ohne basedowoide Erscheinungen keine Stoffwechselsteigerung finden.

In jüngster Zeit unterzog KAUP den Stoffwechsel im Pubertätsalter erneuten Untersuchungen. Aus seinen Studien vor dem Kriege ging schon hervor, daß für die Erwachsenen die Sauerstoffverbrauchs- und Kohlensäurebildungszahlen pro Kilogramm und Minute wie für die Einheit der Körperoberfläche die Daten der Literatur mit den Zahlen eigener Untersuchungen übereinstimmen. Diese wurden in der Vorkriegszeit mit der ZUNTZschen Apparatur und später mit der Apparatur der Jodäthylmethode von HENDERSON und HEGGARD durchgeführt (s. Tabelle). Vom 14. Lebensjahr steigt der Calorienwert von Jahr zu Jahr wenig an. Im 18. Jahr ist er mit 2000 größer als in der Vollreife. Der Sauerstoff- und Calorienbedarf pro Kilogramm ist im Vergleich zum Erwachsenen im Pubertätsalter 20—40% höher. Der Calorienbedarf pro Zentimeter Körperlänge ist im jugendlichen Alter weit weniger erhöht im Vergleich zum Erwachsenen, wie dies für die Gewichtseinheit nachweisbar ist.

Grundumsatz im jugendlichen Alter. (Nach Kaup.)
Männliches Geschlecht.

Alter Jahre	Länge	Gewicht	Resp. red.	Sauerstoffverbrauch		Calorien pro Tag	Calorien pro kg	Calorien pro cm
				pro Min. cm³	pro kg cm³			
12	143,9	31,28	5092	189	6,05	1303	4,17	9,05
13	152,9	40,55	7678	203	4,94	1398	3,44	9,1
14	152,1	49,85	4932	255	4,10	1800	3,61	11,8
15	154,7	45,3	5446	262	5,80	1870	4,14	12,1
16	161,8	51,0	5170	271	5,32	1920	3,76	11,8
17	171,1	59,9	5747	280	4,66	1960	3,27	11,5
18	171,1	58,9	5050	302	—	2124	3,63	12,05
Erwachsene	170,0	65,5	5760	276	4,28	1940	2,96	11,4
Weibliches Geschlecht.								
15	151,5	39,1	5125	226	5,8	1580	40,4	10,4
16	156,8	48,7	4648	227	4,64	1610	33,0	10,3
17	158,7	50,6	5310	242	4,8	1670	33,0	10,5
18	162,8	59,1	5100	264	4,5	1750	29,7	10,7
Erwachsene 19—25	160,5	59,3	4370	232	3,93	1630	27,6	10,2

Resp. red. = Größe des Atemvolums.

Nutzungsfaktor in Prozenten der Gesamtcalorien (nach Richet Fils):

Kind im 1. Monat 64,0
  „ „ 8. „ 32,0
  „ „ 4. Lebensjahr 6,6
  „ „ 10. „ 4,2
  „ „ 16. „ 1,7
Erwachsener im 20. Lebensjahr 1,0

Oder in anderer Berechnung! Durch 1000 Cal., welche der physiologischen Erhaltungskost zugelegt werden, werden folgende Gewichtszunahmen in absoluten Werten bedingt:

1. Monat . . . . 385 g Gewichtszunahme
8. „ . . . . 192 g „
4. Lebensjahr . . . . . 40 g „
10. „ . . . . . . 25 g „
20. „ . . . . . 6 g „

Es wurde noch errechnet, wieviel Cal. pro kg Körpergewicht täglich für das Wachstum erforderlich sind:

	Pro Tag			Pro Tag + kg Körpergewicht
1. Monat	100 Cal. für 3600 g	oder		30 Cal.
8. „	100 „ „ 8500 g	„		12 „
4. Lebensjahr . . .	100 „ „ 14 kg	„		7 „
10. „ . . .	200 „ „ 25 „	„		8 „
16. „ . . .	1000 „ „ 43 „	„		23 „
Jüngling von 20 Jahren . . .	800 „ „ 62 „	„		13 „

Die Berechnungen zeigen, daß im Wachstumsalter eine reichliche und caloriengeladene Ernährung vor allem in zwei Epochen erforderlich ist, im 1. Lebensjahr und in der Präpubertätsperiode, den Phasen des imposantesten Massenwachstums.

Während TALBOT für das 15. Jahr 1130 Calorien angibt, fand KAUP 1580 Calorien. KAUP bezeichnet die nach den Apparaturen von ZUNTZ und nach BENEDICT und KROGH gefundenen Zahlen als zu niedrig:

Endlich sei noch der von RICHET FILS angestellten Untersuchungen gedacht. Er geht vom Begriff des „Nutzungsfaktors" aus, des Verhältnisses der ausgenützten Energie zur gelieferten Energie, das nach dem Alter beträchtlich wechselt (s. Tabelle S. 57).

In jüngster Zeit brachten wichtige Untersuchungen, die BEUMER und FASOLD dem Abbau des Kreatinins widmeten, interessante Unterschiede zwischen den hypo- resp. agenitalen Lebensphasen und der der geschlechtlichen Funktionsfähigkeit. Der kindliche Organismus und der der Erwachsenen mit erloschener Geschlechtsfunktion und ebenso der Eunuchoide (REMEN) scheidet im Gegensatz zum Erwachsenen das eingeführte Kreatinin quantitativ aus. Die Fähigkeit, es zu verbrennen, gewinnt der Organismus zur Zeit der Pubertät. Bei vorzeitiger Geschlechtsreife auf hypergenitaler Grundlage fanden sich Befunde analog dem Erwachsenen, bei pinealer (Pseudopubertät) infantile Befunde.

5. Die psychische Pubertätsentwicklung.

Das die somatische Reifeentwicklung begleitende, diese zeitlich überdauernde Werden der geistigen Persönlichkeit in der Pubertätsphase hat in seiner vielfältigen Problematik seit nicht zu langer Zeit das Interesse der verschieden orientierten Gruppen gefesselt. Psychologen vom Fach haben mit dem Rüstzeug ihrer Disziplin die psychische Pubertät angegangen, die Psychiatrie hat von der verschwimmenden Grenze zwischen Reifenorm und Psychose aus ihren Forscherschritt getan und in dem üblichen entgegengesetzter Richtung die Norm nach den Zügen des Krankhaften zu analysieren versucht, aus dem chaotischen Material des Gerichtsarztes und seinen Erfahrungen bei Antisozialen schien in die Wachstumszonen der Reife manche Erkenntniswurzel zu reichen, endlich, spät und kümmerlich, erwachte das Interesse der Kinderheilkunde für die psychologische Terra incognita des Pubertätsalters. Erst in allerjüngster Zeit ertönen mahnende Sammlungsrufe an die bisher getrennt forschenden Disziplinen zu erfolgversprechender Zusammenarbeit.

Die psychische Pubertät deckt sich in ihrer zeitlichen Erstreckung, wie HOMBURGER darlegt, nicht mit der somatischen; sie ist viel weiter gespannt, als man gewöhnlich annimmt. HOMBURGER unterscheidet: 1. frühen Beginn, kenntlich an den körperlichen Erscheinungen, einsetzend zwischen 11 und 12 Jahren bei Mädchen, ein Jahr später bei Knaben, verbunden mit geistiger und psychosexueller Frühreife; 2. frühen Beginn in körperlicher Hinsicht ohne seelische Pubertätszeichen; 3. späten, aber gleichzeitigen körperlichen und seelischen Beginn der Pubertät; 4. späten körperlichen und noch späteren seelischen Beginn der Pubertät: verlängerte Kindheit, verzögerte Reife; 5. normaler Beginn und verlängerte, bis ins 3. Jahrzehnt sich hinziehende Pubertät; 6. verspätete und verlängerte Pubertät.

Starke Gegensätze schon im Start, aber auch in den grundsätzlichen Schlüssen trennen die exakt naturwissenschaftliche Gruppe der Biologen und Ärzte von der rein geisteswissenschaftlichen der Psychologen und der ihnen nahestehenden Pädagogen. Dort überwiegt die aus der Parallele mit den körperlichen Reifeerscheinungen resultierende hormonale Betonung der Ursachen und des erbgegebenen, in seinem Rhythmus und seiner Färbung rassen- und kulturbeeinflußten Phasenablaufes des Lebens, hier der Ausbau bzw. Umbau der geistigen Persönlichkeitsstruktur auf der Grundlage einer natürlichen, durch erwachendes Interesse und Erfahrung geförderten Entwicklung.

Daß die hormonalen Korrelationen, vor allem die endokrinen Funktionen der Geschlechtsdrüsen einen, wenn auch nicht den einzigen, so doch einen exquisit sensibilisierenden, erotisierenden Einfluß auf die psychische Entwicklung ausüben, erhellt aus dem Vergleich mit den biologischen Auffälligkeiten des Verhaltens der Tiere zur Zeit der Brunst, aus den Erfahrungen an Kastraten, vor allem aber aus dem zeitlichen Zusammenfallen der Geschlechtsreife mit dem Anstieg und dem Wandel der psychischen Leistungsfähigkeit, wenn auch in der Dauer dieser Wandlungen Unterschiede bestehen.

Stark betont erscheint die Bedeutung der endokrinen Vorgänge für die psychische Entwicklung der Reife bei CIMBAL. Er unterscheidet hormonal scharf voneinander abgrenzbare Lebensepochen, und zwar das neutrale Kindesalter, das hormonal wieder neutrale Greisenalter und zehn in Wellenlinien verlaufende Rausch- und Ermüdungsepochen, die an das neutrale Kindesalter anschließen und in das neutrale Greisenalter einmünden. Der wechselnde psychische Charakter der Lebensepochen ist bedingt durch die Kraft und die hormonale Harmonie dieser endokrinen Wellen, die die Gestaltung der biologischen Persönlichkeitsentwicklung bestimmen helfen.

Aus dem relativ neutralen Kindesalter heraus entwickelt sich der *erste Pubertätsrausch*, der die erste dishormonale Wachstumsschwäche vom 7.—9. Jahr umfaßt. Ihm folgt die Pubertätsermüdung vom 10. bis 12. Jahr. Der *zweite eigentliche* Pubertätsrausch, die Hauptwelle der hormonalen Wellenbewegung, umfaßt das 14.—17. Jahr, die eigentliche Pubertät mit der 4jährigen Ermüdungsperiode vom 18.—22. Jahr, das sog. Adolescentenalter. Dann folgt die Reifeperiode, die mit dem 23. Jahr beginnt und dem 34. abschließt. In dieser Reifeperiode soll das Gleichgewicht der Leistung durch schwerere Schwankungen nicht gestört werden. In Wirklichkeit findet offenbar hier die dritte, sehr viel schwächere hormonale Wellenbewegung statt, die vom 23.—28. Jahr die Blüte, vom 29.—34. ein geringes Nachlassen mit größerer Ruhe umfaßt. Zwischen 34.—35. Jahr beginnt die vierte Welle, die bei vielen die stürmischste von allen ist, beim Spätreifen die eigentliche Rauschperiode überhaupt darstellt. Wir bezeichnen sie als zweite Rauschperiode, als „gefährliches Alter" oder präklimakterische Rauschzeit. Sie ist um so stärker, je weniger die hormonalen Kräfte in der ersten Rauschperiode vergeudet sind. Darauf folgt das eigentliche dishormonale Klimakterium, etwa vom 43.—50. Jahr.

Jeder Versuch, die seelischen Entwicklungsstadien auf endokrine Funktionen ursächlich zu beziehen, übertreibt noch die — gescheiterten — Tendenzen, die somatische Entwicklungskurve rein hormonal zu erklären. Hier wie dort kommt die der Spezies eigene, idiotypische Lebenslinie, die hormonal wohl intensiviert aber nicht hormonal bestimmt ist, zu kurz.

ZIEHEN anerkennt drei ursächliche Momente für die Entwicklung des Seelenlebens der Jugendlichen: die charakteristische anatomische Weiterentwicklung des Zentralnervensystems, die Reifung der Geschlechtsdrüsen und die Umwälzung der Umwelts- und Lebensbedingungen. Damit wird eine in harmonischem Zusammenspiel wirksame Trias von Faktoren anerkannt, deren jeder einzelne jeweils vom biologischen Schicksal, aber auch vom urteilenden Beobachter stärker oder schwächer betont werden kann, aber in der Wirklichkeit keine Sonderung ihrer Wirkungsintensität und ihrer Wirkungsfelder gestattet.

Die Vertreter der Psychologie und der Pädagogik, SPRANGER, CH. BÜHLER und ihre Schule, WILLIAM STERN, W. HOFFMANN u. a., lehnen jede Überwertung der hormonalen Einflüsse auf die psychische Pubertätsentwicklung ab. So leugnet W. STERN den Einfluß der reifenden Geschlechtsdrüsen; er hält es nicht für möglich, ein einziges Funktionsgebiet zum Ursprungsort und Erklärungsgrund jener Totalwandlung zu erheben, die beim Verlassen der Kindheit vor sich geht. Die menschliche Persönlichkeit sei eine „Unitas multiplex", nicht ein einfaches Gebilde, dessen Wert auf *eine* Einzelsphäre zurückgeführt werden kann.

Die Psychologie der Pubertät war nicht nur von den Anhängern der biologischen Forschungsrichtungen verschiedener Systeme, auch von einseitig orientierten Psychologen, bis vor kurzem für gleichbedeutend mit Sexualpsychologie gehalten. „Nichts hat uns jedoch das Verständnis jugendlichen Seelenlebens so erschwert wie der sexuelle Argwohn, womit man von diesem Standpunkt aus alle seine Lebensäußerungen zu betrachten pflegte." (W. HOFFMANN.)

Wenn auch der biologisch eingestellte Forscher, gestützt auf unabweisbare endokrine Zusammenhänge, die klinisch die Norm und endokrin-pathologische Zustände, experimentell ein immens großes Tatsachenmaterial erweisen, eine altersgemäße Hormonisierung des Organismus für die den Lebensphasen zukommende harmonische psychophysische Entwicklung nicht missen kann, so wird eine im Rahmen der Gesamtentwicklung in gewissen Grenzen wirksame eigengesetzliche Partialentwicklung der psychischen Funktionen sicher zu berücksichtigen sein, wobei immer wieder an die Grundfaktoren jeder biologischen Kraftwirkung, die erbgegebenen Fähigkeiten und die diese nutzenden, bahnenden, stärkenden oder schwächenden Umweltsbedingungen zu denken ist. Beide Energien sind, wie die somatischen Charaktere, geschlechtsbedingt, beide kausalen Gruppen formen die psychischen Entwicklungskurven und ihre Streuungsfelder mit.

Die psychologische Erfassung der unserer Erkenntnis schwer zugänglichen seelischen Entwicklung in der wechselnd komplizierten Reifephase stößt auf große Schwierigkeiten. Vor allem ist es das für den Vollreifen so schwere Sichhineindenken in eine überwundene und überdeckte frühere geistige Stufe des Seins, das die fälschliche Auffassung der juvenilen Psyche als einer unfertigen Geisteslage statt des Geltenlassens jeder altersgemäßen psychischen Verfassung als eines der jeweiligen Entwicklungsstufe entsprechenden optimalen Gleichgewichtszustandes verschuldet. „So viel auch darauf hingewiesen wird, daß der Jugendliche weder in seiner körperlichen noch in seiner geistigen Verfassung als verkleinerte Form oder unfertige Prägung des Erwachsenen angesehen werden dürfe, ist man doch tatsächlich von dieser Denkweise noch immer nicht frei" (HOFFMANN). Außerdem hemmt die wie hinter einem dichtgezogenen Vorhang von gewollter und ungewollter Heimlichkeit, verschämter Verschlossenheit und Mißtrauen vor sich gehende Strukturänderung der psychischen Persönlichkeit den Einblick in das Werden einer neuen, gewandelten Charakterlage. Der Jugendliche braucht äußerlich und innerlich ein kleines Geheimfach, auch wenn er nichts zu verbergen hat. Sonst hält er sich durch Verschlossenheit und Lüge schadlos. Nur der nicht alltäglichen Gabe, das Vertrauen des Probanden rückhaltlos nicht als Vorgesetzter (Eltern, Erzieher, Lehrer), sondern als verstehender, stützender, tröstender und aufrichtender Freund zu gewinnen, erschließt sich der schwankende, haltsuchende Jugendliche in Offenheit und sich selbst nicht schonender Wahrheit. „Nur dann wird der Jugendliche bis ins Innerste seiner Seele schauen lassen, wenn wir als Freund und Helfer zu ihm kommen" (W. HOFFMANN). Mit Recht wird auch vor der psychologischen Überwertung schriftlicher Selbstbekenntnisse, wie Tagebüchern, Briefen, Autobiographien, gewarnt. Stammen diese aus der postpuberalen Zeit, so mischt sich zu einem sich selbst liebevoll bespiegelnden, eitlen, schönfärberischen Grundmotiv noch Erinnerungstrug und jegliche absichtliche oder ungewollte Retouche. Entstammen sie der meist chaotischen Pubertätsphase selbst, so verzerren allzuleicht die zeitgemäßen Stimmungsschwankungen, die Gleichgewichtszuckungen um einen noch fehlenden psychischen Ruhepunkt, aber auch Unfertigkeiten des Wollens, Fühlens und Könnens, Großmannssucht oder verzagende Depression, auch Selbstüberschätzung und ihre genetischen Wurzeln das Bild.

Vielfach wurde versucht, auch für die psychische Pubertät, ähnlich wie für die somatische Reife, zeitliche Untergruppen aufzustellen, auch hier das Drama in Akte zu gliedern. Jede derartige Zwangsordnung führt die Schnitte nur mit störender Durchschneidung von organischen Verbindungen und bringt zeitliche Typenfolgen, die so wie die qualitative Typisierung des Prüfungsmaterials falsche Bilder bieten. Höhenschwankungen des Willens, des Temperaments, der Charakterfärbung folgen einander beim einzelnen Juvenilen mit einer Raschheit und einer graduellen Stufung, sind so von Erblage, Milieu und Kultur bedingt, daß jeder einzelne Heranwachsende seine eigene, einzige, einmalige Pubertät durchmacht.

Die psychischen Vorgänge der Pubertät gliedern sich in einen Umbau der kindlichen Geisteslage und einen Aufbau mit dem Ziele der vollreifen Psyche. Damit erscheint eine von der Kindheit geradlinig in die Reifevollendung vorschreitende psychische Entwicklungskurve negiert und die Zäsur zwischen bisher Gewesenem und etwas Neuem, Dauerhaftem, „ein Übergang ohne festen Zustand" (SPRANGER) festgestellt. Das Neue ist nicht einfach eine Vermehrung der geistigen Kenntnisse und Fähigkeiten, sondern Inhalt und Folge eines vollständigen Umbaues des seelischen Grundgefüges. Es findet zunächst eine Lockerung und Lösung der Grundzüge des kindlichen Seeleninhaltes, der Geschlossenheit und Sicherheit desselben statt, eine Ouverture zu dem großen Drama größter geistiger Bewegtheit und innerer Zerrissenheit (HOFFMANN), dem die relative Stetigkeit der Vollreife mit ihrer eigengesetzlichen Vervollkommnung das Finale bringt. Zunächst verhüllt noch eine rein kindhafte äußere Szene oder unwillkürliche Maske eine verborgene, nur dem geübten Blicke angedeutete Gärung, Sprache, Geste und Gehaben decken sich aufdrängende, unbewußte, über das Gewohnte hinausdrängende Empfindungen, Anschauungen, Gedanken.

Mannigfach, für die Umgebung und Betreuung des bisherigen Kindes undeutbar, zu psychologischen Folgerungen abweichendster Art verlockend sind die Reaktionen des Jugendlichen auf die Weitung seines gedanklichen Horizontes. Charakteristisch ist die Verschlossenheit, gesuchte Einsamkeit, ein Loslösen von der gewohnten Gemeinschaft, von Familie und Eltern, vom Freundeskreis, als ob im Geheimen eine Auseinandersetzung mit dem sich gewaltsam aufdrängenden gedanklichen Neuland, der Entdeckung des Ichs ersehnt, im Geheimen die neue Persönlichkeit geboren würde. Diese sich unbewußte, neue Persönlichkeit fußt in allererster Linie auf der abstrakten Denkfähigkeit im Gegensatz zur anschaulichen des Kindes.

Die gesuchte Selbständigkeit als Folge der sich dehnenden gedanklichen Domäne führt zur Loslösung vom Gewohnten, zur kritischen Analyse und Ablehnung alles Traditionellen. Bisher idealisierende Distanzierung zwischen Kindern und Eltern, zwischen Schüler und Lehrer, zwischen Zuschauer und verhimmeltem Bühnenheros und vergöttertem Ideal werden erschüttert durch Negation aller Ideale, Verleugnung aller Schwärmerei, die vorher in heller Glut stand. Revolutionierend bereitet sich eine neue Welt, ein Bereich des Selbstsuchens, der Selbsterkenntnis, der naiven Eigenüberschätzung innerer Kräfte vor dem Jüngling, eine geschlechtsspezifisch umzäumte Arena für ihn bzw. die werdende Jungfrau. Doch nur bedingt sind die Fäden zur Gemeinschaft gerissen. Gleichgestimmte, neu aufdämmernde submanische Einstellung führt Alters-, Schul-, Schwärmereigenossen jeglicher Übereinstimmung zu neuer Gemeinschaft, Jugendbünde, in denen die Exaltation des Einzelnen zur Führerschaft strebt, kurzlebige Freundschaften, meist mit mehr Rednern als Hörern, in denen das juvenile, altersgebundene und altersbedingte Strohfeuer sich überbietender und überstürzender Schwärmerei seine Gleiche bindende Ausdrucksmöglichkeit sucht.

Grundverschieden sind die Gesichtspunkte, von denen aus die geistige Reife in ihrem Werden und ihren Wurzeln analysiert wird.

Die Pubertät bringt bald rascher, bald langsamer neue Regungen in die seelische Struktur, als Bausteine neuer seelischer Organisation. Spranger, dem wir den psychologischen Begriff der „Strukturpsychologie" verdanken, jener Psychologie, die die seelischen Einzelerscheinungen aus ihrer wertbestimmten Stellung im einheitlichen Ganzen und aus ihrer Bedeutung für die totalen Leistungszusammenhänge versteht (Kaup), nennt als Kennzeichen der neuen seelischen Organisation: 1. die Entwicklung des Ichs, das metaphysische Grunderlebnis der Individuation, 2. die allmähliche Entstehung eines Lebensplanes, die Auswirkung dieses Eigenseins an dem Stoff des Lebens, und endlich 3. das Hineinwachsen in die einzelnen Lebensgebiete, die Auseinandersetzung mit den einzelnen Seiten des Lebens, die anfangs noch unverbunden erfolgt, bis im günstigen Falle die individuelle Formkraft sich durchgesetzt hat.

Das noch zu findende Ich ist zunächst ein inneres Fluktuieren, das zur Beschäftigung mit sich selbst zwingt und die merkwürdigsten Antithesen des Gehabens zeitigt, einerseits Überenergie und Rekordbrechenwollen, andererseits Faulheit oder ausgelassene Lustigkeit. Bald Anmaßung, Trotz, Unaufrichtigkeit, Verschlossenheit, nach Ch. Bühler einer präpuberalen „negativen Phase", die hauptsächlich beim weiblichen, aber auch beim männlichen Geschlecht vorkommt, entsprechend, dann wieder Gefügigkeit, Zärtlichkeitsbedürfnis, Anschmiegsamkeit. W. Hoffmann sieht in all diesen Stimmungs- und Charakteräußerlichkeiten nur die Kulissen für die vor sich gehende innere Umstellung und die neuen geistigen Einstellungen, die sich als spärliche Ansätze in die aus der Kindheit übernommene seelische Verfassung schieben. Der Prozeß der Individuation äußert sich nach der einen Seite in einer Lösung der kindlichen Bindungen an das Elternhaus, einem Bedürfnis nach Absonderung und Einsamkeit; und gleichzeitig wirkt ein entgegengesetzter Zug, der auf eine tiefere und weitere Verwurzelung in den menschlichen Gemeinschaftsbeziehungen gerichtet ist. Erst nach Jahren trete die neue Seelenhaltung deutlich hervor, bis sie sich endlich restlos durchsetzt. Wir hätten einen psychischen Übergangszustand vor uns, gleich dem Stimmwechsel, eine „seelische Mutation". Alle diese Antithesen des äußeren Wesens, göttliche Frechheit und unüberwindliche Schüchternheit, das Himmelhochjauchzen und Zutodebetrübtsein hält auch Spranger für verschiedene Ausdrucksformen des einen Tatbestandes, daß sich das wichtigste der Seele in völliger Zurückhaltung und Heimlichkeit vollzieht. Hierher rechnet er auch den Wechsel von Selbstsucht und Selbstverleugnung, von Edelmut und Frevelsinn, von Geselligkeitstrieb und Hang zur Einsamkeit, Autoritätsglauben und umstürzlerischem Radikalismus, Tatendrang und stiller Reflexion. Und: „Je stärker die Stürme der Pubertät toben, um so mehr entsteht der Eindruck, daß eigentlich der Stoff zu *allem* in der Seele sei."

Das Erwachen des Ichbewußtseins, „die Entdeckung des Ichs" (Spranger), „die bewußte Erfassung des Ichs" (Ch. Bühler), der der Wille zur Ichgestaltung vorangeht, wird von Hoffmann mit einer besonderen Bedeutung, einem besonderen Wertakzent des schon im Kindesalter ausgeprägten Ichbewußtseins identifiziert. Er vergleicht die innere Umgestaltung, die Erschütterung des kindlichen Selbstgefühls durch die Erkenntnis, wie gering tatsächlich die Bedeutung des eigenen Ichs in dem neuerschlossenen Weltbild ist mit der, wie sie sich in Geschichte der Geisteskultur beim Übergang von der geozentrischen Weltauffassung zum Kopernikanischen System vollzogen hat. Eine solche Wandlung der Selbstbewertung, eine derartige Selbstkritik führt zur Selbstentwertung, zu Egoismus, zu Selbstbescheidung und Resignation.

W. Stern, der Vertreter der personalistischen Wertphilosophie, die die Antinomien der Icherscheinungen durch den Begriff der Introzeption, der Einverleibung der objektiven Werte in die Werthaltigkeit des eigenen Ich, der Umwandlung des engen punkturellen Ich in ein erweitertes Ich sucht, in welchem die zunächst ichfremden Werte und Normen in die eigene Schicksalsgestaltung und Lebenserfüllung eingegangen sind, sieht in der neuen Stellung des Jugendlichen zum eigenen Ich eine Wendung von außen nach innen, „nicht nur einen Pol da draußen beim Gegenstand, auf den Lieben und Hassen gerichtet sind, sondern auch einen Pol dort, wo es entspringt".

Für den Jugendlichen selbst vermutet Spranger in dem launischen Hinundhergeworfenwerden seines Reifesturmes etwas unendlich Quälendes, das sich unserer eigenen versagenden, durch den Inhalt der späteren Jahre verdeckten Erinnerung an unsere eigene Pubertät entzieht.

In fortschreitender geistiger Reifung folgt einer Neueinstellung der eigenen Persönlichkeit, die sich in geändertem äußerem Gehaben (Namensänderung, Modenwahl der Frisur, der Kleidung), Selbständigkeitsdrang, Reflexionen andeutet, ein Sichkonzentrieren, ein Hinstreben nach einem Ziel, das lockt, sei es Sport, sei es Sammelehrgeiz, sei es Kunstfertigkeit. Es dämmert die Erkenntnis, daß mit der neuen geistigen Situation eine eigene Aufgabe erwächst. Die bisher unbewußt verlaufene Reifung wird zu einem bewußten Akt der Selbstgestaltung (Hoffmann).

Was die allmähliche Entstehung eines Lebensplanes anbelangt, sieht Spranger in der Pubertät nach und nach eine neue Einstellung Platz greifen: „Du wirkst mit deinem Tun an einem Ganzen, und was du in dieses Gewebe hineinwebst, ist unwiderruflich, es bleibt ein Stück von dir." Es formt sich ein stilles Ideal, weite Zwischenräume werden durch produktive Phantasie ausgefüllt. Um diese Phantasie des Jugendlichen ist es ganz eigen bestellt. Wucherung der Phantasie bedeutet nach Hoffmann in den Reifejahren eine Schutzmaßnahme. Seelenverfassung des Jugendlichen ist, äußerlich betrachtet, viel mehr auf Rezeptivität als Produktivität angelegt. Er selbst sieht jedoch sein Bild ganz anders, denn sein Geist schafft verschwenderisch Ideen und Ansätze zur Lebensgestaltung. Ziehen findet die Produktivität der Phantasie im allgemeinen geringer als im Kindesalter, vor allem monotoner als die lebhafte Phantasie der Kindheit, doch finden sich Ausnahmen von mehr oder weniger starker Hyperphantasie, Zustände von Wachträumen, lebhaftes Traumleben des normalen Schlafes.

SPRANGER scheint es, als ob mit zunehmender Entwicklung und Differenzierung der Kultur die Dauer der seelischen Pubertät sich verlängere, es werde immer schwerer, in die geformte objektive Kultur hineinzuwachsen und seinen Platz in ihr zu finden, womit sich eine Parallele zu Natur-Kulturdifferenzen der somatischen Pubertät und zu ähnlichen Feststellungen CH. BÜHLERS ergeben.

Die Auswirkung des Eigenichs am Lebensstoff verlangt vom Jugendlichen, ohne daß er sich desselben immer bewußt wird, unter den vielen möglichen Ichs, die er in sich birgt, das „Königsich herauszufinden" (SPRANGER). Das sehnsüchtige Wollen dieser, wie es scheint, alle Möglichkeiten bergenden Lebensphase täuscht kraftvolles Können vor und damit die Gefahr aus Unzulänglichkeit entspringender kommender Enttäuschungen. Pubertätswünsche, die sich in der Seele festgesetzt haben, haften dann auch mit ungeheurer Kraft am ganzen künftigen Leben, wenn seine Gestaltung ihnen keinen Raum gegönnt hat. Sie wirken als geheime Triebkräfte fort und können noch bis in späte Dezennien umwälzend wirken, sei es nun als Renaissance, d. h. als Stück nachgeholter, immer fruchtbarer Pubertät, sei es als Katastrophe, in der das ganze Zwangssystem langer Jahre zusammenbricht (SPRANGER).

Das Hineinwachsen in die einzelnen Lebensgebiete, die Auseinandersetzung mit den verschiedenen Seiten des Lebens wirft schon auf das Kind Licht und Schatten, aber der Jugendliche erlebt alles in anderer Färbung. Das Erwachen des Erwerbstriebes im Sinne planmäßigen Tuns ist mit ein Zeichen der dämmernden seelischen Pubertät. Die Berufswahl stellt den Jugendlichen vor die schwerwiegendsten Entscheidungen, vor den Zwang, mit resignierendem Verzicht auf sehnsüchtige, durch noch nicht überwundene Idealisierung in verlockendem Glanz erscheinende Lebensbahnen gangbare Erwerbsmöglichkeiten zu wählen, Entscheidungen, denen immer tragische Züge anhaften. Tradition des Berufes, wirtschaftliche Gesichtspunkte, Konjunkturen der Zeit geben oft viel eher den Ausschlag als Fragen der Begabung. In den mittleren und unteren Volksschichten wird dieser Entscheidungskonflikt ein stärkerer sein als in wohlhabenden.

Nirgends zeigt sich der Unterschied zwischen biologischer und psychologisch-philosophischer Auffassung der seelischen Pubertätsentwicklung so scharf wie in der der Sexualität. SPRANGER will die jugendliche Erotik, die ganz überwiegend seelische Form der Liebe ästhetischen Grundcharakters — ohne die Begierde nach realem körperlichem Genuß oder Besitz — unterscheiden von der Sexualität, die durch körperliche oder seelische Erregung fundiert erscheint. Auch W. STERN unterscheidet zwischen Erotik und Sexualität in der Pubertät. Erotik ist ihm individualisierende Liebe, Sexualität muß auf das Gebiet physiologischer und psychologischer Funktionen beschränkt werden, die mit den reifenden Geschlechtsorganen in unmittelbarer Beziehung stehen. Das Erotische ist keine Funktion des Sexuallebens, das Sexuelle keine Funktion des Erotischen, beide gehören dem Entwicklungssinne nach wesenhaft zu einer Erlebnistotalität zusammen. Nach biologischer Auffassung läßt sich eine scharfe Trennungslinie beider Begriffe nicht ziehen,

Erotik und Sexualität haben, beide graduelle Auswirkungen der zeitgemäßen Hormonisierung des Organismus, eine gemeinsame Wurzel in der Reifung der Geschlechtsdrüsen, die den wichtigsten Faktor im hormonal-nervösen Regulationsmechanismus des Lebens darstellt. W. Hoffmann meint, daß die Frage der geschlechtlichen Erziehung im Grunde mit dem Geschlechtsleben sehr wenig zu tun hat, sie beruht auf den Erziehungshilfen, die der geistigen Reifung zugute kommen: Mäßigung des Bildungstempos, Erziehungspausen durch Sport und Spiel usw. Wenn man von Anfang an ehrlich mit dem Kinde spräche und ihm nicht das vorenthielte, was es zum Verständnis des Geschlechtslebens gelegentlich wissen möchte, damit seine Neugierde sich nicht zu erotischen Phantasien auswächst, so brauchte man es später nicht mit einer Sturzwelle sexuellen Aufklärens zu überschütten.

Die Entdeckung, die sich mächtig aufdrängende neue gedankliche und sinnliche Sphäre des Sexuellen im Seelenleben, der Kern der Sexualität gibt immer der Psyche des Jugendlichen die eigene Färbung. „Zwischen sexuellem Interesse und sexueller Begehrlichkeit waltet die sexuelle Phantasie." Es handelt sich nicht um ein Wissen, sondern um eine Neugier. Das Wissen wird nicht früher reif, als das dazugehörige Totalerlebnis reif wird (Spranger). Rein intellektuelles Zugänglichmachen der äußeren Vorgänge kann nicht die reinen und tiefen Erlebnisse mitgeben. Erscheinungen, die am Sinne des Sexuallebens gemessen, Perversionen sind, liegen in den Schwankungen der Pubertätszeit mindestens in der Zone großer Häufigkeit.

Ziehen ordnet die psychologischen Auffälligkeiten der Pubertätsphase in Symptome 1. des Bereiches des Empfindens, 2. des Bereiches des Fühlens und Wollens, 3. des Bereiches des geschlechtlichen Gefühllebens. Zur ersten Gruppe gehört die Zunahme des komplexiven, aber auch des assoziativen Gedächtnisses, die Umgestaltung der Phantasie (Hyperphantasie) durch Transformation. Auch die sekundäre Ideation, die Bildung abgeleiteter Vorstellungen, vor allem der sog. abstrakten, d. h. unanschaulichen, steigt stark. Dazu kommt noch eine fortschreitende Differenzierung der Vorstellungen sowie eine Ordnung derselben in logischem Sinne, sozusagen hierarchisch nach ihrer größeren oder geringeren Allgemeinheit. Außerdem fällt das Zustandekommen des Vollzugs der Ideenassoziation, ein Zurücktreten der Individualvorstellungen hinter die Allgemeinvorstellungen, die häufige Tendenz zu überwertigen Vorstellungen (Monoideismus) auf. Dazu kommt die Entwicklung der logischen Funktion des „Schließens", des Schlußaktziehens. Die Aufmerksamkeit erfährt eine Umgestaltung, das Kind wird hauptsächlich durch Empfindungen und unmittelbare Erinnerungsbilder, der Juvenile durch Vorstellungen, und zwar entfernte Erinnerungsbilder oder Phantasievorstellungen abgelenkt. Die intellektuelle Ermüdbarkeit ist im jugendlichen Alter größer als in der Kindheit. Im Bereich der Gefühls- und Willensvorgänge wird das Übergewicht der Gefühlstöne der Vorstellungen betont. Weit zurückliegende Erinnerungen und langfristige Hoffnungen und Befürchtungen spielen eine zunehmende Rolle. Die Pubertät ist das bevorzugte Alter der Stimmungen, die

Gefühlslagen sind weniger intensiv als in der Kindheit, aber viel nachhaltiger, die Tragweite gefühlsbetonter Erlebnisse nimmt in der Pubertät zu. Der Inhalt der Pubertätsstimmungen ist inhaltlich sehr unbestimmt, mitunter geradezu wirklichkeitsfremd, er hat ein idealistisches, schwärmerisches Gepräge, oft sentimentale Weltschmerzstimmung, und zwar häufiger bei gebildeten und weiblichen Individuen. „Der Lehrling erlebt mehr Tatsächliches als der Gymnasiast, der Knabe mehr als das Mädchen." Weiters: Das Kind ist egoistisch, der Pubescent egozentrisch, er erlebt auch eine Erhöhung der Vorstellung vom eigenen Ich, seine Ichvorstellung liegt im Zentrum seines Fühlens. Daraus folgt: Selbstüberschätzung, Selbstbespiegelung, Eitelkeit, Insubordination.

Nur die Tendenz zur Entwicklung des Charakters hält ZIEHEN mit Recht für angeboren, für ererbt, die definitive Entwicklung kann durch Leben und Erziehung beeinflußt werden. Die Grundlagen des Charakters werden schon präpuberal gelegt, die Reifeentwicklung ist jedoch von größter Bedeutung, die feinere Ziselierung besorgt diese Phase. Es ist dabei zu unterscheiden zwischen der Gesamtheit der ethischen Gefühlsrichtungen (Charakter in engerem Sinne) und den geläufigen ethischen Gefühlsbetonungen (usuelle Charakterreaktion oder usuelles Charakterbild). Es hebt sich eine supraponierte Charakterreaktion vom wahren Kern ab.

Die Willensprozesse und Handlungen als Resultanten der Empfindungen, Vorstellungen und Gefühlsprozesse zeigen beim Jugendlichen noch keine „Prinzipien", keine allgemeinen Regeln, die man für sein eigenes Handeln auf Grund klar begründeter und bestimmt gefaßter Bewertungen aufstellt; der Jugendliche renommiert nur damit, der rationelle Inhalt tritt ganz gegenüber der Gefühlsbetonung zurück. Ähnlich verhält es sich mit der Willensenergie, sobald der rauschartige Affektzustand ebbt, erlahmt meist die Willenskraft. Die Entwicklung der Willensenergie setzt in der Regel erst nach der Pubertät ein.

Auch in der Psyche werden sexuelle Differenzen, die allerdings schon in den Kindheitsjahren zu erkennen sind, deutlich. Waren schon vor der Pubertät geschlechtliche psychische Unterschiede unverkennbar, wobei wohl die sog. Sitte, der bestimmende Einfluß gesellschaftlicher Tradition und des zwingenden Beispiels kräftiger als die persönliche sexuelle Einstellung den seelischen Habitus bestimmen, so zwingt die Sexualität der Reifezeit das Einzelindividuum gemischtgeschlechtlicher Kameradschaft nun zum Bekennen der sexuellen Farbe und gliedert das bisher unverfälschte Bewußtsein der Gemeinschaft um. Wie es um diese Änderung und das erstarkende Geschlechtsbewußtsein, die Geschlechtsseele, stände, wenn nicht der Imperativ der Tradition und der Sitte wäre, entzieht sich unserer sicheren Beurteilung. Daß andersgeschlechtliches Bewußtsein und Erziehung auch die Einzelstellung zum Leben und zum anderen Geschlecht beeinflußt, zeigen die Vorkommnisse pseudo-hermaphroditischer Geschöpfe, deren richtiges Geschlecht um die Zeit der Pubertät durch den starken eindeutigen Wachstumsimpuls der Geschlechtsteile erkannt werden konnte. Einfacher liegen die Verhältnisse sicher auf dem Lande, wo der Naturtypus, wenn nicht erreicht wird, so doch näherliegt. CH. BÜHLER skizziert die verschiedenen Kulturbilder der seelischen Pubertät je nach dem Kulturniveau der Art, die Primitivform des dem Verhalten der Tiere nahestehenden Menschlich-Seelischen, die kompliziertere Form der Kulturpubertät, die ihre zusammenhängende Natur doch nicht verleugnen kann, die aber in ihrem Auftreten kompliziert, umgeformt, bereichert wird. Sie gedenkt der Schwierigkeiten der sozialen Einordnung mit der Tendenz zur Familienbildung und der damit sozial geänderten Stellung und weiters der beruflichen Einordnung. Im allgemeinen sieht BÜHLER den biologischen Sinn der Pubertät in dem Ergänzungsbedürftigwerden des Individuums, damit in einem Grunderlebnis für die Struktur der seelischen Pubertät. Sie hebt richtig hervor, wie Charakter und Interesse zur Reifezeit ihre entscheidenden Züge und Inhalte gewinnen, die Intelligenz ihre wahre Höhe offenbart, der Wille seine wahre Tiefe, die Persönlichkeit ihr Gepräge. Interessant ist die gewiß richtige These BÜHLRES, daß ein der Pubertät entsprechender Reifungsprozeß in geringerem Maße schon in der Kindheit, und zwar zwischen drittem und viertem Lebensjahr, bestünde, der vielfache Parallelen im seelischen Habitus zur Pubertät zeigt.

Daß die Linie der psychischen Pubertätsentwicklung nicht gerade, steil aufwärts führt, erweisen die schon erwähnten Untersuchungen CH. BÜHLERS und H. HETZERS, die eine Zeit der „negativen Phase" zwischen der sog. Vorpubertät und der eigentlichen Pubertät umgrenzen. Die negative Phase dauert einige Monate, fällt oft in die Zeit der ersten Menstruation und ist gekennzeichnet durch Nachlassen der Produktivität, Absonderung in der Gemeinschaft und Unbeeinflußbarkeit durch die Erziehung. Sie zeigt sich manchmal in Passivität, manchmal in negativer Aktivität. Mit Ende der negativen Phase beginnt fast allgemein eine gewisse literarische Produktivität. Die negative Phase wurde in erster Linie beim weiblichen Geschlecht nachgewiesen, beim Jüngling ist sie weniger deutlich.

Überaus interessant, aber, soweit dem Naturforscher in die Ergebnisse pädagogischer Forschung ein Einblick möglich ist, wenig studiert sind die Merkmale der Pubertät in den Leistungen der Schule. Wie mir ein überaus hochstehender Mittelschulprofessor mitteilt, sind ihm Pubertätserscheinungen in den schriftlichen Arbeiten seiner Schüler seit langem geläufig. Er konnte beobachten, daß Schüler, die durch mehrere Jahre einem und demselben Lehrer unterstellt waren und in ihrer Schrift große Ähnlichkeiten zeigten, ja deren Schriftcharaktere auf den Lehrer schließen ließen, um die Zeit der Pubertät diese Schriftgemeinschaft verloren, das Unpersönliche derselben vermissen ließen; es trat etwas Freies, Persönliches, Eigenes in der Schrift zutage, zunächst vielleicht etwas gewollt Anderes, Originelles, dann eine persönliche Note. Und auch in der Wahl der freien Themen, die vorher eine gewisse Herdenmäßigkeit erkennen lassen, soll die Pubertät dem forschenden Beobachter das Aufkommen schlummernder Anlage, mehr orientierten Interesses klarwerden lassen.

Die seelischen Unterschiede zwischen den Geschlechtern in der Reifezeit betont W. STERN durch Aufzeigen der typischen Formen und Qualitäten der Einstellung; er nennt vor allem zwei qualitative Unterscheidungspunkte: die größere Rezeptivität der Mädchen, mit der größere Gedächtnisleistungen, Nachahmung, Suggestibilität, Lenksamkeit und Fleiß zusammengehen, und die stärkere Spontaneität der Knaben, die durch stärkere Intellektualität, produktives Bedürfnis, konstruktive Fähigkeit, determinierende Tendenzen, Oppositionslust und Neigung zur Kritik zum Ausdruck kommt. Nach W. HOFFMANN erstreckt sich der Gesichtskreis der Knaben immer mehr auf das Weite und Allgemeine, ihr Denken wird bestimmt durch fernliegende Berufsziele und Ideale, schwingt aus zu den höchsten Abstraktionen. Infolge dieser mächtigen Entfaltung und Ausdehnung des Geisteslebens verändert sich das Charakterbild dermaßen, daß der Mann auf seine Kindheit wie auf ein überwundenes Puppenstadium zurückblickt, ja sich oft schwer in diese Zeit zurückversetzen kann. Im Gegensatz dazu enthält die Reifezeit des Mädchens keinen so scharfen Bruch mit der Vergangenheit. Ihre Entwicklung bringt mehr eine Verfeinerung nach der Tiefe, und sie bleibt daher mit ihrer Jugend wie überhaupt mit allem unmittelbaren Erleben in viel engerer Beziehung. Die Kinder fühlen sich darum in der Regel auch besser von der Mutter

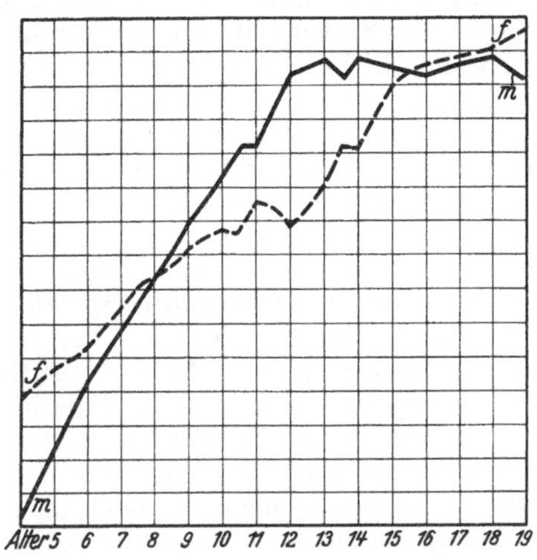

Abb. 12. Psychische Leistungen der Geschlechter in Abhängigkeit vom Alter. (Nach O. LIPPMANN.)

verstanden als vom Vater, ihr fällt bei Meinungsverschiedenheiten die Rolle der Vermittlerin zu. Ein weiterer und vielleicht noch wichtigerer Unterschied ist für TURMLIRZ durch die vorwiegend persönliche Interesseneinstellung der Mädchen und die vornehmlich sachliche Einstellung der Knaben gegeben. In Koedukationsschulen waren in den mittleren Klassen die Mädchen gegenüber den Knaben anfangs an intellektueller Tüchtigkeit voran, später wurden sie von den Knaben überholt. LIPPMANN (s. Abb. 12) konstatierte, daß die Präpubertät bei den Knaben eine Beschleunigung, bei den Mädchen eine Hemmung der geistigen Entwicklung mit sich bringt, während umgekehrt die Pubertät selber die Entwicklung der Knaben hemmt, die der Mädchen beschleunigt. „Beschleunigung“ und „Hemmung“ nur relativ zum Entwicklungstempo des anderen Geschlechtes genommen. Die Geschlechtsunterschiede sind (KAUP) ihrer Größe und Sicherheit nach um einen Wert zentriert, sie sind um so seltener, je stärker sie von diesem Wert abweichen. Dieser zentrale Wert liegt in der Nähe der Differenz Null. Hinsichtlich der gesamten Leistungsprüfungen nach Wertgruppen ergab sich eine Überlegenheit des männlichen Geschlechtes über das weibliche. Die Knaben sind in superioren und inferioren Leistungen stärker vertreten, in mittleren Leistungen finden sich die Mädchen zahlreicher. Die Intervariation des männlichen Geschlechtes ist größer als die des weiblichen. Die Rückständigkeit in manchen geistigen Leistungen der Mädchen gegenüber den Knaben, auf die STERN besonders hingewiesen hat, könnte darauf hinweisen, daß der frühere Eintritt der Pubertät auf Kosten der geistigen Reifung geht.

E. HOMBURGER verdanken wir interessante Studien über die Entwicklung der menschlichen *Motorik*, die auch für die Pubertätszeit wichtige Ergebnisse bieten. Die kindliche Motorik mit ihrer großen Ausdruckskraft und feinsten Abstufung ist wie Mimik und Gebärde neben der Sprache durch den funktionstüchtig werdenden Überbau corticaler Einflüsse und durch die Intellektualisierungsvorgänge aus den wilden Verzerrungen der Säuglingsmotorik zu der bekannten Lieblichkeit und Zartheit gediehen. In der Pubertät wird die Motorik in die anderen Veränderungen dieser Zeit einbezogen. Was bisher an Vereinheitlichung der Motorik zu einem individuellen Bewegungsbilde erreicht war, gerät wiederum in einen Zustand der Lockerung, neuer Bewegungsluxus tritt auf und die kindliche Grazie geht verloren. Die Beherrschung des Bewegungsapparates versagt, insofern die aufgewendete Kraft vielfach über das Erfordernis hinausgeht und die nötigen Bewegungen von einer Menge Überflüssigem begleitet sind, Impulsentgleisungen stattfinden und Falschinnervationen zu Ungeschicklichkeiten führen. Beschleunigungen und Verlangsamungen gehen nicht aus dem Zweck der Bewegungen hervor. Die Innervation wird flüchtig, unstet, die Bewegungen werden karikaturenhaft, die Haltung wechselt zwischen Steifheit und schlacksiger Schlaffheit, der Gesichtsausdruck zeigt oft grimassierendes Spiel und vergröberte Züge, die Gebärden werden komisch gehäuft, steif und eckig. Alle diese Erscheinungen erinnern in einigen Punkten an frühere Kindheitsperioden, spielen sich aber in vergrößertem Körper ab. Die Entwicklung des Zentralorgans hat mit den Erfolgsorganen nicht Schritt gehalten. In diesen Zustand der Insuffizienz der Zentralorgane treten die primitiven Apparate, Pallidum, Striatum vorübergehend mit vermehrter Wirksamkeit, d. h. relativ enthemmt, in Erscheinung. Die erwähnten motorischen Besonderheiten sind ihren Trägern selbst zur Last und bereiten mannigfache Ärgernisse, bis beim Mädchen früher als beim Jüngling die neue endgültige Bewegungsgestalt des Erwachsenen hervorgeht.

Nicht nur in der Motorik scheint die Einflußnahme der Pubertät aufzutreten, auch in der muskulären Kraftentfaltung. NOEGGERATH stellt kurvenmäßig dar, wie in allen Altersstufen die Mädchen geringere Leistungen aufweisen als die Knaben, daß am Ende eines steilen Kurvenanstieges sich jedesmal eine zum Teil sehr starke Abflachung des jährlichen Leistungszuwachses findet und daß endlich diese Bremsung des Leistungszuwachses sich geschlechtsgebunden erweist, denn sie tritt bei Mädchen früher, bei Knaben später, wohl um die Geschlechtsreife, auf.

Die Mädchen werden innerhalb der Pubertät in dem Ausmaße in ihrem jährlichen Leistungszuwachs herabgedrückt, daß sie dann für einzelne körperliche Übungen wenigstens überhaupt nichts mehr hinzulernen und somit noch stärker hinter den Knaben zurückbleiben. KAUP konstatiert bei vergleichender Betrachtung der Wirkung gleicher Arbeitsleistung bei Jugendlichen und Erwachsenen, daß die Antwort auf einen gleich hohen Arbeitsreiz nach der Höhe des Atemvolumens, aber auch nach der alveolaren Sauerstoffausnützung die gleiche ist. Die niedrigere Leistungskraft bei Jugendlichen äußert sich vor allem in dem schnellen Unvermögen, die erforderliche Sauerstoffmenge bei längerdauernder Arbeitsleistung aufzubringen, so daß der respiratorische Quotient durch einen Aufstieg bis auf 1,0 und darüber bald die Störung des Säure-Basen-Gleichgewichtes anzeigt.

Hub- und Druckkraft in Kilogramm für den männlichen Organismus. (Nach QUETELET für Hub- und Greif-, und nach WEISSENBERG für Hubkraft für südrussische Judenknaben.) Nach KAUP.

	10	11	12	13	14	15	16	17	18	19	20	21—25
Zahl der Ge- messenen . .	80	61	50	52	57	49	50	48	60	61	75	100
Mittel in Pfund	34,6	40,7	54,2	60,8	80,1	90,6	107,2	119,9	129,6	143,4	149,9	143,7
Jahreszuwachs .	—	6,1	13,5	6,6	19,3	10,5	16,6	12,7	9,7	13,8	6,5	—6,2
Zahl der Ge- messenen . .	80	61	50	52	57	49	50	50	61	60	75	100
Rechte Hand .	9,8	10,7	13,9	16,6	21,4	27,8	32,3	36,2	38,6	35,4	39,3	43,6
Linke Hand . .	8,4	9,2	11,7	15,0	18,8	22,6	26,8	31,9	35,0	35,0	37,2	39,0

Die Reifung des Individuums über die stürmische, in Extremen schwankende Pubertätsphase zur geschlossenen Persönlichkeit des Erwachsenen bietet in Tempo und Folge eine unübersehbare Fülle von Variationen, in denen die größten Verschiedenheiten zum Ausdruck kommen. Qualitativ resultieren gewisse Rhythmen und Charakterbilder, die H. HOFFMANN unter Anlehnung an die plastischen Schilderungen von SPRANGER und E. CRONER, letzterer für das weibliche Geschlecht, zur Herausarbeitung einer Reihe von Pubertätstypen verwendet hat, ohne jedoch einen Anspruch auf Vollständigkeit oder strenge Trennungsmöglichkeit der Typen zu erheben. Jeder Versuch einer Typenordnung stößt auf die Schwierigkeit einer qualitativen Auseinanderhaltung der meist fließenden Übergänge. HOFFMANN unterscheidet:

1. Nüchterner Typus.
2. Der Übermütige, Kraftvolle, Abenteuerlustige.
3. Der Intellektuelle.
4. Der Empfänglich-Haltlose.
5. Der Problematiker.
6. Der Oberflächlich-Genußsüchtige und Erotiker.
7. Der Sentimentale und Schwermütige.
8. Der Enthusiast und Schwärmer.
9. Der mütterliche Typus.

Einzelne Typen sind besonders charakteristisch für das männliche Geschlecht, so die Nüchternen, die tatendurstigen Abenteurer, die Intellektuellen, die Problematiker, wiewohl sie vereinzelt, dann als virile Beimischungen, auch bei Mädchen vorkommen. Empfänglich-Labile, Genußsüchtige, Sentimentale und romantische Schwärmer sind beiden Geschlechtern wesenseigentümlich, bei Mädchen mehr im Sinne eines passiven Erlebens, bei Knaben expansiver Aktivität. Der mütterliche Typus ist wohl lediglich feminin. Im ganzen meint HOFFMANN, daß die seelische Reifung des Knaben durch kraftvolle Neugestaltung, durch Kampf und Selbstbehauptung, durch trotziges Sichdurchsetzen charakterisiert ist, während die Mädchen sich durch passives Nachgeben, durch gefühlsmäßige Hingabe der Außenwelt anzupassen suchen.

Für den naheliegenden Versuch, in Anlehnung an die genialen Untersuchungen KRETSCHMERS auch für das Pubertätsalter Beziehungen zwischen Körperbau und Charaktergrundzüge zu suchen, liegt bisher kein derart geprüftes Material vor. Auch für die erbbiologische Persönlichkeitsanalyse nach H. HOFFMANN verfügen wir über nur relativ spärliches Material. Daß Pubertätsbeginn und Pubertätsfärbung sehr häufig erbgegeben sind, zeigt die alltägliche Erfahrung der Vererbung des Termins der ersten Menstruation. H. HOFFMANN führt als Beispiel dafür, daß bestimmte Färbungen der Pubertät als familiäre Eigentümlichkeiten auftreten, die Familie Schillers an. Trotz mannigfacher Verschiedenheiten zwischen Vater und Sohn in der späteren Entwicklung zeigt sich bei beiden die kraftstrotzende, erlebnishungrige Nachpubertätsphase gemeinsam.

Wir haben schon erwähnt, daß die körperliche und die psychische Pubertätsentwicklung sich nicht zeitlich völlig decken, daß, soweit die psychische Pubertät eine strenge Beurteilung ihres Beginnes und ihres Abschlusses gestattet, ihre Dauer eine längere ist als die der körperlichen Reife; auch an den interessanten Fällen körperlicher Frühreife sehen wir, daß die Psyche in ihrer Entwicklung anderen, eigenen Gesetzen folgt als der Körper und daß bei aller psychophysischen Gebundenheit die Partialentwicklung der geistigen Funktionen in der individuellen Totalentwicklung ihre Sonderrechte hat.

Aber auch die einzelnen psychischen Fähigkeiten haben ihre speziellen Entwicklungskurven, auf jede einzelne wie auf ihre Gesamtheit wirkt gerade die Pubertät in wechselndem Maße provozierend, fördernd, auslösend, wobei wir von den Scheinbegabungen, die in dieser Zeit wie Pilze aus fruchtbarer Erde sprießen, absehen wollen. H. HOFFMANN beruft sich bei Erörterung dieser Frage auf G. RÉVÉSZ und dessen psychologisches Grundgesetz, nach welchem ganz allgemein die verschiedenen Fähigkeiten und Begabungen bei einem Individuum nicht gleichzeitig, sondern sukzessive aufzutreten pflegen, daß sie sich diskontinuierlich zu verschiedenen Zeitabschnitten entwickeln. Manche Talente können sich erst dann äußern, wenn die Entfaltung und Vertiefung des Gefühlslebens eine gewisse Höhe erreicht hat. So fällt die Offenbarung des Talentes für die bildende Kunst meist in das Ende der Pubertät (17.—20. Jahr), wissenschaftliche Talente zeigen sich erst später, wenn die allgemeine geistige Entwicklung eine gewisse Höhe erreicht hat. Anders verhalten sich die musikalische Begabung und das mathematische Talent, ferner technische Fähigkeiten, die schon viel früher aufscheinen können. Es ist eine Ausnahme, wenn die mathematische Begabung sich erst nach dem 16. Lebensjahr entwickelt.

Wie bei normaler Entwicklung erweist sich auch in abnormen Fällen, bei Plusvarianten und bei Minusvarianten, die Pubertät zuweilen als Stimulus für die psychischen Leistungen. H. HOFFMANN führt als lehrreiches Beispiel die verspätete Pubertät DOSTOJEWSKIS an, der mit 20 Jahren wie ein schüchterner Schuljunge gewesen, mit 40 den jugendlichen Pubertätstaumel durchgemacht und sich sexuelle Torheiten geleistet habe, die in diesem Lebensalter längst hätten überwunden sein sollen.

Fesselnd wirken die Untersuchungen KRETSCHMERS über die Rolle der Pubertät im Lebenslauf großer Männer. Er gedenkt der störenden Überheftigkeit der Pubertät und der später lange sich hinziehenden stetigen Produktivität bei SCHILLER und BISMARCK, der unikalen poetischen Pubertätsleistung und späteren Sterilität bei UHLAND und SCHEFFEL, des verspäteten Pubertätsdurchbruches und der späten Genialität bei C. F. MEYER, DOSTOJEWSKI und LILIENCRON. Und wenn GOETHE sehr charakteristisch sagt: „Geniale Naturen erleben eine wiederholte Pubertät, während andere Leute nur einmal jung sind“, so zeigt seine eigene Rhythmik des Lebens und des Schaffens nach der exakten Analyse KRETSCHMERS deutlich, wie ihn nach einer typischen dezennaren Intervallordnung eine pubertätsartige Manik zu Lebensgenuß, zur Liebe und gleichzeitig zur Schöpfung göttlicher, unsterblicher Dichtungen zwang.

In das Gebiet der geistigen, der funktionellen Reifung haben wir auch die für die menschliche Kulturgemeinschaft maßgebende Erlangung der sozialen Einordnungsfähigkeit, die soziale Reifung zu rechnen, der vom Standpunkt der Sozietät betrachtet die körperliche und die psychische Vervollkommnung zur artgegebenen Höhe unterzuordnen sind. Der wichtigste Schritt auf dem Wege zur sozialen Entwicklungshöhe ist die Wahl des Berufes, die eine Abkehr von der in dieser Phase der hemmungslosen Idealisierung und phantastischen sonnigen Zuversicht fast physiologischen schrankenlosen Manik und eine vernunftgemäße Entscheidung unter den gegebenen Möglichkeiten erheischt. W. HOFFMANN hebt die Wandlung der ursprünglichen Lustquelle mechanisierter Tätigkeit und rhythmisierter Funktionen in lustlose Mechanisation im Berufe hervor, die keine Verwendung für freiwerdende geistige Kräfte hat. Das ideale Verhältnis, das die Jüngeren zur Arbeit mitbringen, vernichtet „das laufende Band“ der Arbeit bei den Älteren.

HOFFMANN sieht zwei Aufgaben der sozialen Erziehung: die Erleichterung des Einlebens in die Gegenwartskultur, damit der Jugendliche nicht auf seinem Bildungsgange Schaden leide und wertvolle Kräfte nutzlos verlorengehen; dann aber auch darüber hinaus gestaltende Einwirkung auf den Bildungsgang, damit besondere Persönlichkeitswerte zur Entfaltung kommen. Jedes Seelenleben strebe nach rhythmischer Entfaltung; daß dieser Rhythmus von vornherein mit dem der Kulturgemeinschaft in Einklang stehe, darauf komme es an. Das einzige Kind hat größere Schwierigkeiten zu derartiger Anpassung, da ihm die Vorschule der Familiengemeinschaft fehlte. Die soziale Entwicklung des Jugendlichen, wesentlich durch Bildsamkeit, Lebensrhythmus und Erziehungsarbeit bestimmt, ist (HOFFMANN) nie zu verstehen aus einer isolierten Betrachtung seines Entwicklungsganges, sondern dessen Ergebnis ist sehr wesentlich bedingt durch die Einlagerung des Individuums in einen bestimmten Lebenskreis.

6. Sekundäre Geschlechtsmerkmale. Endokrine Drüsen. Theorie der Pubertät.

Ein Überblick über die somatischen und psychischen Entwicklungsvorgänge in der Pubertätsperiode läßt auffällige Änderungen morphologischer und funktioneller Natur beim Übergang vom Kindesalter in das der Reife feststellen: einen Massenanstieg des Körpers und ihm parallel gehend der einzelnen Organe, eine Proportionsverschiebung der Körperteile, eine Funktionsvervollkommnung jeglicher Art und einen in Kurvendifferenzen zutage tretenden zeitlichen Unterschied all dieser Vorkommnisse zwischen beiden Geschlechtern. Dieses Zusammenspiel von Wandlungen begleitet den Eintritt der Gonadenreife, den Beginn der Fortpflanzungsfähigkeit. Die sich zur Zeit der Pubertät manifestierenden geschlechtlichen Differenzen bestehen zum Teil schon lange vor der Reife (Becken, Körpergewicht, Körperlänge, Hirnaufbau, Psyche) sogar schon im intrauterinen Leben, sie werden um die Pubertät dann ungemein deutlich.

Die qualitativen und quantitativen Unterschiede in der Ausbildung geschlechtsspezifischer Merkmale führte zur Trennung der *primären* oder essentiellen Sexualcharaktere, welche den eigentlichen Geschlechtsapparat, Ovarien, Hoden, betreffen, von den *sekundären* oder akzidentellen Sexualcharakteren, die mit der Fortpflanzung in keiner direkten Beziehung stehen. Diese können dem geschlechtlichen Hilfsapparat zu eigen sein (Labien, Klitoris, Penis), *genitale subsidäre Sexualmerkmale*, oder sie finden sich an fernabliegenden Körperregionen (Mammae, Achselhaare, Hüftkonturen, Becken, Bartwuchs), *extragenitale Charaktere*.

A. LIPSCHÜTZ teilt die Geschlechtsmerkmale mit Beziehung darauf, daß seiner Ansicht nach auch die Komponenten der Geschlechtsdrüsen, sowohl die generativen Anteile wie die Zwischenzellen (Pubertätsdrüse), als geschlechtsspezifisch zu gelten haben, folgendermaßen ein: 1. Pubertätszellen; 2. Fortpflanzungszellen; 3. somatische Geschlechtscharaktere: a) Merkmale des Kopulationsapparates, b) Merkmale des geschlechtlichen Hilfsapparates, c) Merkmale der übrigen Organe; 4. Funktionelle Geschlechtsmerkmale (Körpertemperatur, Gesamtstoffwechsel); 5. Neuropsychische Geschlechtsmerkmale.

Gesetzmäßigkeiten im Auftreten und in der Aufeinanderfolge der sekundären Merkmale lassen sich schwer feststellen. Es sei an die Untersuchungen SCHEIDTs, ROSENFELDs, KAUPs erinnert. Daß die geschlechtliche Fortpflanzungsfähigkeit schon vor der Entwicklung der sekundären Geschlechtsmerkmale bestehen kann, zeigen Fälle von Schwängerung im Exterieur infantiler Mädchen, vom befruchtenden Coitus seitens infantiler Knaben. PRIESEL und WAGNER haben an einem größeren Material durch Jahre beobachteter diabetischer Mädchen die Art der Aufeinanderfolge der sekundären Sexuszeichen untersucht. Sie fanden das Auftreten der extragenitalen Charaktere in folgender Reihe: Rundung der Hüften, Entwicklung der Mammae, Schambehaarung, Axillarbehaarung. Diese Merkmale folgen nicht strikte aufeinander, sondern interferieren miteinander dergestalt, daß bei noch sprossender Brust schon die Schambehaarung einsetzt. Als Variante wurde präzipitiertes Auftreten der Axillarbehaarung als erstes Zeichen der sekundären Geschlechtscharaktere nachgewiesen. Wahrscheinlich hängt die zeitliche Aufeinanderfolge im Auftreten der Sexuszeichen z. T. mit der verschiedenen Ansprechbarkeit der Erfolgsorgane auf das Sexualhormon zusammen, wobei es offenbleiben muß, ob es sich um die Wirkung eines einheitlichen Hormons handelt. Die Menarche muß nicht den Schlußstein der Pubertätsentwicklung darstellen, ist aber unter physiologischen Verhältnissen niemals ein Frühsymptom. Die Skepsis, die die genannten Autoren bezüglich literarischer Angaben von Schwängerung vollkommen unentwickelter Mädchen für angebracht halten, wird — bei derartigen Angaben über solche Vorkommnisse bei Rassen mit frühen Heiraten — nicht allenthalben geteilt werden.

Bei der Darlegung der morphologischen und funktionellen Reifefortschritte im Pubertätsablauf scheinen auf allen Gebieten, selbst auf dem der Hämodynamik, des Stoffwechsels, der Psyche, geschlechtsbedingte Unterschiede aufzutreten, die dem Begriff der sekundären Geschlechtsmerkmale einen immensen Geltungsbereich geben, ihm soviele Differenzen unterordnen, daß der Begriff uns in seiner Bedeutung unter den Händen verschwindet. Vor allem ist es der zeitliche Vorsprung des weiblichen Geschlechtes gegenüber dem männlichen, der in den Entwicklungskurven der Geschlechter allenthalben in die Augen fällt und, zusammengehalten mit den vielen somatischen und psychischen Unterschieden, bei Aufrechthaltung des Begriffes der Art demselben zwei dem Zwecke der Fortpflanzung geweihte differente Typen einzugliedern zwingt, deren einer, wie man sich vorstellen könnte, im Interesse der der Fortpflanzung angepaßten Ordnung den Höhepunkt der Entwicklung vor dem des anderen erlebt.

Es drängt sich die Frage nach dem Kausalitätsfaktor für die puberale Entwicklung der somatischen Reifeerscheinungen und der sog. sekundären Sexualmerkmale auf. Sind es allein die endokrinen Parenchyme, die durch ihre gesteigerte Massenzunahme und ihre Funktionen den Impuls schaffen, der den vitalen Funktionsgipfel des ganzen Organismus bringt? — Ist es ihr Zusammenwirken im harmonisch equilibrierten Kräftespiel und wie regelt sich diese Harmonie?

Bei jedem Übergang von einer biologischen Lebensphase in eine andere spielen (E. THOMAS) endokrine Umstellungen eine wichtige Rolle. Bei dem Übergang ins extrauterine Leben ist es eine gewisse Insuffizienz, beim Übergang zur Pubertät eine Disharmonie, beim Übergang ins

Senium wieder eine Insuffizienz, welche am innersekretorischen System vermutet werden kann. Mit jedem dieser Übergänge sind oft Übergangsschäden verknüpft.

MARAÑON suchte als einer der ersten die Altersstufen nach den ihnen eigentümlichen Vorwiegen bestimmter endokriner Beeinflussungen zu unterscheiden. Bis zum 9. Jahr herrschen Thyreoidea und Thymus vor, dann stellt sich der Organismus auf die Geschlechtsreifung ein, wobei die Thymusdrüse zurücktritt, die Hypophyse zu stärkerer Wirkung gelangt („pseudohermaphroditische Fettsucht vor der Reife") und die Geschlechtsdrüsen sich leise regen. In der Reifezeit bis zum 16. bis 18. Jahr tritt neben dem stärkeren Einfluß der Geschlechtsdrüsen vorübergehend eine Hyperfunktion der Hypophyse auf, die zur „Pseudoakromegalie" der Reifezeit führt. Das endokrine System ist noch nicht ausgeglichen. Erst mit 30 Jahren ist die Geschlechtsdrüse ausgereift und ihr paßt sich das übrige endokrine System an, bis dann im Klimakterium, dem „gefährlichen Alter", sich neue Gleichgewichtsstörungen infolge Rückbildung der Geschlechtsdrüsen einstellen. GUDERNATSCH bezeichnet den Hypophysenvorderlappen als Wachstumsdrüse, die Schilddrüse als Differenzierungsdrüse. Eine vollwertige Differenzierung des Somas bestehe nur bei vollkommener Reifung der Geschlechtsdrüsen, während ein nach Zeit und Ausmaß übernormales Wachstum nur bei Hyperplasie der letzteren bekannt ist. Die Reifung der Keimdrüsen trete nur ein bei vollwertiger Schilddrüsen- und Hypophysenfunktion und bei Regression des Thymus. Damit werden dem Endokrinon wachstumsbeeinflussende Regulationen zuerkannt, die BRUGSCH von einer hormonalen Periodik als der menschlichen Entwicklung übergeordnetem Faktor sprechen lassen.

Daß die Geschlechtsdrüsen einen wichtigen, ja den wichtigsten Anteil im Zusammenspiel der Wachstum und Funktionen des Organismus regelnden endokrinen Drüsen darstellen, wenn sie auch nach interessanten neueren Untersuchungen für das Hormon des Hypophysenvorderlappens in gewissem Sinne Erfolgsorgan sind, also den primären Funktionsimpuls von der Prähypophyse übernehmen, ist aus den Folgen ihrer Entfernung zu erkennen. Die präpuberale Kastration führt zur Vergrößerung der Schilddrüse, zur Thymuspersistenz, zur Zirbelatrophie, zur Hypertrophie der Hypophyse und der Nebennieren, sie verhindert die Fortentwicklung der Brüste, sie veranlaßt Pigmenteinbuße und hemmt die Körper- und Gesichtsbehaarung (BUCURA). Nach Hypophysenexstirpation hypertrophiert die Thyreoidea (CASELLI), während über das Verhalten der Nebennieren nichts Sicheres bekannt ist. Nach Kastration hypertrophiert die Hypophyse (FICHERA, TANDLER-GROSZ), hauptsächlich bedingt durch starke Vermehrung der chromophilen Zellen (BORCHARDT).

Es sei noch hervorgehoben, daß die sekundären Geschlechtscharaktere im engeren Sinne nicht durch die Geschlechtsdrüsen oder gewisse Zellbestandteile derselben hervorgerufen werden, sondern daß sie genotypisch ab ovo im männlichen oder weiblichen Sinne festgelegt sind, daß das Geschlecht in jeder einzelnen Zelle entschieden ist. Nach HALBAN entwickelt sich im weiteren Verlauf das, was in der Anlage vorhanden ist unter dem protektiven Einfluß des vom Ovar resp. Hoden produzierten Hormons. HALBAN u. a. sehen einen Beweis dieser Annahme darin, daß auch in Fällen von angeborenem Mangel der Keimdrüsen die betreffenden Individuen doch primäre, evtl. sogar Andeutungen von sekundären Geschlechtscharakteren zeigen können, außerdem in den Formen des Pseudohermaphroditismus, bei welchem Individuen mit Hoden weibliche Sexualmerkmale, umgekehrt solche mit Ovarien männliche zeigen. Also Unabhängigkeit der Entstehung von Sexualcharakteren von der homologen Keimdrüse.

Daß die Geschlechtsdrüsen nicht allein und vor allem nicht lediglich als protektive Kräfte für die Entwicklung der Sexualcharaktere hormonale Kraftzentren abgeben, dafür sprechen mehr als die Ergebnisse der Physiologie die der Pathologie. Wir wissen, daß die Reife der Geschlechtsdrüsen im wesentlichen eine das Längenwachstum hemmende (Pubertas praecox, Eunuchoidismus), den Wachstumsabschluß herbeiführende Wirkung ausübt, doch spricht der präpuberale Wachstumsantrieb vielleicht für eine wachstumsfördernde Wirkung der Drüsen. Daß aber auch andere innersekretorische Organe im harmonischen Kreise dieser Drüsen unentbehrliche Hormone für das Pubertätswachstum abgeben, dafür spricht recht deutlich die Entwicklung der Schilddrüse, ihre Größenzunahme (Pubertätsstruma), die nach beendeter Reife einer Volumsabnahme weicht. Von ausschlaggebender Bedeutung für die Pubertätsentwicklung ist auch sicher der Hypophysenvorderlappen, der ein das Längenwachstum anregendes Hormon liefert. Bei Funktionsstörung dieser Drüsenpartie fehlt das für die Periode der zweiten Streckung typische, vermehrte Längenwachstum (ARON). Die gerade in die Reifezeit fallende Thymusinvolution deutet ebenfalls auf einen charakteristischen Wachstumseinfluß dieser Drüse. Doch auch die Nebennierenrinde übt, soweit Fälle der Pathologie verwertbar sind, in der Reihe der Pubertätsdrüsen eine Rolle. Rasch einsetzende und exzessiv auftretende Sexualcharaktere bei jungen Individuen, die an Nebennierentumoren leiden, sprechen in diesem Sinne. Schließlich weisen interessante Fälle der Hirnpathologie (epidemische Encephalitis, Tumoren, Idiotie) auch auf das Zentralnervensystem als regulatorisches Organ der geschlechtlichen Reife. Die interessante Rolle der Zirbel als auslösendes Organ geschlechtlicher Frühreife, wie sie bei Tumoren hervortritt, ist in ihrer Art noch strittig. Endlich sei auf die hormonale Grundlage des Behaarungstypus verwiesen, wofür FALTA u. a. die Nebennieren, OLLIVET (für die asexuelle Behaarung) die Hypophyse in Anspruch nimmt.

BIEDL versucht die Epochen der Individualentwicklung nach der funktionellen Prävalenz der einzelnen Inkretdrüsen zu ordnen und zu erklären. Diese sind nicht zu jeder Zeit des Lebens gleichmäßig entwickelt, weder nach Größe noch nach Struktur. Zu Ende der Embryonalzeit und auch beim Neugeborenen prävaliert das Interrenalsystem und die mit diesem genetisch verwandten Anteile der Keimdrüsen. Ende des ersten Jahres tritt eine eklatante Umsatzsteigerung ein als

Ausdruck einer Prävalenz der Schilddrüse. In der Periode der ersten Streckung mag vielleicht die Zirbel, sicher aber der Hypophysenvorderlappen die Führung übernehmen. In der Folgezeit bis zum Abschluß der Kindheit finden wir eine relative Stabilität im Inkretsystem. Die Zeit der Pubertät gestattet eine Teilung in die Pubescenz oder Präpubertät, die Adolescenz und schließlich die Maturität. Für die Pubescenz ist ein ziemlich plötzlich einsetzendes, rapides Längenwachstum, Erregbarkeitssteigerung des Nervensystems, leichte Ermüdbarkeit des in seiner Ausbildung zurückgebliebenen Muskelsystems, verstärktes Wachstum der Keimdrüsen und des Genitalapparates und vor allem das auffällige Verhalten des Stoffwechsels als Ausdruck der gesteigerten Schilddrüsenfunktion (Pubertätskropf) charakteristisch, die auch eine Änderung der Hautbeschaffenheit und ihrer Anhangsgebilde, das Verhalten der Wimpern und Brauen, vor allem Änderung in der Beschaffenheit der Kopfhaare herbeiführt. Für das Längenwachstum dieser Zeit ist aber in erster Linie die prähypophyseale Wachstumsdrüse verantwortlich. Das verstärkte Wachstum der langen Röhrenknochen tritt ein trotz der zunehmenden Keimdrüsenreife. Das Fehlen gereifter Keimdrüsen ist gewissermaßen Vorbedingung für diesen Streckungsprozeß. Von der Schilddrüse und dem Hypophysenvorderlappen werden die Wachstumsreize geliefert, die zugleich auf das Wachstum der Keimdrüsen ihre Wirkung entfalten. Die von den Wachstumsdrüsen in die Wege geleitete Reifung der Keimdrüsen, eine sekundäre Folge der Überaktivität der Schilddrüse und der Prähypophyse, hemmt das Wachstum an den Fugen. Neben der Hyperaktivität der Schilddrüse und des Hypophysenvorderlappens findet sich eine beginnende und rasch fortschreitende Funktionsverminderung der Thymusdrüse.

Die Adolescenz bedeutet den Kampf der Keimdrüsen um die Prävalenz, mit ihrem Wachstum und ihrer Entwicklung wird das Längenwachstum zurückgedrängt. Der Stoffwechsel wird der Dominanz des Schilddrüseninkretes entzogen, und immer mehr erlangen das Adrenalsystem und der Inselapparat des Pankreas sowie der Mittellappen der Hypophyse den Einfluß auf Stoffverbrauch und Ansatz. Das stoffwechselregulatorische Zentrum im Zwischenhirn reißt die Herrschaft temporär an sich, eine Umstellung von hormonal auf nervös. Wenn der Kampf um die Vorherrschaft zugunsten der Keimdrüse entschieden ist, beginnt die dritte Phase der Pubertät, die Maturität.

Gegen die Annahme BIEDLs einer sozusagen morphokinetischen Herrschaft der altersgemäß entwickelten endokrinen Drüsen wäre einzuwenden, daß man (THOMAS) Wachstum und Entwicklung von irgendwelchen Jugendstadien mit Drüsensubstanzen, die von älteren Drüsen stammen, genau so beeinflussen kann, wie mit solchen von jüngeren. Die Wirkung ist nur davon abhängig, ob sie auf einen wachsenden oder einen fertigen Organismus einwirken.

Die Gliederung der Altersepochen BIEDLs nach der jeweiligen Prävalenz der zur Größenzunahme und Funktionssteigerung gelangten Inkretdrüsen hat in ihrer geistreichen, wichtigen Erkenntnissen angepaßten Konzeption viel Bestechendes. Offen bleibt aber die Frage nach dem Antriebe, der die jeweilige Prävalenz einer Drüse zur Auslösung bringt, wichtig die Tatsache, daß der Bedarf des Organismus, man könnte sagen der Hormonhunger, einzelne Inkretdrüsen zur Hyperplasie bringt, wofür gerade der Pubertätskropf ein Beispiel ist. Die Pubertätshyperplasie der Schilddrüse wird durch den Mehrbedarf des pubescenten Individuums veranlaßt, die Volumszunahme ist der sichtbare Ausdruck der erhöhten, dem vermehrten Bedarf angepaßten Hormonproduktion.

Wenn wir von „Erfolgsorganen" (J. BAUER) sprechen wollen, unter denen wir für die Wirkung der Hormone ansprechbare, auf diese mit Wachstums- und Entwicklungsmanifestationen reagierende, also empfängliche Körperpartien und Gewebe verstehen, so können wir insoweit auch die endokrinen Drüsen als Erfolgsorgane betrachten, als sie auf den Hormonbedarf des Gesamtorganismus mit Entwicklung und Funktionsbildung antworten. Ohne diesen Bedarf, ohne diese vis a tergo kommt es nicht zum morphologischen und funktionellen Anstieg dieser Parenchyme, so während der Fetalentwicklung, während der unter physiologischen Bedingungen wohl der Bedarf bestehen mag, aber von den mütterlichen Blutdrüsen gedeckt wird, diese demnach eine höhere Ansprechbarkeit zeigen als die fetalen. Genügt das mütterliche Blutdrüsensystem aus pathologischen Gründen nicht, dann reagieren erst die kindlichen Drüsen.

An die interessanten Versuche W. PFUHLS sei noch erinnert, die Besonderheiten der Pubertätsentwicklung aus rein energetischen Gesichtspunkten zu erklären.

A. LIPSCHÜTZ stellt ein ganz eigenes „Gesetz der Pubertät" auf. Er hält die Zahl der Ovarialfollikel, die in Entwicklung eintreten oder reifen, für abhängig von einem extragonadalen Faktor = X-Substanzen. Diese wären extragonadal gebildet, entständen auch bei Abwesenheit der Geschlechtsdrüsen in für die Spezies festgesetzter Menge und wären für beide Geschlechter qualitativ gleich. Das „Gesetz der Pubertät" besagt, daß der Zeitpunkt, zu dem die follikuläre Reifung und damit die geschlechtliche Reifung einsetzt, nicht durch den Eierstock, sondern durch einen extragonadalen Faktor bestimmt ist. Die hypothetischen Stoffe, die man dem Gesetz der Pubertät zugrunde zu legen hätte, zeigen dieselben Komponenten wie die X-Substanzen beim Gesetz der konstanten Follikelzahl, sie sind wohl die gleichen.

Resümierend müssen wir dem autochthonen Entwicklungsantrieb, der artgemäßen Wachstumskurve, dem chromosomal vorbestimmten Wachstumstrieb, dem phylogenetisch gegebenen Wachstumsrhythmus die wichtigste Bedeutung des Wirkungsfeldes zugestehen, für das (PFUHL) die Hormone nicht verantwortlich zu machen sind; die endokrinen Drüsen, eine verhältnismäßig späte phylogenetische Erwerbung, machem zunächst den Entwicklungsgang des Organismus und der anderen Organe mit, die hormonale Konstellation und der der Art zugeordnete Wachstumsrhythmus bilden sich gleichzeitig unter ständiger Wechselwirkung aufeinander. Bei der Begriffsbildung der chromosomalen und der hormonalen Konstitution wird diese Wechselwirkung immer zu berücksichtigen sein. Mit dem Termin der Reife kommen in den funktionel ertüchtigten endokrinen Apparaten neue Kraftquellen, allerdings in der konstitutionellen Entwicklungstendenz derselben quantitativ determiniert, also phylogenetisch und konstitutionell bedingt, zur Entfaltung, die die zeitgemäße Retouche an der individuell und sexuell vorbedingten Rhythmik anbringen, und die das ererbte Wachstumskapital (RÖSSLE) verwerten helfen.

II. Allgemeine Pathologie, Morbidität und Mortalität der Pubertät.

Die Pathologie der Pubertät hat in hervorragendem Maße Abweichungen von dem artgemäßen Entwicklungsrhythmus zur Grundlage, der bis zur Pubertät durch den Befruchtungsimpuls bestimmt, von da an außerdem durch den protektiven Einfluß der endokrinen Organe beeinflußt ist. Ein überstarker Befruchtungsimpuls, der eine übermäßige und vorschnelle Entwicklung im Gefolge hat, wird mit überraschem Durchleben der infantilen Wachstumszeit oder selbst mit Überspringung dieser direkt in die Epoche des Pubertätsaufschwunges überführen können, Pubertas praecox. Um einen Ausfall weiter Entwicklungsepochen handelt es sich begrifflich auch bei der Kombination von Infantilismus mit Senilismus, der *Progerie* (GILFORD). Handelt es sich um eine allgemeine, angeborene, somatische Minusvariation, so kann der de norma zu erwartende Entwicklungsanstieg des Gesamtorganismus zur Reifezeit ausbleiben oder mangelhaft sein, wenn der Stimulus des in die mangelhafte Anlage des Gesamtorganismus einbezogenen Ringes der Hormondrüsen sich als funktionell insuffizient erweist, es wird eine infantilistische Entwicklungskurve resultieren. Die vorherbestimmte Aufeinanderfolge des Funktionsaufschwunges der einzelnen Hormondrüsen kann durch Minderentwicklung oder zeitlich abnorme (dyschronische) Entwicklung der einzelnen eine Störung erleiden, die sich in der Aufbaulinie des Organismus oder einzelner Teile auswirkt, und so können wir eine pathogenetische Gliederung des Infantilismus in einzelne Untergruppen (thymogener, thyreogener, hypophysärer, genitaler Infantilismus) vornehmen, je nach der betroffenen Kraftquelle für Stoffwechsel und allgemeinen wie speziellen Wachstumsimpuls. Ob nicht hie und da auch volle Funktion der endokrinen Parenchyme bei Anlageschwäche des hormonbedürftigen Erfolgsorganes eine partielle Entwicklungsrückständigkeit zeigen kann, läßt sich nicht immer sicher entscheiden.

Es ist aber auch zu bedenken, daß die Entwicklung der endokrinen Drüsen nicht nur von ihrer anlagegemäßen Leistungsfähigkeit, sondern auch, da sie in den Ring des gegenseitigen Bedarfes eingereiht sind, vom Hormonbedarf, vom Hormonhunger des Organismus in Abhängigkeit steht, daß also eine reziproke Wachstums- und Funktionsbeeinflussung besteht. Eine dürftig angelegte oder funktionsmindertüchtige Schilddrüse wird z. B. zur Zeit der Pubertät, trotz eines entsprechenden Wachstums, dem gesteigerten Bedarf des enorm wachsenden Körpers nicht genügend leistungsfähig sein, die Insuffizienz wird durch Hyperplasie wettgemacht werden. Auch seitens der Organe der Zirkulation und der Motorik bieten angeborene Entwicklungsschwächen die Basis für krankhafte Pubertätsstörungen. Ein anlagegemäß schwacher Zirkulationsapparat wird im Entwicklungsrhythmus des Gesamtorganismus für Aufbau und Funktion vor allem für die prompte Blutversorgung leicht insuffizient werden, die schwächlich angelegte Muskulatur wird dem Längenwachstum der langen Röhrenknochen nicht folgen.

Neben diesen konstitutionellen sind es auch konditionelle Retardationen, die in der Pathologie der Pubertät eine Rolle spielen. Mangelndes Aufbaumaterial, soziale, hygienische, Ernährungsmängel bringen nicht nur eine Schädigung der Gesamtentwicklung, sie beeinträchtigen auch die Kraftzentren der Hormonparenchyme, die die entsprechenden Einzeleffekte zeigen (Pubertätsstruma in den Hungerjahren, Wachstumsschäden durch Hunger, aber auch durch Insuffizienz der endokrinen Drüsen). Schließlich sind es krankhafte Organschädigungen aller Art, Vitien, Knochenerkrankungen usw., die gerade in den Pubertätsjahren funktionelle Unzulänglichkeiten im Gefolge haben.

Die skizzierten ursächlichen Faktoren der Pubertätspathologie greifen in ihren Wirkungen derart ineinander, daß eine Trennung der kausalen Momente meist sehr schwierig ist.

Die Pathologie der Reifejahre hat aber auch auf den kräftigen Aufbau- und Wachstumsimpuls dieser Epoche Rücksicht zu nehmen, auf die aktive Immunität, die normalerweise mit Infektionen leicht fertig wird, vom entwicklungsschwachen Organismus aber nicht immer aufgebracht wird; dann auf die durch Überstehen der Infektionen im Kindealter erworbene Immunität, die den Tiefstand der Infektionskurve in der Pubertät mitbedingt.

Schließlich sei in Erinnerung gebracht, daß die Wirkung aller endogenen und sicher auch der exogenen Faktoren unter dem maßgebendsten Einfluß der familiär-hereditären, der konstitutionellen Bedingtheit steht.

Die Morbiditätszahlen für das Alter der Pubertät, die trotz der reichlichen schulärztlichen Erfahrungen der letzten Jahre sehr große Differenzen zeigen, bieten naturgemäß ein sehr unzuverlässiges Bild über die Erkrankungshäufigkeit dieser Lebensepoche. Krankenhauserfahrungen stützen sich auf ein in der Regel zu kleines Material, auch umfassen sie nur Fälle der Spitalsbedürftigkeit. Die schulärztlichen Statistiken entbehren wieder des Materials der hausärztlichen Diagnosen.

Axel Key fand bei seinen systematischen Untersuchungen von Schulkindern, daß das außerordentliche Steigen der Krankheitskurven in den vorbereitenden Schulen und in den untersten Klassen der Mittelschulen gerade während der Periode vom 7. oder 8. bis einschließlich zum 13. Jahre stattfindet, das ist gerade der Periode einer schwachen Entwicklung. Das Steigen der Krankheitskurve geht bis zum Anfang der Pubertätsperiode immer fort und erreicht dann im ersten Jahre dieser Periode, dem 14., ihre erste Spitze. Sobald aber die Pubertätsperiode kräftiger eingetreten ist, und ganz besonders in der letzten Zeit derselben, wenn die Gewichtszunahme gerade am stärksten wird, senkt sich die Kurve Klasse für Klasse, Jahr für Jahr bis zu dem Jahre, in welchem diese Entwicklung der Hauptsache nach vollendet ist. Die Kurve steht dann am tiefsten. Unmittelbar nach dem Schlusse der Pubertätsentwicklung, wenn die jährliche Längen- und Gewichtszunahme rasch abnimmt, steigt die Kurve wieder schnell an und springt im 19.—20. Jahre zu ihrer zweiten Spitze empor. Das gesündeste von allen Jahren der Jugendzeit bei den Knaben ist nach den vorliegenden Untersuchungen offenbar das 17., welches sich auch als eines der kräftigsten Entwicklungsjahre herausgestellt hat, das 18. hingegen, welches der Pubertätsentwicklung unmittelbar folgt, erscheint als ein sehr kränkliches. All dies weist darauf hin, daß die schwache Entwicklungsperiode, welche der Pubertätsentwicklung zunächst vorangeht, eben eine Periode ist, während welcher dem Organismus eine schwächere Widerstandskraft gegen äußere Einflüsse eigen ist. Ja, die Kränklichkeit oder die kränkliche Disposition scheint am ersten Anfang der Pubertätsentwicklung, ehe die Gewichtszunahme kräftiger wird, noch vorhanden zu sein. Im Verlaufe jener Periode hingegen, wo das jugendliche Alter in seiner ganzen schwellenden Kraft zur Geltung kommt, steigt die Widerstandskraft von Jahr zu Jahr, das Krankenprozent sinkt und erreicht mit dem letzten Jahre dieser Periode sein Minimum. Bei Mädchen aber findet sich kein so scharf ausgeprägtes Verhältnis zwischen Krankenprozent und Pubertätsentwicklung. Hier, wo diese früher eintritt, erreicht die Krankheitskurve erst im zweiten Jahre der stärkeren Gewichtszunahme (dem 13.) ihre erste Spitze, sinkt danach sehr wenig und steigt auch nicht ganz unmittelbar nach Schluß der eigentlichen Pubertätsperiode, wohl aber zwei Jahre später, im 18., bis zu welchem Jahre die Gewichtszunahme jedoch noch ziemlich stark ist. Ein anderes Verhältnis findet sich allerdings bei Betrachtung der Kurve für eine Krankheit, für welche die Mädchen eine besondere Disposition haben, nämlich die Chlorose.

C. Seitz schließt aus Angaben der Literatur, daß in den Mittelschulen die allgemeine Kränklichkeit der Knaben auf nahezu 40%, der Mädchen auf 60% und darüber ansteigt; während bei diesen die chlorotische Anämie bis 40% beträgt, ist bei den ersteren die bis 37% erreichende Kurzsichtigkeit an erster Stelle, an habituellen Kopfschmerzen litten 16% der Knaben, 36% der Mädchen; von letzteren wiesen 10% Rückgratverkrümmungen auf. Von chronischen Erkrankungen waren solche der Lungen bei 3,5%, des Herzens bei 3%, des Magendarmtraktres bei 2,5% festzustellen. Nach eigenen Beobachtungen an rund 3000 Untersuchten des 12.—17. Lebensjahres fand Seitz vornehmlich in der ersten Hälfte des Pubertätsalters akute Infektionskrankheiten noch häufiger vor. Die Lokalisation von im Gefolge der Infektionskrankheiten vorkommenden Komplikationen in Drüsenparenchymen ist an die funktionelle Reife dieser gebunden. Wir finden Mumpsorchitis, Mumpsovaritis erst nach der Pubertät, die infantilen Gonaden erscheinen gefeit. Von den chronischen Infektionen ist die Tuberkulose in dieser kritischen Zeit hochbedeutsam durch ihre große Frequenz, die sich in der großen Häufigkeit der positiven Hautreaktion (nach Hamburger

90%, nach SCHLOSSMANN 50—60%) ausdrückt; auch fällt in diese Periode oft der letale Ausgang.

In Preußen erreichte die Sterblichkeit im Jahre 1913 nach einem Maximum im 1. Lebensjahre und progredientem Abfall in den nächsten Lebensjahren nach GOTTSTEIN (zitiert bei BERLINER) erst während und nach der Pubertät wieder einen Anstieg. Es starben in Preußen 1913, berechnet auf 1000 Lebende, im Alter von

0— 1 Jahr	167,06	25—30 Jahren	4,87
1— 2 Jahren	30,45	30—40 „	5,69
2— 3 „	10,34	40—50 „	8,85
3— 5 „	6,01	50—60 „	16,87
5—10 „	3,07	60—70 „	37,97
10—15 „	2,04	70—80 „	87,41
15—20 „	3,33	über 80 „	198,47
20—25 „	4,27		

WESTERGAARD findet für alle Statistiken ein Minimum der Sterblichkeit zwischen 10 und 15 Jahren gemeinsam. RÖSSLE und BÖNING sehen in der Pubertät die Ursache der überaus seltenen Todesfälle normal konstituierter 12—16 jähriger. ASCHER und später M. KIRSCHNER bestätigen, daß die Widerstandskraft im schulpflichtigen Alter am größten, die allgemeine Sterblichkeit im Reifealter am geringsten ist und von diesem sowohl nach dem Säuglings- wie nach dem Greisenalter hin in durchaus gesetzmäßiger Weise zunimmt. Diese irrtümlich als HALLEYsches Gesetz bezeichnete Gesetzmäßigkeit kurvenmäßig dargestellt, veranschaulicht nach v.

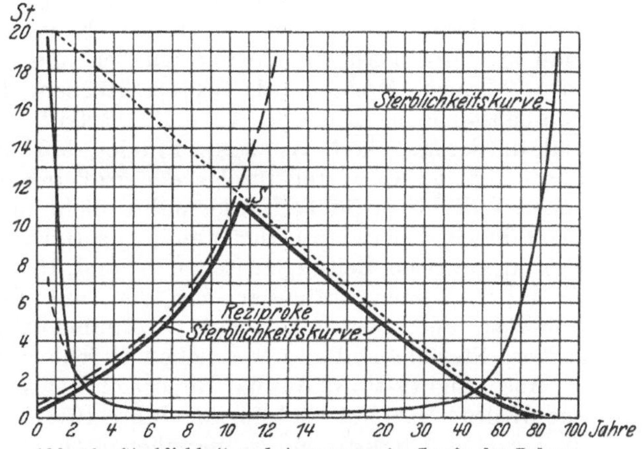

Abb. 13. Sterblichkeit und Anpassung im Laufe des Lebens.
(Nach v. PFAUNDLER.)

PFAUNDLER als reziproke Sterblichkeitskurve den Grad der mittleren allgemeinen Anpassungsfähigkeit in verschiedenen Lebensaltern. Sie setzt sich aus den Abschnitten zweier anderer Kurven zusammen, von denen in Abb. 13 eine gestrichelt, die andere punktiert gezogen ist. Die punktierte ist jene der originären, ideellen oder potentiellen Anpassungsmöglichkeiten, die gestrichelte die der jeweils gegebenen, realisierten oder kinetischen Anpassungsfähigkeit. Die potentiellen sind am größten in den Anfängen der Entwicklung, sie sinken während des Ablaufes der Ontogenese ab, um sich an deren Ende dem Nullpunkte zu nähern, was durch entwicklungsmechanische Experimente und Beobachtungen dargetan wird. Im Beginn der Entwicklung ist von den potentiellen Anpassungsmöglichkeiten nur ein kleiner Teil realisiert, dieser Anteil steigt, wie die gestrichelte Kurve zeigt, an bis zum erreichbaren Höchstwert (S), von da ab muß die Anpassungsfähigkeit naturgemäß dem Niedergang der Anpassungsmöglichkeiten folgen, „gleich wie jede phänotypische Entfaltung und Gestaltung sich durch den Idiotypus limitiert sieht". Als drittes Glied in die Gleichung ist nach v. PFAUNDLER die Exposition einzufügen, die dem Individuum zufolge seiner jeweiligen Lebenslage und umstandsgemäßen Lebensführung erwachsende Gefahr, Angriffspunkt schädigender Reize aus der Umwelt zu werden. Die Gleichung hätte zu lauten:

$$\text{Anpassungsfähigkeit} = \frac{\text{Exposition}}{\text{Sterblichkeit}}.$$

Die ausgesprochene Abhängigkeit der Widerstandskraft von den in der Reifephase wirksamen Faktoren drückt sich darin sinnfällig aus, daß kurvenmäßig das Minimum der Sterblichkeit beim weiblichen Geschlecht, konform dem früheren Einsetzen der Pubertät, auch früher erreicht wird als beim männlichen, doch variieren die Statistiken in weiten Grenzen. Nach KROON (zitiert bei KORSCHELT) ist im 1. Lebensjahr die Sterblichkeit der Knaben in Holland beinahe um $^1/_5$ höher als die der Mädchen, doch verringert sich dieser Unterschied in den nächsten Lebensjahren, so daß bei 10jährigen Kindern die Sterblichkeit der Mädchen größer ist als die der Knaben und von den 14—15jährigen sogar $^1/_5$ mehr Mädchen als Knaben sterben. Dann nimmt jedoch die Knabensterblichkeit wieder zu und übertrifft vom 17.—18. Jahr abermals die der Mädchen. KORSCHELT findet, daß bei Menschen der Knabenüberschuß der Geburten infolge der größeren Sterblichkeit der männlichen Individuen im Laufe der Jahre nicht nur ausgeglichen, sondern sogar in ein Überwiegen der weiblichen Individuen verwandelt würde. Nur in gewissen Zeiten, zwischen 9. und 15. sowie zwischen 27. und 35. Jahre, besteht offenbar aus den mit Geschlechtsverhältnissen, Pubertät und Schwangerschaft zusammenhängenden Gründen eine größere Sterblichkeit des weiblichen Geschlechtes.

Aus „Eighty-third Annual Report of Registrar-General for England and Wales" 1920 läßt sich für die Jahre 1911—1914 folgende Mortalität für einzelne Altersstufen des männlichen Geschlechts (in Prozenten des weiblichen) berechnen:

0	5	10	15	45	55	65 Jahre
128	121	101	96	174	132	130%

Es tritt recht anschaulich die stärkere und früher einsetzende Mortalität der weiblichen Reifejahre zutage.

WESTERGAARD konstatiert, wie später PIRQUET, aus der sehr verläßlichen englischen Statistik eine geringere Sterblichkeit an Pneumonie, Bronchitis und Pleuritis sowie an tuberkulöser Meningitis zwischen 10 und 15 Jahren, und zwar scheint der weibliche Tiefstand früher einzusetzen als der männliche. Hingegen steigen die Zahlen für akuten Rheumatismus, Epilepsie, organische Herzkrankheiten und Appendicitis.

Einen gewissen Anstieg der Mortalität in den Reifejahren bestätigt nach statistischen Erfahrungen NOBEL (s. Abb. 14) für die Trias: Chorea, akuter Gelenkrheumatismus und Endokarditis, von denen auch jede allein den gleichen Gang geht, und denen gleicher Art sich die Appendicitis verhält. Inwiefern das Verhalten der Tonsillen, deren Hypertrophie im 4.

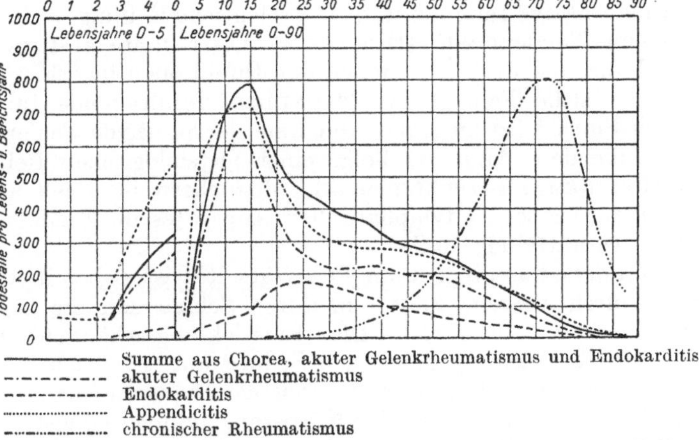

———————— Summe aus Chorea, akuter Gelenkrheumatismus und Endokarditis
—·——·——·— akuter Gelenkrheumatismus
— — — — — Endokarditis
·················· Appendicitis
—··——··——··— chronischer Rheumatismus

Abb. 14. Mortalitätskurven von Chorea, Rheumatismus und Endokarditis.   (Nach E. NOBEL.)

und im 10. Lebensjahr ein Häufigkeitsmaximum zeigt und die nach der Pubertät einen Rückgang erkennen läßt, mit solcher Mortalitätskurve in Konnex zu bringen ist, läßt sich derzeit nicht ganz entscheiden.

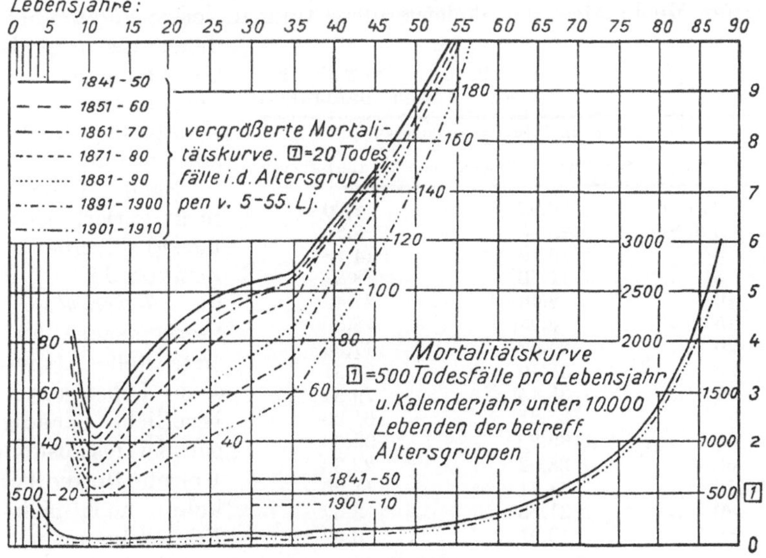

Abb. 15. Mortalitätskurven der Infektionskrankheiten für die einzelnen Altersstufen.
(Nach PIRQUET.)

Überaus deutlich springt der Tiefstand der Mortalität an Infektionskrankheiten zur Reifezeit aus dem Kurvenbild PIRQUETs (15) in die Augen, das die englischen Sterblichkeitszahlen verwertet und auch die Wirksamkeit der fortschreitenden hygienisch-prophylaktischen Maßnahmen in den letzten Dezennien widerspiegelt. Für die Infektionskrankheiten ist die Ursache des Mortalitätstiefstandes in dieser Lebensphase eine komplexe, sie hat als Komponenten die altersgemäß ausgeprägte, autochthone, aktive Immunität, die „serologische Reifung", den „immun biologischen Wendepunkt" (HIRSZFELD) dieser Jahre kräftigsten Aufbaus und die aus dem Überstehen der Infektionen in früherem Alter und durch „stille Feiung" (v. PFAUNDLER) resultierende Immunität. In diesem Sinne wird auch die Abnahme der positiven Schickreaktion mit zunehmendem Alter als Folge einer physiologischen Reifung gedeutet (FRIEDEMANN-DEICHER u. a.). Möglicherweise spielt auch eine relative Insuffizienz des lymphatischen Apparates im Kindesalter eine irgendwie vermittelnde Rolle.

Die Krankheitshäufigkeit im Pubertätsalter ist sicher in vielfacher Hinsicht durch exogene Faktoren, durch Schule und die beginnende Erwerbstätigkeit beeinflußt. Die Entwicklungsschädlichkeiten der Schule, die Überbürdung durch den Schulzwang, die auch heute noch bestehende, wenn auch gemilderte, geistige Inanspruchnahme bei ungenügender Berücksichtigung der Körperausbildung begünstigt Wachstumsdeformitäten, Rückständigkeit der Muskulatur, Akkomodationsstörungen, nervöse Zustände. Eine kritische Trennung der der Altersstufe der Reife zukommenden Krankheitsbereitschaft resp. Widerstandsfähigkeit von derartigen Umwelts- und Erziehungsnoxen unserer heutigen Kultur wird kaum erfolgreich sein. LOMMEL gedenkt ausführlich der schlaffen Muskulatur, der Skeletverunstaltungen, der verkürzten Schlafdauer, die in gewissen Grenzen schon in diesen Jahren durch den Kampf ums Brot veranlaßt sind.

Nach GOTTSTEIN rückt (zitiert bei BERLINER) bereits in der Zeit vom 11.—15. Jahr die *Tuberkulose* als Sterbeursache an die erste Stelle. Da in diesem Lebensabschnitt berufliche Schädigungen usw. als auslösende Ursache für die Tuberkulose noch nicht in Frage kommen, im Gegenteil die Kinder in dieser Zeit sich noch der häuslichen Pflege und Ordnung erfreuen, unterstützt durch die Disziplin der Schule, so müßten ceteris paribus in dieser Zeit Umstände eine Rolle spielen, die sich in einer Herabsetzung der Widerstandskraft gegen diese Erkrankung bemerkbar machen.

Statistik der im Jahre 1913 in Preußen an Tuberkulose Gestorbenen. (Nach BERLINER.)

der Altersklassen	Es starben 1913 in Preußen an Tuberkulose	
	von 10000 Lebenden	von 100 Gestorbenen
0— 1 Jahr	36,92	2,20
1— 2 Jahre	25,85	8,84
2— 3 ,,	15,15	14,18
3— 5 ,,	11,30	18,81
5—10 ,,	8,46	27,42
10—15 ,,	9,93	48,39
15—20 ,,	25,62	77,93
20—25 ,,	35,40	83,31
25—30 ,,	38,75	79,54
30—40 ,,	35,21	61,90
40—50 ,,	35,25	39,53
50—60 ,,	38,92	22,38
60—70 ,,	43,41	11,20
70—80 ,,	31,63	3,57
über 80 ,,	13,91	0,69

Was die Tuberkulosemortalität im Alter der Reife betrifft, findet schon WESTERGAARD, daß im ersten Kindesalter das männliche Geschlecht eine etwas größere Sterblichkeit zeigt; bald aber wendet sich das Blatt: im Alter von 10—15 Jahren starb ein Viertel der verstorbenen Mädchen an Phthise, unter den Knaben kaum ein Achtel. Auch in den folgenden Altersstufen kann man den außerordentlichen Unterschied zugunsten des männlichen Geschlechtes wahrnehmen, nachher aber tritt eine Übersterblichkeit der Männer ein.

ASCHER findet nach der sinkenden Mortalitätstendenz der Kindheit in der zweiten Hälfte der Schulzeit ein weiteres Absinken der Sterblichkeit an Tuberkulosetodesursachen aller Art (siehe Abb. 16) und ein Höhersteigen der männlichen Sterblickheit über die weibliche mit Ausnahme des Schulalters, in welchem umgekehrt die weibliche höher liegt, jedoch eine doppelte Ausnahmestellung bezüglich der Tuberkulose, einmal steigt sie bereits an und andersereits ist die des weiblichen Geschlechtes fast doppelt so hoch als die des männlichen. Soweit Erhebungen vorliegen, ist die Zahl der offenen Tuberkuloseerkrankungen des weiblichen Geschlechtes in diesem Alter sogar erheblich größer als des männlichen. SCHICK gedenkt ebenfalls des früheren Einsetzens der tertiären Tuberkulose bei

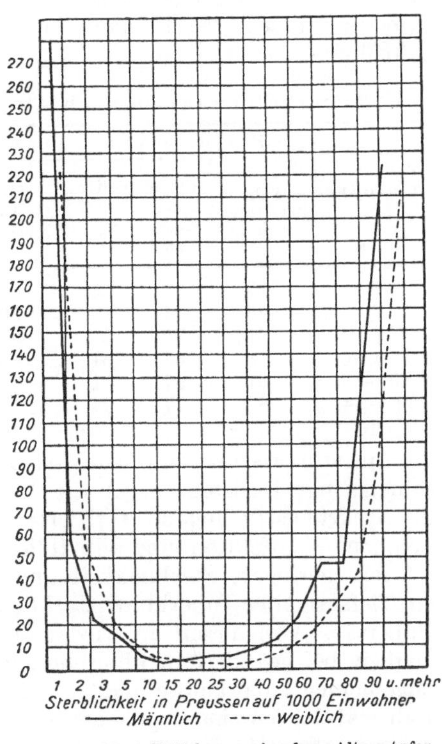

Abb. 16. Mortalitätskurve einzelner Altersstufen (auf 1000 Einwohner). (Nach ASCHER.)

Mädchen als bei Knaben und nimmt mit Recht das frühere Einsetzen der weiblichen Pubertät als Ursache an.

SCHIÖTZ findet nach verwerteten Statistiken für 1907—1912 die Tuberkulosemortalität

0—5 Jahre		5—10 Jahre		10—15 Jahre		15—20 Jahre	
Knaben	Mädchen	Knaben	Mädchen	Knaben	Mädchen	Knaben	Mädchen
176	145	160	215	271	580	1152	1456

Er meint: die starken Wachstumsjahre 10—15 üben einen stark schwächenden Einfluß auf die Widerstandskraft der Mädchen aus. Dem starken Wachstum der Knaben um das 15. Jahr folgt ein gewaltiger Anstieg der Sterblichkeit, doch das Überwiegen der Mädchen besteht auch jetzt noch fort, die Mortalität ist ja eine Folge früherer großer Morbidität.

Die Häufigkeit der Tuberkulose, im 1. Lebensjahr noch gering, wächst (TELEKY) dann rasch, so daß im 3. Jahrfünft in manchen Großstädten bereits mehr als 90%, in mittleren Städten über die Hälfte, in günstigen ländlichen Bezirken über ein Drittel infiziert erscheint. Die Häufigkeit eines letalen Ausgangs, sehr hoch im 1. Lebensjahr, sinkt im frühen Kindesalter sehr rasch, dann langsam bis zum Ende des 3. Lebensjahrfünft.

Tuberkulinreaktion nach Altersstufen. (Nach L. TELEKY.)

Lebensjahr	HAMBURGER, Wien			GANGHOFER, Prag		CALMETTE, Lille		
	Zahl der Untersuchten	davon positiv		Zahl der Untersuchten	davon positiv	Alter	Zahl der Untersuchten	davon positiv
		reagierend	%		%	Jahre	Culanreaktion	%
1.	23	0	0	70	8,6	0—1	70	8,6
2.	46	4	9	56	12	1—2	39	28,2
3. u. 4.	131	35	27	97	27	2—5	57	64,9
5. u. 6.	113	58	51	65	47	5—10	51	92,2
7.—10.	137	97	71	84	57	10—15	61	91,8
11.—14.	82	77	94	90	70	über 15	43	93,0

Aus statistischen Untersuchungen folgert TELEKY: in früher Jugend sehr geringe Resistenz gegen die Tuberkuloseinfektion; ein großer Teil der in frühester Jugend Infizierten stirbt. Dann bei tatsächlich zunehmender Infektion eine allmähliche Resistenzzunahme gegen die Infektion (geringere Sterblichkeit und geringere Erkrankungshäufigkeit), ein Tiefstand der Tuberkulosesterblichkeit bis zu den Jahren beginnender Pubertät. Von diesen an wieder ein Ansteigen der Tuberkulosesterblichkeit bei geändertem klinischen Bilde (Lungentuberkulose an Stelle allgemeiner Tuberkulose und Tuberkulose anderer Organe), dabei in den Pubertätsjahren eine ungeheuer große Zahl progredienter Tuberkulosen, deren relative Häufigkeit mit zunehmendem Alter zum Teil wohl durch Absterben, zum großen Teil aber auch durch zum Stillstandkommen und Ausheilen sich verringert.

Besonders interessant sind die Zahlenreihen und Kurven PIRQUETs aus der englischen Todesfallstatistik (s. Abb. 17 u. 18). Während beim männlichen Geschlecht der Kurvenrücken der Tuberkulosesterblichkeit erst mit 25 Jahren auf voller Höhe ist und sich lange hinzieht, ist beim weiblichen der Anstieg schärfer, das Maximum ist schon vor dem 20. Jahr erreicht, der Abstieg ist dafür rascher als bei den Männern. Wir sehen als Ausdruck einer gewissen sexuellen Bedingtheit Mädchen früher an tertiärer Tuberkulose erkranken als Knaben. Was die nichtrespiratorische Tuberkulose betrifft, steigt sie rasch bis zum Maximum im 9. Lebensjahr, sinkt aber von da an allmählich, im Gegensatz zur Lungentuberkulose, die ganz unscheinbar beginnt, aber vom 10. Jahr an zu enormer Bedeutung ansteigt, um dann vom 20. Jahr an rasch abzufallen. Vergleichskurven beider Geschlechter zeigen bis zum 6. Jahr

einen annähernd gleichen Verlauf, im mittleren Kindesalter treten dann
die erwähnten Unterschiede klar zutage. Die Mädchen zwischen 10 und
17 Jahren sind viel gefährdeter als die gleichaltrigen Knaben, dafür

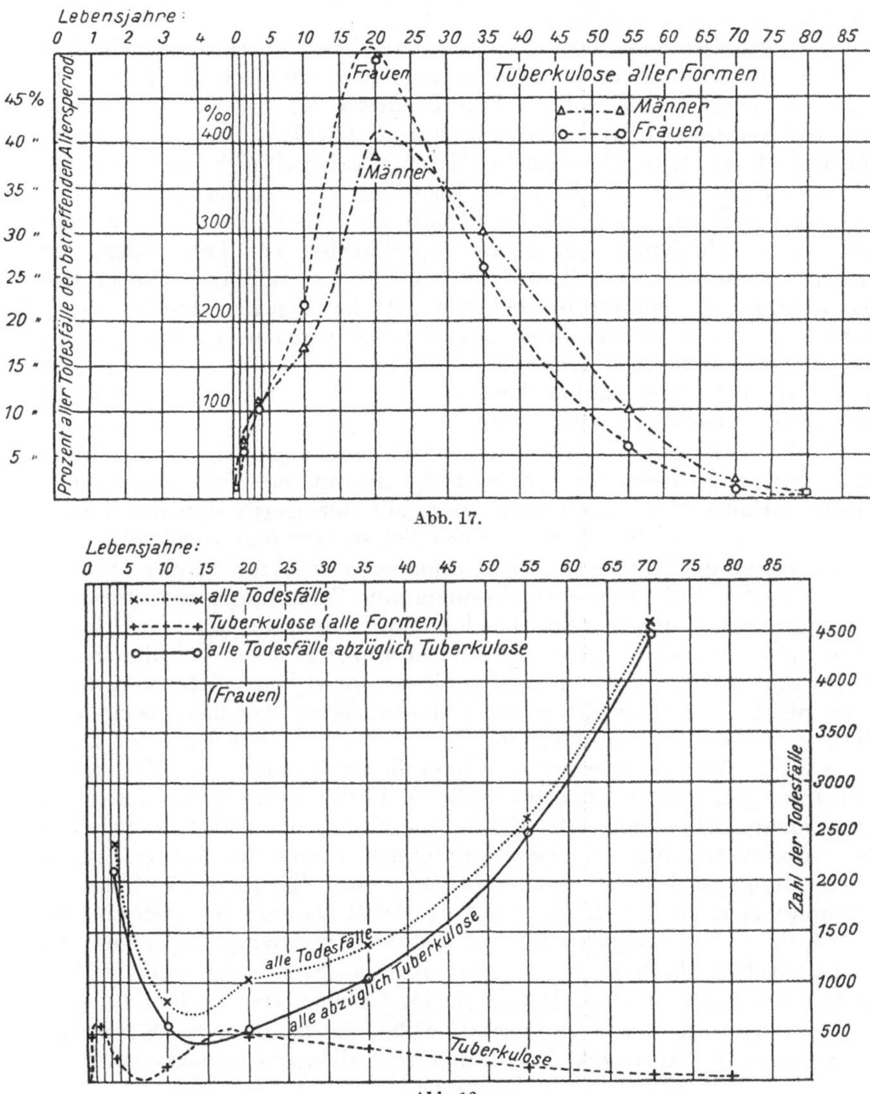

Abb. 17.

Abb. 18.

Abb. 17 und 18.   Tuberkulosesterblichkeitskurven.   (Nach Pirquet.)

kehrt sich das Verhältnis im 29. Jahr um, von da ab ist die Tuberkulose
für die Männer die häufigste Todesursache.

Grosser gedenkt der Kirchnerschen Angabe, daß (nach Drigalski)
1906 von je 10000 Knaben im Alter von 10—15 Jahren 4,15, von ebenso

vielen Mädchen 7,78 an Tuberkulose zugrunde gingen. Ebenso instruktiv ist die Statistik ARNOULDS, der die Mortalitätszahlen Englands, Frankreichs und Deutschlands bringt; es erhellt daraus ein rapides Ansteigen der Sterblichkeitszahlen nach dem 15. Jahr, beim weiblichen Geschlecht stärker als beim männlichen.

Den interessanten Zusammenhang zwischen Tuberkulosemorbidität und -mortalität mit der sexuellen Sphäre, den wir noch nicht ganz erfassen können, lassen Untersuchungsresultate MAUTNERS aufscheinen, der bei Kastrierten eine geringere Empfänglichkeit für Tuberkuloseinfektion fand als bei den Kontrolltieren. Er beruft sich auf J. BAUER, der einen günstigen Einfluß der Insuffizienz der innersekretorischen Geschlechtsdrüsenanteile auf die Phthise hervorhebt, und auf BUCURA, der die Verabfolgung von Eierstockpräparaten bei Tuberkulose für streng kontraindiziert hält, auf SORGO, der das Einsetzen des großen Sterbens an Lungenphthise bei Eintritt der Geschlechtsreife unterstreicht und an eine Beeinflussung anderer endokriner Organfunktionen denkt. Auch solle die Unterbindung des Samenstranges nach STEINACH den Verlauf der Tuberkulose beschleunigen. Vielleicht spiele die Stoffwechselbeschleunigung eine Rolle.

In jüngster Zeit brachte PEISER Untersuchungen über die Altersdisposition zur Tuberkulose. Er bestätigt die mit dem Alter zunehmende positive Hautreaktion und konstatiert ein Geringerwerden der Tuberkuloseinfektion im Schulalter infolge Seltenerwerdens domizilärer Infektionen der der Häuslichkeit einigermaßen entrückten Kinder. PEISER unterstreicht, daß frische Infektionen mit Tuberkulose am stärksten den Säugling, weniger stark das Kleinkind, am wenigsten das Schulalter unter 10 Jahren gefährden; in der Pubertät kann sich die frische Tuberkuloseinfektion noch nach Jahren auswirken. Altersverteilung wäre nicht mit Altersdisposition zu identifizieren, aber bei tuberkulöser Meningitis, die ein Absinken der Sterblichkeit bis zur Pubertät zeige, liege wahre Altersdisposition vor, denn die höchste Zahl der Meningitiserkrankungen falle mit der geringsten Zahl der Tuberkuloseinfektionen zusammen. Schließlich hebt PEISER die auffallende Parallele zwischen der Altersverteilung der Tuberkuloseformen und der Lymphocytenverbreitung im Blut hervor. Solange in der Kindheit die Zahl der Lymphocyten die der Leukocyten übertrifft, besteht die Neigung zur Hilustuberkulose, vornehmlich im Rahmen des Lymphapparates, das Lymphsystem übernimmt den ersten Kampf. Später, mit dem Zurücktreten der Lymphocyten, treten die eigentlichen spezifischen Lungenerkrankungen in den Vordergrund, wobei die hämatogene Streuungstuberkulose als Ausdruck der sekundären Allergie zuerst erscheint.

III. Spezielle Pathologie der Pubertät.

Die spezielle Pathologie hat drei Gruppen von zeitlichen oder klinischen Auffälligkeiten zum Thema, die eine Dreiteilung der Besprechung dieses Abschnittes rechtfertigen. Es handelt sich zunächst um die Fälle zeitlicher Abnormität des Reifebeginnes, die das frühzeitige Einsetzen desselben (Pubertas praecox, Menstruatio praecox) und das verspätete Einsetzen (Pubertas tarda sive serotina) in sich begreift. Weiters sind die verschiedenen Entwicklungsstörungen einschließlich der Intersexe diesem Abschnitt einzuordnen, die sich insofern pathogenetisch verschwommen darstellen, als sich idiotypische, endokrine und peristatische Grundlagen nicht immer auseinanderhalten lassen; die Darstellung aus klinischen Gesichtspunkten wird für viele hinreichen müssen. Schließlich wird Frequenz und Verlauf der einzelnen Krankheiten in der Epoche der Geschlechtsreife eingehend zu würdigen sein.

1. Die zeitlichen Abnormitäten in der Geschlechtsreife.

Wie schon im physiologischen Teile hervorgehoben wurde, zwingen Mittelzahlen für den Pubertätsbeginn nach geographischen Breiten, der Rassenzugehörigkeit, sozialen und Bildungsschichten wie nach genotypisch bunter Grundlage zur Berücksichtigung größerer oder kleinerer Schwankungsbreiten und den wechselnden Kriterien des Reifebeginnes, besonders bei Knaben. Abweichungen von solchen Mittelzahlen, verfrühtes oder verspätetes Einsetzen der geschlechtlichen und körperlichen Reife, bedingt durch endogene oder exogene Ursachen, können verschieden stark sein. NÜRNBERGER gibt für unsere Gegenden als Durchschnittsalter der Erstmenstruierten das 14.—15. Jahr an, wobei allerdings eine gewisse Variationsbreite der Menarche zwischen 13. und 17. Lebensjahr zugegeben wird. Für das männliche Geschlecht ist der Reifebeginn um 1—2 Jahre später einzusetzen. Fällt die Pubertät in eine Zeit, die nach Rassen-, Gesellschafts- und örtlichen Gegebenheiten noch der Kindheit zuzurechnen ist — LENZ zieht als Grenze das 8. Lebensjahr, WEHEFRITZ das 10. —, so läßt sich von Pubertas praecox, vorzeitiger Geschlechtsreife, sprechen. Sie wie die nachzeitige, verspätete Pubertät haben vielfach Gelegenheiten geboten, die Entwicklung und das Wachstum in ihrer endokrinen Beeinflußbarkeit zu studieren.

Zeitliche Variationen in der Geschlechtsreife bieten Vergleiche der, wie schon erwähnt, verschiedenen geographischen und rassenmäßigen Verschiedenheiten. Daß auch exogene Faktoren, so die Schule, die relative Wohlhabenheit, den Pubertätseintritt beeinflussen, konnten A. KEY, FRIEDENTHAL, STRATZ, WEISSENBERG, SCHLESINGER, RÖSSLE, CZERNY-KELLER u. a. teils direkt, teils indirekt durch Rückschluß von der pubertätsbeeinflußten Wachstumskurve aus ihren Zahlenreihen folgern. Unterschiede der Wohlhabenheit sind schließlich zum Teil auch die der Land- und Stadtbevölkerung, sind auch die entsetzlichen Erfahrungen der Kriegs- und Nachkriegszeit gewesen. Instruktive Tabellen und Kurven über die durch die soziale Lage bedingten Variationen der Wachstumsreihen der Reifephase, deren mittelbare Beeinflussung durch die Pubertät allerdings im unklaren bleibt, bringen in großer Zahl CZERNY-KELLER, bringt SCHLESINGER. Außer in den Höhenlagen der Längen- und Gewichtskurven sieht letzterer die soziale Verschiedenheit des Wachstumsablaufes auch im Verhalten des Pubertätsantriebes zum Ausdruck gelangen, der nach den Erhebungen von STRATZ bei den

Wohlhabenden durchschnittlich für das weibliche Geschlecht mit 12 Jahren 9 Monaten, beim Mittelstand mit 14 Jahren 1 Monat, beim Bauernstand mit 16 Jahren 4 Monaten eintritt. GUNDOBIN u. a. haben darauf hingewiesen, daß die Pubertätswachstumssteigerung bei den Gutsituierten nicht nur früher eintritt, sondern auch länger anhält als bei den Minderbemittelten.

a) Die geschlechtliche Frühreife (Pubertas praecox).

In der ersten Kindheit ist die embryonale Energie (LENZ), der Befruchtungsimpuls, nach dem 12. Jahr (für Mädchen) der Pubertätsimpuls für die gesamte Körperentwicklung maßgebend. Beide nähern sich bei der Pubertas praecox, so daß das eigentliche Kindesalter ausfällt.

Vom vergleichend-entwicklungsgeschichtlichen Standpunkt kann die genitale Frühreife als *Neotonie*, eine verfrühte Fortpflanzungsfähigkeit aufgefaßt werden.

Die interessanten Seitensprünge der Natur, die körperliches Verhalten und Alter, Generationsorgane und Sexuszeichen und andere Gebundenheiten der biologischen Norm in Inkongruenz bringen, haben immer die Neugierde der Laien und das Interesse der Wissenschaft angeregt. Glanzstücke der Buden und des Panoptikums und Habitusraritäten des Krankenmaterials konnten gleichermaßen unsere Kenntnisse vom biologischen und pathologischen Werden der Persönlichkeit fördern.

Auf abnorme Geschlechtsentwicklung, auf die Erfahrung einer Menstruatio praecox, glaubt BAB schon die altindische Sage von der Göttin Ellama zurückführen zu können, die 9 Stunden nach ihrer Geburt schon mannbar geworden war wie ein 12jähriges Mädchen und einen Gatten begehrte.

KUSSMAUL (1862), der alle bis zu seiner Zeit bekanntgewordenen Fälle geschlechtlicher Frühreife nach klinischen Gesichtspunkten in wahrhaft klassischer Gründlichkeit geordnet und verwertet hat, zitiert PLINIUS und SENECA, die der Frühreife gedenken. Die Griechen hatten schon eine eigene Bezeichnung für solche Menschen, $\dot{\varepsilon}\varkappa\tau\varrho\alpha\pi\varepsilon\lambda o\iota$. v. HALLER, MECKEL, PLOSS, GEBHARD, NEURATH, LENZ, REUBEN und MANNING, HALBAN ergänzten die Reihen der früher gesammelten

Fälle von vorzeitiger Geschlechtsreife.
(Nach REUBEN-MANNING.)

	Mädchen	Knaben
Pubertas praecox	188	57
Ovarialtumor	23	0
Hyperplasie der Nebennieren	8	1
Nebennierentumor	17	4
Zirbeltumor	0	7
Hodentumor	0	1
Prostatatumor	0	1
Gravidatis praecox	83	0
Fälle von REUBEN-MANNING	8	0
Summa	327	71
	398	

Fälle durch jeweils neu bekanntgewordene und bemühten sich um die Ergründung der Pathogenese. KUSSMAUL konnte 32, PLOSS 43, GEB-

HARD 54, NEURATH 93 Fälle von weiblicher Frühreife zusammenstellen, während REUBEN und MANNING einschließlich 8 eigener Beobachtungen 327 Fälle von weiblicher, 71 von männlicher Pubertätsverfrühung verwerten konnten, Zahlen, die seither noch sehr gewachsen sind. Ihre Tabelle bringt die eigentliche genuine (konstitutionelle) geschlechtliche Frühreife, die durch Neoplasmen einzelner Hormondrüsen veranlaßte und die in Frühgravidität sich erweisende Frühreife geordnet.

Verhältnis der weiblichen zu den männlichen Fällen (ausschließlich der vorzeitigen Schwangerschaft): $3^1/_2$ zu 1.

Von den Beobachtungen kamen 64 zur Obduktion oder zur Operation.

Über die nicht durch Obduktion oder Operation verifizierten Fälle von Pubertas praecox ergeben sich nebenstehende Angaben bezüglich des Alters.

Alter zur Zeit der ersten Menstruation Jahr	Fälle	Alter zur Zeit der ersten Menstruation Jahr	Fälle
0—1	57	6— 7	8
1—2	33	7— 8	3
2—3	23	8— 9	2
3—4	19	9—10	3
4—5	13	10—11	3
5—6	10		

Für die Knaben betreffenden Fälle bringen REUBEN-MANNING folgende Reihe:

Alter in Jahren	0—1	1—2	2—3	3—4	4—5	5—6	6—7
Fälle	3	2	3	11	11	9	6

Alter in Jahren	7—8	8—9	9—10	10—11	11	unbek.
Fälle	3	1	0	4	4	4

Die lange Reihe der veröffentlichten Fälle von vorzeitiger Geschlechtsreife zeigt bei beiden Geschlechtern doch charakteristische Züge. Als Paradigma mag folgender Fall eigener Beobachtung gelten:

Das 6 Jahre alte Mädchen, das mittlere von drei Geschwistern, war bis auf vor einem Jahre durchgemachte rheumatoide „fliegende" Schmerzen immer gesund und kräftig. Vor einem Jahre setzte die Menstruation ein, nach einigen Monaten zeitweise statt der ausbleibenden Menses Schmerzen und Ziehen im Bauche. Das Kind hat jetzt eine Körperlänge von 127 cm (gegen 107, dem Alter entsprechend), es wiegt 27 kg (gegen 20 kg), Länge und Gewicht entsprächen einem 10jährigen Kind. Recht anschaulich wird die Überentwicklung, wenn man das Kind neben seine 8jährige Schwester stellt (s. Abb. 19). Die Brüste des Kindes groß, halbkugelig, wie bei geschlechtsreifen Mädchen, Schamhaare reichlich, das äußere Genitale mit seinen großen Nymphen und der geräumigen Vulva an das maturer Individuen erinnernd. Die Ossifikationsverhältnisse im Röntgenbilde entsprechen ungefähr dem 10.—11. Lebensjahre. Auch der Herzschatten übertrifft in seinen Durchmessern die absoluten und relativen Größen des Alters. An dem Schädelbilde die Sella normal, die Bildung der Zahnsäckchen des Dauergebisses weit vorgeschritten. Palpatorisch per rectum der größere Uteruskörper tastbar.

Was den Eintritt der Menarche bzw. der Reife bei Knaben betrifft, sei auf die obigen Daten verwiesen. Daß schon bei Neugeborenen die

Kriterien der Reife gegeben sein können, zeigt die Beobachtung (P. G. Schmidt) einer durch Körpergröße und Gewicht auffallenden Frühgeburt aus dem 8. Monat, bei deren Sektion ein Corpus folliculare luteum und Hyperplasie der Nebennieren gefunden wurden. Im Falle Bernards sollen die Katamenien von der Geburt bis zum 12. Jahre immer wieder gekehrt sein; auch der Fall Drummonts kann als angeboren gelten. Im allgemeinen nimmt die Zahl der weiblichen Frühreifen von der Geburt bis zur Zeit der normalen Menarche stetig ab, die der männlichen läßt diese Kurve vermissen. Die größte Häufigkeit fand Lenz für Mädchen nach 9 Monaten bzw. einem Jahr oder in einer Zeit, deren Angabe durch 9 teilbar ist. Molimina sind in einzelnen Fällen beschrieben, einmal (Plyette) vikariierendes Nasenbluten.

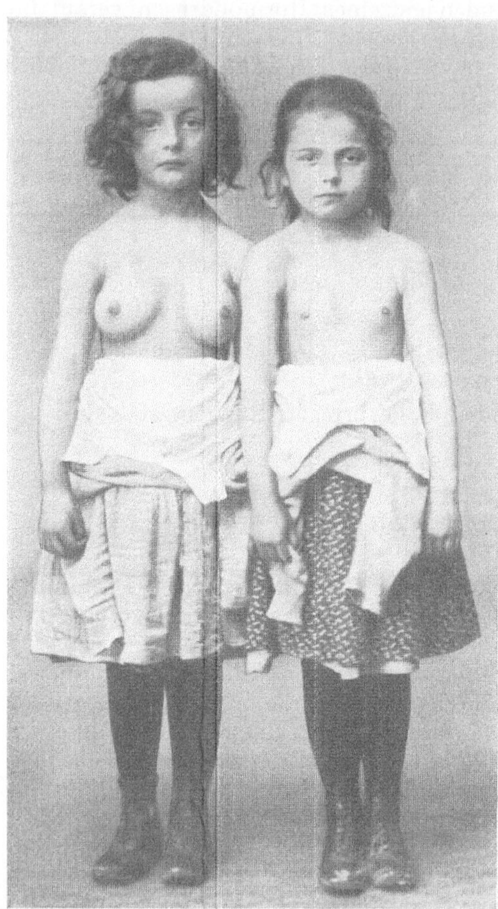

Abb. 19. Vorzeitige Geschlechtsentwicklung. Menstruatio praecox. 6jähriges praematures Mädchen neben der 8jährigen Schwester. (Eigene Beobachtung.)

α) Allgemeine Symptomatologie.

Die geschlechtliche Frühreife ist nur der markanteste Ausdruck einer den ganzen Organismus in größerer oder geringerer Gleichmäßigkeit betreffenden Entwicklungsbeschleunigung, einer universellen Hyperevolution. Nach Thomas repräsentieren Infantilismus und Präkozität Anomalien der Entwicklung, Zwerg- und Riesenwuchs Anomalien des Wachstums. Für beide Geschlechter bringt die Frühreife eine Vorentwicklung des Gesamtorganismus und der sekundären Geschlechtsmerkmale im Exterieur, eine Proinotrophie, sei es, daß diese in lückenloser Harmonie sich bieten oder in partieller Ausbildung ein unvollständiges Bild der Reife geben. In einer Gruppe von Beobachtungen erscheinen iso- und heterosexuelle Merkmale bunt gemischt.

Die Konfiguration der äußeren Geschlechtsteile verliert bei der typischen Präkozität alle Charaktere des Kindlichen, die männlichen wie die weiblichen Genitalien erlangen mature Größe und Gestalt, die Fettpolsterung der typischen Regionen beim Mädchen, die geschlechtseigene Schambehaarung stellen sich ein. In seltenen Fällen (DRUMMONT) fehlt in der Reihe aller anderen Reifezeichen lediglich die Schambehaarung. Was die Ausbildung des inneren Genitales anbelangt, ergab sich in den untersuchten, frühreife Mädchen betreffenden Fällen (SAMPSON, COOKE, LENZ, NACKE, NEURATH u. a.) vorgeschrittene Ovarial- und Uterusentwicklung.

Neben der Genitalbehaarung ist in den meisten Fällen auch Haarwuchs der Achselhöhlen verzeichnet, doch scheint dieser nicht obligat zu sein (PLOSS).

Von heterosexuellen Merkmalen werden (bei Mädchen) tiefe Stimmlage, starke Behaarung, Bart bei sonst isosexuellen Merkmalen beschrieben (BEVERN, SAMPSON, BULLOCH und SEQUEIRA, ORTH, OGLE, SCHIFF, MATHIAS, DOBBERTIN). Besonders deutlich fand sich im Falle LESSERS bei einem 6jährigen Kinde mit Menstruatio praecox und allen ausgebildeten Reifezeichen starker Bart und Schnurrbart, Behaarung des ganzen Körpers, besonders der Achselhöhlen, der Linea alba, des Mons veneris und der Kreuzbeingegend. Bei frühreifen Mädchen begleitet die Brustdrüsenentwicklung die übrigen Merkmale der Reife. Die Brustdrüsen sind bald nur angedeutet, bald überraschend groß. So hatte das von GEINITZ beschriebene Mädchen im Alter von $1^1/_2$ Jahren Brüste wie eine reife Frau, ein 2jähriges Mädchen (CARUS) erstmenstruiert, Brüste wie ein 16jähriges Mädchen, das von TILESIUS erwähnte 4 Jahre alte Mädchen große Hängebrüste. Über Anschwellen der Mammae während der Menses berichten D'OUTREPONT und BOUCHUT.

Die heterosexuelle Haarentwicklung, manchmal vorkommende penisartige Klitoris (MATHIAS, JUNG u. a.), tiefe männliche Stimme (PLOSS, JUNG u. a.) zusammen mit Pseudohermaphroditismus bringen nicht selten den frühreifen weiblichen Entwicklungstypen interessante Färbungen, die für die entwicklungsgeschichtliche Aufhellung und für die pathogenetische Ordnung der Pubertas praecox wichtige Grundlagen schaffen.

Fast in allen Beobachtungen erscheint die für das jeweilige Alter bedeutend erhöhte Körperentwicklung auffallend, nur in wenigen wird derselben nicht gedacht, selten (KLEIN) war das frühreife Kind von dem Alter entsprechend geringer Körperhöhe. Fast immer wird die Körpergröße, Fettentwicklung und Muskelkraft als überragend bezeichnet. Der Kontrast zur normalen Zwillingsschwester im Falle STOCKERS $34^3/_4$ gegen 20 kg, 139 gegen 121 cm, Brustumfang von 77 gegen 61 cm, Bauchumfang 73 gegen 62 cm im 8. Lebensjahr ist besonders sinnfällig. Im Falle COOPERS war das frühreife Mädchen dicker als die 2 Jahre ältere Schwester; auch die Fälle LENZ und NEURATHS zeigen ähnliche Differenzen. REUBEN-MANNING führen die Fälle von Frühreife aus der Literatur an, in welchen frühreife Mädchen zu älteren Geschwistern in Vergleich gesetzt wurden. In den Fällen COOPER, STOCKER, WALL waren die Kinder größer als ältere Schwestern.

In einigen Fällen konnte auch röntgenologisch (NEURATH, LENZ, BECKMANN, ENGELBACH u. a.) die vorgeschrittene Ossifikation und Entwicklung der Zahnanlagen erkannt werden. PÄSSLER fand bei einem 7jährigen Knaben mit Macrogenitosomia praecox (Zirbeltumor) mit einem proportionierten Wachstum und der Körperentwicklung eines 12—13jährigen die Größe von Kopf und Genitale gleich einem Erwachsenen, Zähne und Kiefer aber, wie früher OBMANN, dem Alter entsprechend. Die auffallende Beckenentwicklung wird von HOFACKER, LESSER und COOPER hervorgehoben. Bei NEURATH und WETZLER wird der große Herzschatten erwähnt.

LENZ führt als Frühsymptome, die sich normalerweise in den Reifejahren finden, Schwellung der Schilddrüse an, dann entsprechend den „Wachstumsschmerzen" auffallende Fußschmerzen, vielleicht auf starke Wucherung der Epiphysen beruhend, und die von JAKOBSTHAL beschriebene eigentümliche Schwellung der Tibia an der Stelle der Tuberositas an, die sich zur Zeit der Reife einzustellen pflegt und die er für das Symptom einer gestörten Knochenentwicklung hält. Auch die Dentition war in einzelnen Fällen sehr vorgeschritten.

Die Harmonie zwischen geschlechtlicher Frühreife und Vorentwicklung des Körpers, die die Frage nach der Priorität und Kausalität berechtigt, ist, wenn sie auch die Regel zu bilden scheint, nicht immer gegeben, in einer Minderzahl trifft man eine vorzeitige Entwicklung der Genitalorgane (GUGGISBERG), ohne daß das Gesamtwachstum typische Vermehrung aufweist; bei einer anderen Gruppe sind die frühreifen Mädchen körperlich überentwickelt, ungewöhnlich dick, haben einen üppigen Bartwuchs, die Menstruation tritt aber nicht auf, sie vertreten die von KUSSMAUL aufgestellte Gruppe der *monströsen vorzeitigen Reife*. Neben diesem Typ finden wir den fortpflanzungsfähiger Keimzellen im jugendlichen Alter, ohne daß die formelle Änderung des Organismus eine Reifung der Genitalorgane anzeigt.

Die Modifikation der Partialentwicklung, besonders des Skelets, bei vorzeitiger Pubertät, die Vermehrung der Masse (des Gewichtes) bei Integration aller Teile des Körperbaues, vor allem in die Breite, aber auch in die Länge, könnte nach COERPER als eine eigene, den SIGAUDschen Typen anzufügende Form aufgestellt werden.

Eine ganze Reihe frühreifer Kinder zeigt schon zur Zeit der Geburt einen auffallenden Vorsprung an Gewicht und Länge vor Gleichaltrigen, der Beginn der präzipitierten Entwicklung ist also schon im intrauterinen Leben anzunehmen. In anderen Fällen tritt erst längere oder kürzere Zeit nach der Geburt die prämature Entwicklung der Pubertät in Erscheinung. Von großem Interesse für die Kenntnis sowohl der Pathologie der durch geschlechtliche Frühreife bedingten Wachstumslinie als auch des physiologischen Einflusses der Pubertät auf das Körperwachstum ist die weitere Entwicklung solcher Fälle. Nur in wenigen Fällen ist der weitere Lebenslauf beobachtet. SSERDJUKOFF will bei Individuen mit vorzeitiger Menarche öfters später vorzeitige Menopause gefunden haben. LENZ und ähnlich GUGGISBERG meinen, daß vielleicht an eine erhöhte Sterblichkeit infolge der übermäßigen Anforderungen zu denken wäre, welche an den kindlichen, vorzeitig reifenden Organismus gestellt werden, dessen gesamte Lebensenergie durch die beschleunigte Gesamtentwicklung in kurzer Zeit gleichsam erschöpft wird; wenn diese beschleunigte Entwicklung beendet ist, das Kind diese gefährliche Periode noch im Kindesalter glücklich überstanden habe, dann könne es weiter gesund bleiben.

Für die Beeinflussung des Lebensrhythmus im Sinne eines beschleunigten, in seinen Phasen verkürzten Lebensablaufes bringt KIERNAN aus der Geschichte Beispiele:

Cratemus, ein Bruder des Antigonus, war Kind, Jüngling, Erwachsener, heiratete, bekam Kinder und war senil in 7 Jahren. — Ludwig II. von Ungarn wurde im 2. Lebensjahr gekrönt, hatte mit 14 Jahren einen kompletten Bart, war mit 15 Jahren verheiratet, hatte mit 18 Jahren graues Haar, starb mit 20 Jahren. — Ein Knabe hatte äußere Pubertätsmerkmale mit 12 Monaten, starb senil mit 5 Jahren. Von 6 Fällen mit Frühreife bei Knaben, zitiert von GOULD, war einer mit 1 Jahr mannbar, starb senil mit 5 Jahren. CAZAEUX berichtet über ein Mädchen: menstruiert mit 2 Jahren, schwanger mit 8 Jahren, Großmutter und Greisin mit 25 Jahren. Ein anderes Kind mit 3 Jahren, mit Brüsten und Genitalien einer Frau und den Merkmalen eines heiratsfähigen Mädchens, hatte senile Züge. Wenn KIERNAN in solchen Beobachtungen Beweise für die populäre Anschauung „early ripe, early rotten" sieht, so bietet uns die Literatur auch dem entgegengesetzte Beispiele.

So die Lebensgeschichte der Anna Mummenthaler, Menstruation vom 2. bis zum 52. Lebensjahr, erstes Kind mit 9 Jahren, Tod mit 75 Jahren (HALLER). Andere Fälle ähnlicher Langlebigkeit finden sich bei KUSSMAUL und PLOSS.

Den ganzen Lebenslauf vorzeitig menstruierter Mädchen — das männliche Geschlecht zeigt ja weniger Auffälligkeiten in dieser Beziehung — konnten von älteren Autoren HALLER, DESCURET, ULBRICH, von neueren HOFACKER, REUBEN-MANNING, NEURATH, LENZ den wichtigeren Lebensabschnitt beobachten, welch letzterer alle zu seiner Zeit bekannt gewordenen Fälle übersichtlich tabellarisch ordnete. In den Fällen STOEMMERS und HOFACKERS verlief die Menstruation anfangs regelmäßig unter präzipitiertem Körperwachstum, später setzten die Menses und gleichzeitig die Wachstumsbeschleunigung aus, so daß die altersgemäße Körpergröße resultierte.

Einen sehr anschaulichen Vergleich mit älteren, zur normalen Zeit geschlechtsreifen Schwestern gestatten die Fälle LENZ und NEURATHS. Bei LENZ bekam das Mädchen mit 3 Monaten Brüste und dunkel pigmentierte Warzen, mit 4 Monaten die Menstruation (vorangehende Schmerzen), mit $1^{1}/_{2}$ Jahren Achsel- und Schambehaarung und die vollständige Konfiguration der Reife und überholte die $2^{1}/_{2}$ Jahre ältere Schwester. Dies hielt über ein ganzes Jahr an, die ältere Schwester ist noch immer weniger entwickelt als die 136 cm hohe Patientin, deren Wachstum nun zum Abschluß gekommen ist. Ihr Gesicht zeigt den Ausdruck eines erwachsenen, abgearbeiteten, wenigstens 22 jährigen Weibes, die Züge der Frühreife sind undeutlich geworden, sind zurückgegangen, es scheint, daß das Mädchen im Alter von 6 Jahren auf dem Höhepunkt seiner sexuellen Entwicklung gestanden ist. Mit 14 Jahren ist sie wieder kleiner als ihre ältere 16 Jahre alte Schwester. Im Falle Neuraths (Abb. 19) war das frühmenstruierte Mädchen, das mit 6 Jahren die um 2 Jahre ältere Schwester stark überragte, im 15. Lebensjahr um 16 cm kleiner als diese (140 gegen 156 cm) und war gegenüber dem Mittelmaß um 4 cm zurück. Die Körperzahlen ergaben gegenüber der Norm größere absolute Maße nur für die Kopf-Hals-Länge, die Hüftbreite und den Kopfumfang, die übrigen Meßresultate, besonders die Rumpf- und Extremitätenlänge, erschienen hinter der Norm im Rückstand.

Wenn wir nach den bisher spärlich vorliegenden, fortlaufenden Untersuchungen an Frühmenstruierten eine Wachstumskurve zu konstruieren versuchen, so erhalten wir im Vergleich zur Wachstumskurve rechtzeitig Reifer zwei Schnittpunkte: der eine liegt variabel, aber sehr früh vor der Zeit normaler Menarche, der andere nach Abschluß der Geschlechtsreife des normalen Individuums. Das Bild beider Kurven im Vergleich zueinander erinnert recht sehr an die Verschiedenheit der Kurven beider Geschlechter. Wie hier auch dort der frühere Impuls und die frühere Erreichung der definitiven Höhe bei früherer Reife.

Die zeitliche Aufeinanderfolge in der Entwicklung der Geschlechtscharaktere bei frühreifen Kindern, deutlicher erweisbar bei Mädchen, zeigt mannigfache Variationen. Haller, Bouchut, Lebeau, Molitor u. a. sahen schon bei der Geburt entwickelte Brüste und Schamhaare, während die erste Menstruation erst später zwischen 5 Monaten und 4 Jahren auftrat. Im allgemeinen scheint die Entwicklung der sekundären Geschlechtscharaktere dem Einsetzen der Menstruation nachzufolgen, doch finden sich auch Fälle (Stocker, Peacock, Wladimirov), in denen erst später die Menses auftraten. Das vermehrte Körperwachstum war in vielen Fällen schon bei der Geburt eklatant. Bemerkenswert sind Beobachtungen, in denen der Gang der Entwicklung erst zur Zeit der eintretenden Geschlechtsreife ein rascher wurde (Bulloch und Sequeira, Lesser, Colcott Fox).

Daß die sekundären Geschlechtscharaktere für den Eintritt der Fortpflanzungsfähigkeit nicht kennzeichnend sind, dafür finden sich einige Beispiele in der Literatur. d'Outrepont sah ein 9jähriges und ein 13jähriges Mädchen, die beide nach wiederholter Vollführung des Beischlafes schwanger wurden, ehe sich die geringsten Spuren der eingetretenen Pubertät gezeigt hatten. Im ersten Falle war der Partner ein Knabe, der noch keine Schamhaare hatte, in beiden Fällen war die Menstruation erst nach der Geburt eingetreten und erst danach bedeckte sich die Schamgegend mit Haaren. Die Brüste waren zwar während der Schwangerschaft angeschwollen, wurden aber nach der Geburt wieder kleiner und bildeten sich erst nach Eintritt der Menstruation wieder völlig aus. Mit derartigen Beobachtungen findet Kussmaul die Tatsache in Einklang, welche Robertson über die Eintrittszeit der ersten Menstruation und über die erste Konzeption bei den Hindus mitteilte, bei welchen Kinderheiraten üblich sind. Es kommt oft zur Begattung und zur Konzeption vor Eintritt der Menstruation. Wiederholte Kohabitationen, über deren Häufigkeit unter normalen Verhältnissen wir allerdings keine sichere Kenntnis haben, finden sich mehrmals bei frühreifen Mädchen notiert. So hatte das von Havel beschriebene $5^{1}/_{2}$ jährige Mädchen mit einem 9 Jahre alten Knaben öfter Coitus gepflogen. Gravidität bei Menstruatio praecox findet sich in Beobachtungen von Montgomery, Haller, Molitor, Carus, Bodd, Wehefritz notiert. Reuben und Manning ordnen die Fälle frühzeitiger Schwangerschaft, deren die Mehrzahl schon vor der Gravidität Zeichen der Frühreife bot, nach Altersstufen:

Alter: 6—7 7—8 8—9 9—10 10—11 11—12 12—13 13—14 14—15 J.
Fälle: 1   1   3   5   6   14   20   21   13

Saenger fand in einem Falle von Schwangerschaft bei Menstruatio praecox sogar in der Hypophyse typische Graviditätsveränderungen (Falta).

Nach Specht sind bei der Geburt Minderjähriger die Schwangerschaftsbeschwerden geringer, die Geburt von kürzerer Dauer, die Dammverletzungen seltener, der Blutverlust mäßiger, jedoch Eklampsie, Beckenendlagen, Wehenschwäche und Frühgeburt von relativer Häufigkeit.

Die psychische Entwicklung hält bei der echten genuinen Frühreife mit der somatischen in der Regel nicht gleichen Schritt, sie zeigt selten eine Vorentwicklung, sehr oft macht sie den Eindruck einer gewissen Rückständigkeit, die im sich aufdrängenden Vergleiche mit dem älteren Aussehen der Kinder eine relative ist. Schon Kussmaul vermißt die psychische Frühreife. Münzer folgert, daß die definitive Ausbildung des Gehirns als des Trägers der psychischen Funktionen unter ganz anderen Bedingungen verläuft als die der übrigen Körperorgane, es scheide sich die Pubertät somit nicht nur in ihren Erscheinungsformen, sondern auch in ihrem Wesen in eine somatische und eine psychische bzw. cerebrale. Während die Kinder um 10 Jahre und mehr ihrem Alter voraus zu sein scheinen, kontrastiert hierzu die kindliche Psyche, die dem wahren Alter entspricht, ja scheinbar hinter diesem zurücksteht. Solche Kinder, von ihren Altersgenossen fast als Erwachsene genommen und aus ihrer Gemeinschaft ausgeschlossen, stoßen auf Ablehnung, werden einsam und eigen. In einzelnen Fällen (Moreau, Hofacker, Woods, Ziehen, Heuyer und Vogt) lag wirklicher Schwachsinn vor. Unter den von Reuben-Manning angeführten Fällen männlicher Pubertas praecox war die Mentalität in 15 Fällen normal, in 15 Fällen rückständig, in 4 Fällen vorgeschritten. Gesell konnte in 3 Fällen von Frühreife die Unabhängigkeit der intellektuellen Entwicklung von der Geschlechtsreife beobachten. In dem einen Falle bestand bei ausgesprochener sexueller und somatischer Proinotrophie altersgemäße geistige Entwicklung, im zweiten starke Rückständigkeit, im dritten konnte das frühreife Mädchen mit 10 Monaten in Sätzen sprechen, las mit 4 Jahren Französisch, Englisch und Esperanto, hatte mit 9 Jahren den Wortschatz einer Erwachsenen; das Gefühlsleben war bis zum Reifeeintritt kindlich, die Schulleistungen waren glänzend.

7*

Eine ganz auffallende geistige Frühreife finden wir manchmal bei Zirbeltumoren, deren noch zu gedenken sein wird. Doch auch bei interrenaler Vorentwicklung ist geistige Frühleistung beschrieben. Bei blutdrüsenkranken Schwachsinnigen fand SZONDI in 60% Störungen der geschlechtlichen Reife. Entsprechend der für diese Kranken charakteristischen allgemeinen funktionellen Schwäche ist die prozentuelle Häufigkeit der Verspätung der geschlechtlichen Reife viel größer als die Zahl der Fälle von Verfrühung, 43% gegen 15%. Schließlich sei hier kurz des Vorkommens von Kopfschmerz und choreatischer Unruhe im Falle THALERS von Menstruatio praecox und Pseudohermaphroditismus bei Hydrocephalus mit starker Drucksteigerung (auch im Falle MAGNUS), des Falles BECKMANNS mit Zwangslachen, Symptomen cerebraler Störungen, und der Häufigkeit der Enuresis bei allen Typen zeitlich variierten Pubertätsbeginnes, sowohl Verfrühung als Verspätung, gedacht.

Auf gelegentliche Heredität weist unter Berufung auf die Fälle von STONE, ARNOLD u. a. J. BAUER hin. Der Fall BODDS betraf ein seit dem 1. Lebensjahr menstruiertes Mädchen, welches im 9. Jahr eine reife Frucht mit behaarten Achselhöhlen und behaartem Gesicht gebar. LESSERS frühreifes Mädchen hatte zwei Brüder, die mit 12 bzw. 16 Jahren einen Bart hatten. REUBEN-MANNING finden die Heredität nicht sehr ausgesprochen und zitieren nur den Fall DURKEE, einen Knaben betreffend, dessen Vater mit 9 Jahren vollreif war. DALCHÉ (zitiert bei ANTOGNETTI) sah Hypergenitalismus bei einigen Mitgliedern einer Familie. Es handelte sich um eine 32jährige Frau, deren Menarche mit 9 Jahren eintrat. Die Mutter dieser Frau hatte eine rechtzeitige Geburt im Alter von 56 Jahren, ihre Menopause war mit 60 Jahren. Eine Nichte hatte im 2. Lebensjahr die erste Menstruation. In der Familie der Mutter viele Zwillinge. Im Falle STEINS deckten sich die Menses des frühreifen Mädchens mit der Menstruation der Mutter zeitlich. Über auffallende Familiarität der von ihm genannten Macrosomia adiposa congenita berichtet CHRISTIANSEN. Er fand das aus Adipositas, Prämaturität ohne sexuelle Abnormität und Hirsutismus bestehende, von der Nebennierenrinde abhängige Syndrom bei den Kindern von zwei an Menstruationsstörungen leidenden Schwestern. Unter neun rechtzeitig geborenen Kindern zeigten 7 Makrosomie, 5 von diesen starben im 1. Lebensjahr.

Endlich konnte OREL in mühevollen Studien die Vererbung sexueller Abwegigkeit, darunter der interrenalen Frühreife deutlich erweisen. So folgende Beobachtungsreihe: Eine gesunde Frau aus gesunder Familie hatte von ihrem Onkel 6 Kinder, von welchen die letzten Dreimonatskinder waren, die übrigen jedoch schwer mißbildet waren: 1. Kind Pubertas praecox, wahrscheinlich auch interrenal, Tod unter Krämpfen, 2. Kind suprarenalgenitales Syndrom. Bei den mehr als 100 Familien von Fällen mit Interrenalismus zeigten sich bei 4 vielleicht 5 mehr als ein Fall, familiäres Auftreten ist demnach kein seltenes Ereignis.

Die Symptomatologie der Pubertas praecox läßt nicht in allen Fällen das vollständige Bild der somatischen Frühreife erkennen, wie schon erwähnt, erfährt dasselbe durch das Fehlen von Pubertätssymptomen, durch den stärkeren oder schwächeren Ausdruck gewisser Reifemerkmale, aber auch durch den Einschlag heterosexueller Charaktere und durch den Grad der psychischen Entwicklung verschiedenartige Färbung. Wir können eine totale vorzeitige Geschlechtsentwicklung, die eine der normalen Pubertät analoge Harmonie der Entwicklung aller Geschlechtsmerkmale erkennen läßt, von einer partiellen unterscheiden. Es sei an die vorzeitige Ausbildung der Schambehaarung bei noch fehlender Menstruation, an die Fälle von sicherer funktioneller Geschlechtsreife ohne sekundäre Merkmale erinnert. Ja, eine Zurechnung der psychischen Reife zu den Kriterien vollständiger Pubertät entzöge der totalen Frühreife jede Begriffsberechtigung. Die Fälle von Pubertätshypertrophie der Mamma (TURNER, HEYM) wären zur partiellen Frühreife zu zählen. Kombiniert mit regelmäßiger Menstruation, fand OLOW die starke Mammaentwicklung bei einem 3jährigen Mädchen ohne sonstige sekundäre Geschlechtsmerkmale. WOLFF sah Menstruation, Pubes, doch Fehlen der Achselbehaarung.

β) **Pathogenese und spezielle Symptomatologie der einzelnen Typen der sexuellen Frühreife.**

Die wechselnde Kombination einzelner Teilkomponenten der sexuellen Frühreife, der Sexualmerkmale in voller oder partieller Harmonie, der Reihenfolge ihrer Entwicklung, des Entwicklungstempos des Körperbaues gestatten eine Aufstellung ätiologisch-pathogenetischer Typen. In einer Gruppe von Fällen finden wir lediglich eine für die menschliche Art beschleunigte sexuell-somatische Entwicklung im Sinne einer Verkürzung des infantilen Lebensabschnittes, einer vorzeitigen Reife und eines verfrühten Beginnes der körperlichen Mannbarkeit, ohne sonstige Zeichen eines krankhaften Vorganges. Derartige Störungen der normalen Lebenskurve beinhalten keine Chancenverschlechterung für die vitale Hinlänglichkeit des Individuums. Wir können in solchen Fällen von genuiner, primärer oder konstitutioneller Frühreife sprechen. Bei anderen Gruppen der Pubertas praecox, bei denen gewöhnlich die sexuell-somatische Harmonie nach verschiedenen Richtungen entweder im Sinne einer isoliert sexuellen oder isoliert somatischen Frühreife, andererseits im Sinne einer nur partiellen Ausbildung der sekundären Sexualmerkmale oder in der Beimischung heterosexueller Merkmale zu den isosexuellen gestört sein kann, drängt uns die Erfahrung des häufigen Befundes von Tumoren oder Hyperplasien der endokrinen Drüsen zur Annahme eines wenn auch nicht alleinigen, so doch gewichtigen Einflusses dieser Drüsen und ihrer Sekrete auf die Ausbildung der Frühreife. Seit neuere Anschauungen mit Recht der genotypischen Grundlage den Primat über die endokrinen Funktionen zuerkennen und diesen nur die Rolle von unterstützenden Exekutivorganen für die Verwirklichung des konstitutionellen Fatums zuerkennen, werden wir auch für anscheinend hormonal verursachte evolutionäre Atypien der Reifeverschiebung im überzeugten Gefolge solcher Grundsätze die chromosomalen Gegebenheiten als pathogenetische Grundlage in erster Linie verantwortlich machen.

In einer dritten Gruppe endlich erschließen sich uns zentral-nervöse Veränderungen pathologischer Art als die Ursache des abwegigen Lebensrhythmus. Drängen sich so verschiedene pathogenetische Erfahrungen und parallelgehende klinische Bilder als unterscheidende Merkmale der einzelnen Gruppen auf, so zeigen zu wechselnder Einordnung in die Einzeltypen zwingende temporäre Differenzen der einzelnen klinischen Bilder, Übergänge mannigfacher Art, biologische Bindungen des hormonalen und des nervösen Systems, endlich konstitutionell-chromosomaler und hormonaler Grundfaktoren die Gefahr allzustrenger Systematik auf.

Es drängt sich die Frage auf, ob es gestattet erscheint, die Kombination von sexueller und körperlicher Frühreife, wie sie sich in verschiedenen Typen darstellt, als „Pubertät" aufzufassen. Die biologische Reife ist uns der Begriff der zur Entwicklung gelangenden Fortpflanzungsfähigkeit, die diese begleitenden körperlichen Merkmale, einschließlich der den Sexualapparat betreffenden, sind akzidentelle, nicht immer entscheidende Charaktere für das Generationsvermögen. BERBLINGER hält mit Recht strikte daran fest, daß für die Entscheidung, ob eine wirkliche Frühreife vorliegt, der Reifungszustand der Keimdrüsen in erster Linie ausschlaggebend sein sollte; völlig sicher zu beurteilen wären nur die Fälle, bei denen der Nachweis einer Spermienbildung in den Hoden oder im Ejakulat bzw. der Abstoßung reifer Eier (dementsprechend der Menstruation) möglich war. Der Nachweis des Kreatininabbaues könnte in zweifelhaften Fällen zur Entscheidung einer wahren Frühpubertät verwendet werden. Der Zweifel an der Anwendbarkeit der Bezeichnung Pubertas praecox für die Vorkommnisse von frühzeitig auftretenden Reifemerkmalen kommt in den vorgeschlagenen Namensbildungen zum Ausdruck. PELIZZI, dem der Nachweis von Spermatozoen gelang, spricht von Macrogenitosomia praecox, ASKANAZY vermißt hierbei die Berücksichtigung der Psyche und empfiehlt die Bezeichnung: Praecocitas psychosomo-genitalis. Der von PFAUNDLER geprägte Name Proinotrophie erscheint mit Rücksicht der alleinigen Betonung der körperlichen Vorentwicklung sicher zu eng. Vielleicht trägt die Wahl des Wortes „Pseudopubertas praecox" (vorzeitige Scheinreife) am besten der äußerlichen Ähnlichkeit des frühreifen Exterieurs und seiner morphogenetischen Grundlage mit der wirklichen Pubertät Rechnung.

Unter den angeführten Kautelen läßt sich die vorzeitige Geschlechtsentwicklung klinisch und pathogenetisch in folgende Gruppen ordnen, in denen allerdings einige Beobachtungen, wie der Fall McKINNEYs von Frühreife nach Radiumbestrahlung, keinen Platz finden:

I. Genuine, primäre, konstitutionelle Frühreife, Pubertas praecox.

II. Endokrin beeinflußte Frühreife, Pseudopubertas a) hypergenitalis, b) interrenalis, c) pinealis, d) andersartig endokrin beeinflußt.

III. Pseudopubertas cerebralis.

I. Die genuine, primäre, konstitutionelle Pubertas praecox.

Wir haben es in den hier hergehörigen Fällen mit meist in der frühesten Kindheit einsetzender, in der Regel schon fetal angelegter allgemeiner körperlicher Früh- und Überentwicklung (Proinotrophie) unter gleichzeitig fortschreitender und rascher Entwicklung der primären und sekundären Sexualmerkmale, gleichzeitigem Auftreten der Gonadenfunktion und des beschleunigten Körperwachstums, Überspringen der eigentlichen Kindheit, häufiger Kombination von kindlichen mit reifen somatischen Eigenschaften, ohne pathologisch-anatomische Grundlage zu tun. Die Fälle dieser genuinen Frühreife kommen sowohl beim männlichen (s. Abb. 20) wie beim weiblichen Geschlecht (s. Abb. 19) vor, äußerlich erinnern die Kinder in der Ausprägung der sekundären Sexualmerkmale vielfach an mature Individuen, bei denen die Beimischung von Zügen Erwachsener zu unübersehbaren kindlichen Grundcharakterzügen im Habitus und psychischen Verhalten, sowie die auffälligen Körperproportionen einen skurrilen Eindruck hervorruft. Die Prognose quoad vitam ist gut, genuin-frühreife Individuen beiderlei Geschlechts können die normale Altersgrenze erreichen und ihre geschlechtlichen Funktionen lange erfüllen.

Die ungeschmälerten Lebenschancen der konstitutionellen Frühreife ermöglichen die Beobachtung der Körperentwicklung über lange Jahre (aus der älteren Literatur: Fälle D'OUTREPONT, DESCURET, aus der neueren: LENZ, NEURATH u. a.) und die Bestätigung der Erkenntnis einer präpuberalen oder puberalen Wachstumssteigerung, einer vorzeitigen Erreichung der definitiven Körpergröße und einer schließlichen unternormalen Endhöhe (s. Abb. 19 u. 20). Die Fälle dieser echten, genuinen Pubertas praecox sind nicht zu selten, sie kommen bei beiden Geschlechtern vor.

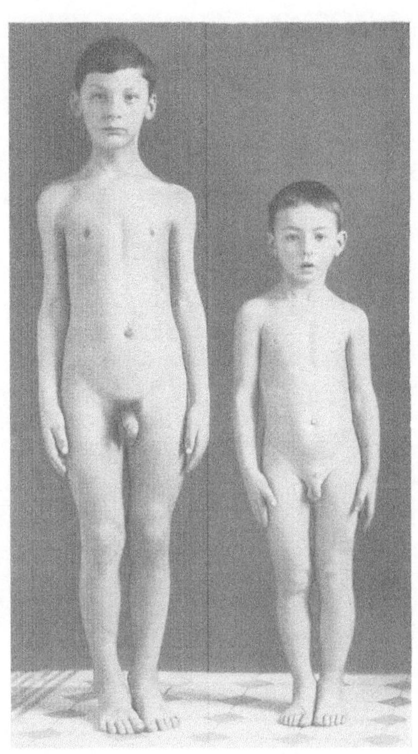

Abb. 20. 5½jähriger Knabe mit genuiner Frühreife neben gleichaltrigem normalen Kinde. Pubertas praecox schon im Alter von 2½ Jahren. (Fall H. ORELS.)

II. Die endokrin beeinflußte Frühreife.

a) Die Pseudopubertas hypergenitalis. Die in diese Gruppe zählenden Fälle setzen in der Regel erst verschieden lange Zeit nach der Geburt ein, eine angeborene Proinotrophie ist selten. Es kommt rasch zu übermäßiger Körperentwicklung, bei Mädchen zur Menstruation, Ausbildung der üblichen sekundären Sexualmerkmale des Exterieurs, und zwar meist isosexueller, doch auch heterosexueller Art infolge hyper-

protektiven Einflusses (HALBAN) der in der Anlage latent gegebenen
Möglichkeiten. Lokale wie allgemeine Symptome lenken das Augen-
merk auf die Geschlechtsdrüsen, Ovarien, Hoden, die der Sitz eines
meist malignen Tumors (es kommen die verschiedensten Neoplasmen in
Betracht) sind. Bei HALBAN finden sich die seither sehr vermehrten
Fälle zusammengestellt (20 an Zahl). Zur hypergenitalen Frühreife
können wir auch den von BORCHARDT zitierten Fall von Triorchidie

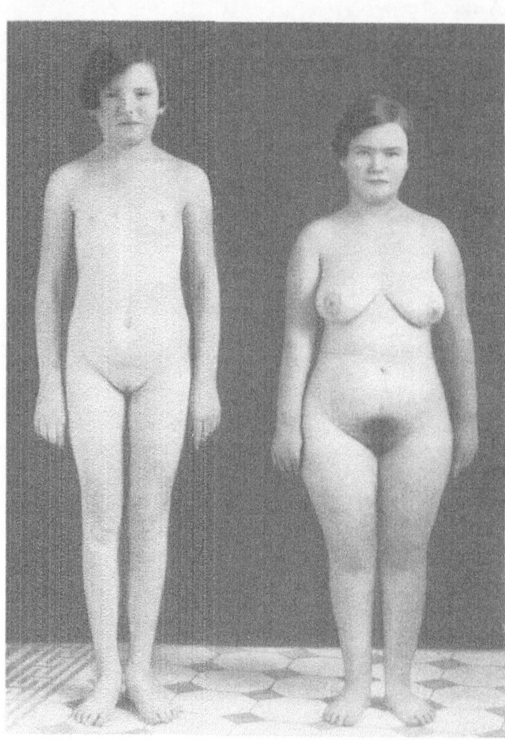

Abb. 21. 10¹/₂ jähriges frühreifes Kind neben 8 jähriger
normaler Schwester. Mit 5 Jahren Entwicklung der Mammae,
mit 6 Jahren Schambehaarung. Nach Exstirpation eines
Ovarialdermoids im 8. Lebensjahr Menstruation und verstärkte Fettentwicklung. (H. ORELS und eigene Beobachtung.)

ALBANOS rechnen. Auch
der Fall POLANOS gehört
in diese Gruppe: Ovarial-
sarkom bei einem früh-
reifen Kinde. Die Injek-
tion von Flüssigkeit des
erweichten Tumors rief
bei jungen weiblichen
Mäusen ein ungemein
starkes Wachstum des
Genitalapparates hervor.
POLANO sah bei einem
Myxosarkom des Ovars
ausgedehnte virile Behaa-
rung als Begleiterschei-
nung der Frühreife, POHL
bei einem Granulosazell-
tumor, einer seltenen
Carcinomform, positive
Prolan-B-Reaktion, auch
FASHOLD bei einem Tera-
tom mit chorionepithel-
artigen Veränderungen
und Frühreife positive
ASCHHEIM-ZONDEKsche
Reaktion. Er äußert die
Ansicht, das chorion-
epithelähnliche Gewebe
bewirke eine Überschwem-
mung mit Hypophysen-
vorderlappenhormonen,
was nach den bisherigen experimentellen Erfahrungen eine sexuelle
Frühreife hervorrufen kann. NEURATH äußerte anläßlich der Beobachtung eines Falles von Frühreife bei einem wegen Ovarialdermoid ope-
rierten Mädchens (s. Abb. 21) die Vermutung, daß in dieser virtuellen
Zwillingsgemeinschaft, die das Teratom repräsentiere, zwei vitale Einheiten vorliegen, die die sexuell-somatische Frühentwicklung verursachen.

Von großem Interesse ist das vollständige oder partielle Schwinden
der Frühreifesymptome nach geglückter Operation in den Fällen von
PAWLIK (zitiert bei LENZ), VEREBÉLY, RIEDEL, ALIBERT, LUCKA,
ZENDEL-ZENDAU, SCHWEITZER, SOUTHAM, SACCHI.

Der Fall VEREBÉLYS sei genauer mitgeteilt. Bei einem 6jährigen, bis zum 5. Jahr normal entwickelten Kinde bestanden seit einem Jahre allmonatlich wiederkehrende Blutungen und die sonstigen Merkmale weiblicher Geschlechtsreife. Das Kind war etwa 10 cm länger als gleichaltrige, die Brüste citronengroß, Scham- und Achselhöhlen behaart, im Bauch eine kindskopfgroße, mit der linken Uterusecke zusammenhängende, höckerige Geschwulst tastbar. Operative Entfernung eines linksseitigen Ovarialsarkoms. Der Uterus zeigte die Größe des Organs einer 18—19jährigen Frau. Nach der Operation hörten die Blutungen auf, die Pubertätsbehaarung ging zurück, die Brüste zeigten Rückbildung, nur die tiefe Stimme blieb. Die Kindlichkeit hatte sich wieder hergestellt.

Im Falle SACCHIS handelte es sich um einen bis zum 5. Jahre normal entwickelten Knaben, bei dem dann rapides Körperwachstum, besonders des Skelets und der Muskulatur, einsetzte, daneben exzessives Haarwachstum, besonders in der Genitalgegend. Tieferwerden der Stimme. Der linke Hoden wurde größer als der rechte und erreichte die Dimensionen wie bei Erwachsenen. Mit 6 Jahren kolossale Körperentwicklung, die Intelligenz nicht so vermehrt, doch entsprechend. Wegen der Beschwerden seitens des Hodens Spitalaufnahme. Hier, 9 Jahre alt, 143 cm hoch, 44 kg schwer. Haare, auch Bart stark entwickelt, Genitalien überaus groß, besonders linker Hoden. Hodenentfernung mit gutem Verlauf. Nach einem Monat Änderung im körperlichen Verhalten, Ausfall der Haare von Bart und Extremitäten, kindliche Stimme. Nach 4 Monaten an Stelle des Bartes feine Härchen, Persistieren der Oberlippen- und Schambehaarung. In Größe und Maß der Körperteile keine Änderung. Glied weniger lang und dick. Früher bestandene Erektionen und Pollutionen waren geschwunden. Anatomische Diagnose Alveolarcarcinom.

Als Beispiel iso- und heterosexueller Merkmale bei Frühreife sei die alte Beobachtung BEVERNs gebracht: $2^3/_4$ Jahre altes Mädchen, Brust stark entwickelt, Bart und allgemeine Hypertrichose wie beim 20jährigen Jüngling. Ovarialsarkom.

Ovarialsarkome finden sich nach SCHEFFEY prozentuell bei Kindern häufiger als bei Erwachsenen. Etwa 60% der Fälle betrafen Kinder unter 14 Jahren. Bei diesen Kindern wurde in 25% vorzeitige Sexualentwicklung festgestellt. Unter den zwischen 14 und 20 Jahren liegenden Fällen fand sich in 32% verspätete Geschlechtsentwicklung. Es scheint, daß bei den Sarkomen vor der Pubertät häufiger eine Hyperfunktion, nach der Pubertät mehr eine Hypofunktion der Ovarien zu finden ist.

b) Die Pseudopubertas interrenalis. Die interrenale Frühreife, das suprarenal-genitale Syndrom, kommt hauptsächlich bei Mädchen zur Beobachtung. GALLAIS prägte den Namen des *Syndrome génito-superrenale*, E. SCHWARZ bevorzugt auf Rat BIEDLS, ausgehend von der Erfahrung, daß die Nebennierenrinde sich als Derivat des bei Selachiern und Rajiden getrennt vorkommenden Interrenalorgans darbietet, die Bezeichnung: interrenal-genitales Syndrom. GUTHRIE und D'ESTE

EMERY schließen sich der von PARKES WEBER empfohlenen Einteilung
des Syndroms in vorzeitigen Fettwuchs, bei beiden Geschlechtern vorkommend, und den muskulären oder Herkulestypus (infant hercules
child), vorwiegend Knaben betreffend, an. Die Symptome des Fett-
wuchstyps (Fälle von BULLOCH und SEQUEIRA, COLCOTT FOX, OGLE,
COOKE, BEVERN) sind gedunsene Züge, fettgepolsterte Wangen, Narben
nach Art der Striae gravidarum, das Fett gewöhnlich über den ganzen
Körper verteilt, doch können die Extremitäten mager bleiben. Fett-
wülste an Nacken, Brüsten, Flanken, lipomatöse Wülste zwischen den
Schultern, Mammae oft groß, Hängebrüste, Gesichtsausdruck stumpf,
traurig, an Idiotie erinnernd, träge Zirkulation. Übermäßiges Haarwachstum (Hirsutismus) in allen bisher bekannten Fällen, bei Lympho-
sarkom der Nebennierenrinde seltener als bei Hypernephrom. Vorzeitige
Genitalentwicklung in einigen Fällen. Beim muskulären Typus, der
hauptsächlich beim männlichen Geschlecht in Betracht kommt, ist
wahre Pubertas praecox und sexuelle Frühreife immer vorhanden.
Finden wir bei Mädchen mit Nebennierenrindenhyperplasie oder Tumoren dieses Organes sehr oft starken virilen Einschlag in die sekundären Sexualcharaktere, so bei Knaben in der Regel eine gewisse Über-
betonung der männlichen Merkmale. Bei Mädchen mit Nebennierenrindentumoren, die im Alter vor der Geschlechtsreife stehen, entwickelt
sich rascher oder langsamer eine eklatante Frühreife, hauptsächlich
somatischer, öfters auch psychischer Art (intellektuelle Frühreife bei
Interrenalismus beobachteten JUMP-BEATES-WAYNER bei einem weiblichen Zwilling), sehr oft mit betonten Symptomen heterosexueller
Natur, Haarwachstum, Muskelentwicklung, tiefe, männliche Stimme.
Doch sind Fälle bekannt, in denen lange vor Manifestwerden der Neben-
nierenerkrankung eine Proinotrophie deutlich war (SACHS) oder Andeutungen von Einzelsymptomen zu finden waren, so flaumige Behaarung (SCHMIDT).

THOMAS lenkt die Aufmerksamkeit auf im Laufe des Wachstums
vorkommende Zustände von vorübergehendem Hochwuchs, Gigantisme
temporaire, Crises passagères de gigantisme französischer Autoren, Fälle
von exzessiver, angeborener Körperentwicklung, die mit Hyperfunktion
der Nebennieren in Zusammenhang gebracht werden. CHRISTIANSEN,
der diese bei jungen Kindern vorkommenden Bilder mit dem von
D'EMERY und GOUTHRIE beschriebenen obesen Typ bei malignen Nebennierenrindentumoren vergleicht, konnte einschlägige Beispiele erbringen.

Dem Studium der durch die hormonale Beziehung der Nebennieren-
rinde zur Geschlechtsentwicklung zu erklärenden Pathologie haben
GLYNN, GALLAIS, FALTA, WIESEL, COOK, KRABBE, SCHNEIDER, SCABEL,
H. SCHMIDT, E. SCHWARZ u. a. wertvolle Arbeiten gewidmet.

APERT unterscheidet 1. die Hyperepinephrie der embryonalen Periode,
Hermaphroditismus mit inneren weiblichen, äußeren männlichen Geschlechtsorganen, maskulinem Habitus, unentwickelten Brüsten, hypo-
spadischer, peniformer Klitoris, blindsackartiger Vulva, deutlicher
Hypertrophie der Nebennieren. 2. Hyperepinephrie der Fetalperiode
mit weniger deutlichen Anomalien, doch sicherem Geschlecht, deutlicher

Hypertrichose. 3. Die Form des Präpubertätsalters, normale Körperentwicklung, Pubertas praecox, Adipositas, Hypertrichose, partielle Hypertrophie der Klitoris. 4. Die Form der Maturität, Hemmung der Menstruation, Adipositas, Hypertrichose. 5. Die nahe oder nach der Menopause mit nichtdistinkten Symptomen.

Bei späteren Forschern finden wir divergente Schemen für die klinische Typenordnung des Interrenalismus, so bei SCHWARZ, GIERCKE. Recht übersichtlich ist das Schema, das GROSS und HÜHNE empfehlen:

I. Vor der geschlechtlichen Reife
    a) gleichgeschlechtliche Frühreife, bisher (1929) 13 weibl., 8 männl.
    b) gegengeschlechtliche   ,,   28 ,,   0 ,,
    c) Zwitter ohne   ,,   12 ,,   3 ,,
II. Nach der Geschlechtsreife
    a) Virilismus . . . . 26 Fälle
    b) angebliche Feminierung . . . . 1 Fall
    c) Zwitter . . . . 11 weibl., 1 männl.

HELMUTH SCHMIDT stellt aus der Literatur 35 Beobachtungen von Pseudohermaphroditismus feminin. ext. von iso- und heterosexueller Frühreife und sog. Virilismus des weiblichen Geschlechtes infolge Tumoren der Nebennierenrinde, darunter 21 Kinder und 7 Fälle von Nebennierenveränderung mit heterosexuellem Einfluß und Frühreife beim männlichen Geschlecht zusammen, darunter 4 Kinder. Zur ersteren Gruppe käme noch der Fall von AMBROŽIČ und BAAR. HALBAN ordnet die Frühreife bei Suprarenaltumoren nach isosexuellen Erscheinungen, 10 Fälle, darunter 4 Knaben, nach heterosexuellen, 6 Fälle, durchaus Mädchen, und gleichzeitig iso- und heterosexuellen Merkmalen, 10 Fälle, durchaus Mädchen. Aus dieser Zusammenstellung erhellt die überwiegende Stellung der Mädchen. Seit diesen Zusammenstellungen sind viele neue Beobachtungen veröffentlicht worden.

Das konstanteste Symptom des genito-suprarenalen Symptoms ist die Hypertrichose, außerdem sind der suprarenale Hermaphroditismus und der suprarenale Virilismus häufige Typen. Die Hypertrichose fehlt bei der konstitutionellen und bei der hypergenitalen Frühreife. Sie bedeckt sonst unbehaarte Körperpartien, Stellen, die auch beim männlichen Geschlecht nur schütter behaart oder unbehaart sind, prädominiert jedoch an den auch beim weiblichen Geschlecht behaarten Partien. Oft sind Acne- und Comedonenpusteln Begleiterscheinung der Behaarung. Die Überentwicklung des äußeren Genitales kommt in der großen Klitoris (FOX, ORTH, FRENCH, AMBOŽIČ und BAAR) zum Ausdruck, die an einen hypospadischen Penis erinnern kann, die tiefe, männliche Stimme der Mädchen, die forcierte Körperentwicklung, das Fehlen der Brüste (Entwicklung der Brustdrüsen geben BULLOCH und SEQUEIRA und TILESIUS an), all dies zusammen berechtigt zur Bezeichnung „Virilismus". Beim männlichen Geschlecht fehlt eine korrespondierende Korrelation (KRABBE), eine Feminisation, doch finden sich, wenn auch selten, heterosexuelle Merkmale, so im Falle BITTORF, Schwinden der Hoden, Vergrößerung der Brüste.

Knaben betreffende Fälle von Interrenalismus, die ursprünglich nur ganz ausnahmsweise zur Beobachtung gelangt waren (LINSER, ADAMS,

BITTORF-MATHIAS), wurden in den letzten Jahren des öfteren veröffentlicht, so von MEISSNER (nur klinisch), von GUNDAKER HOLT, von PETÉNYI und PUHR, von FORDYCE und EVANS (s. Abb. 22) u. a. Im Falle HOLTS handelte es sich um andeutungsweise Feminierung bei einem 15jährigen Knaben, im Falle FORDYCE um ein ganz junges männliches Kind mit ausgesprochenen frühsexuellen Merkmalen. Bei PETÉNYI-PUHR (s. Abb. 23) um einen 3jährigen Knaben mit Hypertrichosis, Adipositas, Polydipsie und Polyurie. Anatomisch Hypernephrom. Die Zahl der bekanntgewordenen männlichen Fälle von interrenaler Frühreife schwankt bei den einzelnen Autoren, rein klinisch als solche diagnostizierte Beobachtungen dürfen nicht als sichergestellt gelten. Daß das pathogenetisch in Betracht kommende endokrine Parenchym nicht immer leicht festzustellen ist, zeigt der Fall HERSCHMANN-NEURATH, in welchem anfänglich für pineale Frühreife sprechende Symptome vorlagen, später aber eindeutige Hinweise für Interrenalismus zur Ausbildung kamen.

Alles in allem erscheinen bei interrenaler Pseudopubertas praecox hauptsächlich die äußeren Sexualmerkmale vorzeitig ausgebildet, die Sexualbehaarung und das allgemeine Haarkleid (bei MATHIAS auch eine maskuline Glatze), Mammafettpolster, Wuchs,

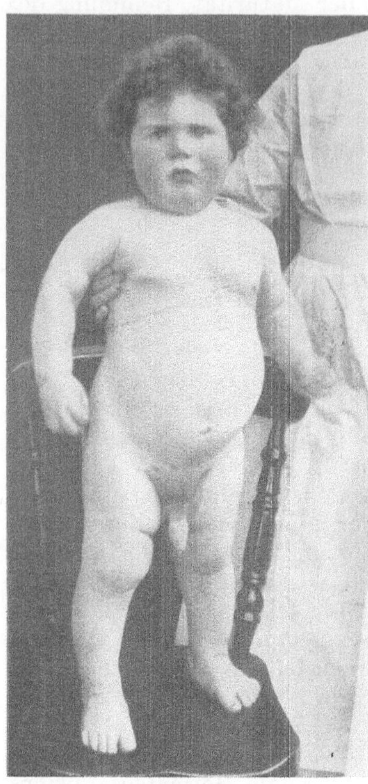

Abb. 22. 2jähriger Knabe, seit 6. Monat Schambehaarung und überlangen Penis, tiefe Stimme. Allgemeine Körperbehaarung. Comedonen, Enuresis. Hypergenitalismus externus. Hypernephrom. Tod bald nach Operation. (Fall: DINGWALL FORDYCE und HOVEL EVANS, Quart. J. Med. Oxford. 22.)

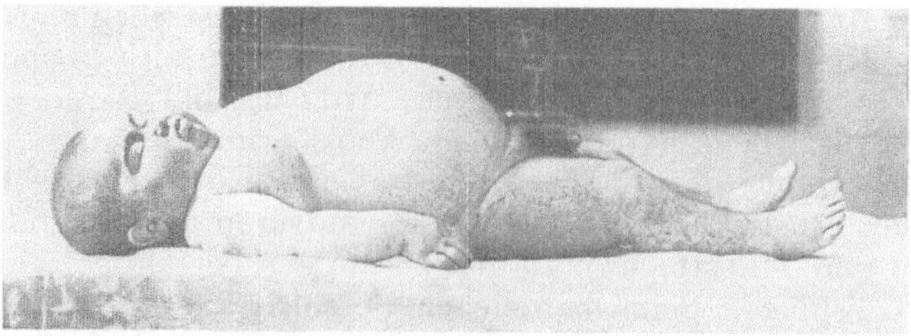

Abb. 23. Interrenalismus (Fettwuchs, Hirsutismus, Diabetes insipidus), adiposer Typ bei 3jährigem Knaben mit Hypernephrom. (Nach PETÉNYI und PUHR.)

Dentition, Thymusinvolution (PETÉNYI), Muskulatur (P. SCHNEIDER). Daneben finden sich auch sexualpsychische Reifeerscheinungen. Die Besonderheiten der hypernephrogenen Sexualeinwirkung und ihre klinische Auswirkung hängen nach SCHNEIDER von zwei Faktoren maßgebend ab, der Art des Tumors bzw. der Hyperplasie und der Zeit der Einwirkung. Hyperplastische Prozesse und gutartige Tumoren der Nebennieren-rinde wirken protrahierter, gestatten die Erreichung eines höheren Lebens-alters, wobei ein Geschlechtsirrtum, wie der damit zusammenhängende Tumor, öfters erst durch die Sektion aufgedeckt wird, die malignen Hypernephrome führen in kurzer Zeit meist in der Kind-heit zum Tode. Die Störung der Ge-schlechtstrennung bezeichnet SCABELL, der einen typischen Fall mitteilt (Abb. 24), als den Kernpunkt des Syn-droms der meist maskulinisierenden Um-wandlung weiblicher Individuen durch Nebennierenwirkung. Es scheint ihm naheliegend, an sich asexuelle Verände-rungen der Krankheit, wie Fettansatz und Muskelentwicklung, mit ihr in Zu-sammenhang zu bringen. Er bezeichnet diesen allgemeinen Stoffansatz als ana-bolisch, von den krankhaften Verände-rungen an den Nebennieren ausgehend, doch erscheinen andere, pluriglanduläre Einflüsse dabei nicht ausgeschlossen. Im Falle COLLETS, ein $1\frac{1}{2}$jähriges Mädchen mit suprarenalem Virilismus betreffend, konnte nach operativer Entfernung des Nebennierentumors ein Rückgang der genitosuprarenalen Symptome fest-gestellt werden.

Postoperativer Rückgang der für die interrenale Frühreife charakteristischen Symptome wurde außerdem beschrieben von BOVIN, THORNTON, HOLMES, MURRAY und SIMPSON, von HARRIS und PLEWE, von GORDON und von MAUCLAIR, in letzter Zeit von DINGWALL FORDYCE und HOVEL EVANS (s. Abb. 25 und 26). SCHUMACHER versuchte in einem mit Polycythämie (Polyglobulie

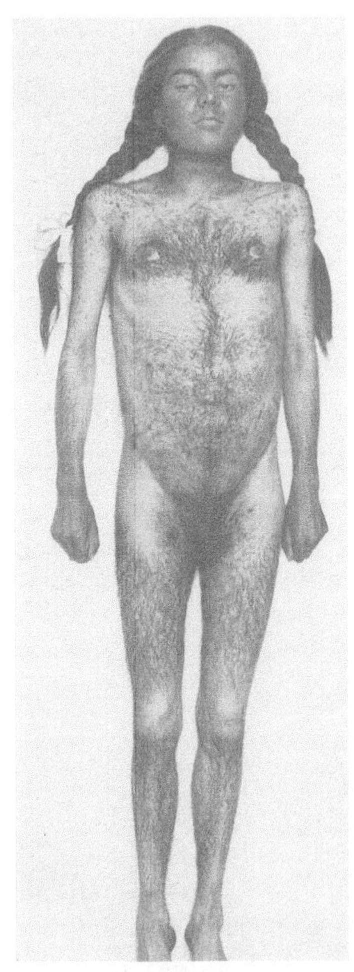

Abb. 24. Genito-suprarenales Syndrom (Interrenalismus). Mit 13 Jahren Hirsu-tismus, mit 14 Jahren Menarche. Hyper-nephrom. (Nach SCABELL.)

bei konstitutioneller Fettsucht mit Riesenwuchs sah auch STOYE) einher-gehenden Falle Röntgenbestrahlung der Nebennierengegend, konnte aber, wie früher WALDORP, nur Änderung des Blutbefundes, aber nicht Beein-flussung der interrenalen Symptome erzielen, im Gegensatz zu BERTOLOTTI und LESNÉ-DREYFUS-SEE-LIÈVRE, die Rückgang der Hypertrichose sahen.

Auf „Hypercorticalismus suprarenalis" führt Antognetti den sog. *Matronismus praecox* (nach Pende) zurück, der bei Kindern zwischen

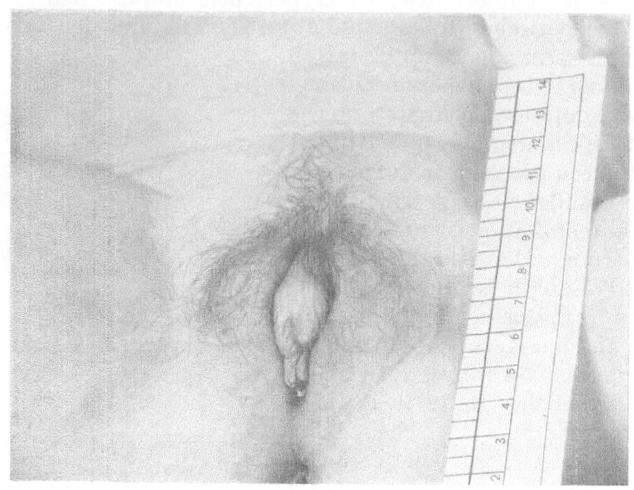

Abb. 25.

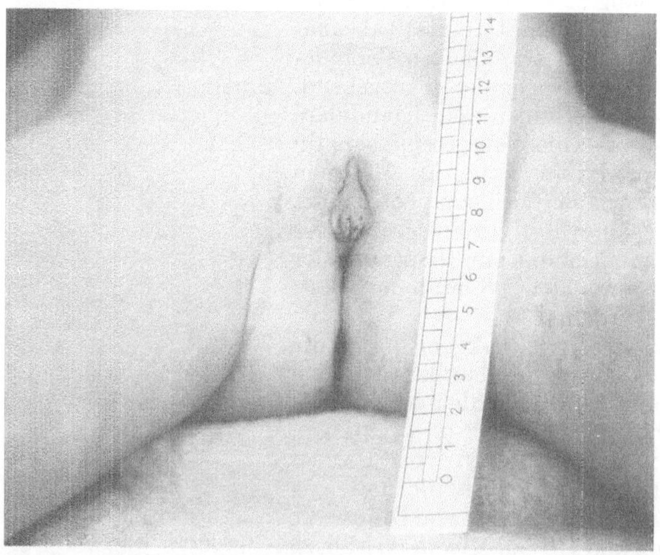

Abb. 26.

Abb. 25 und 26. 2 jähriges Mädchen. Gesichts- und Schambehaarung. Vorgeschrittene Genital-entwicklung, große Clitoris. Hypernephrom. Nach Exstirpation des Tumors Rückgang der voi-zeitigen sekundären Sexualmerkmale. (Fall: Dingwall Fordyce und Hovel Evans. Quart. J. Med. Oxford. 22.)

5 und 10 Jahren zu beobachten ist und charakterisiert erscheint durch frühzeitige Schambehaarung, darauf folgende unregelmäßige Menstrua-

tion, mehr oder weniger deutliche Änderung der Statur mit starker Vergrößerung der Thoraxhöhlung, beträchtliche Adipositas vom matronalen Typus (Häufung an den Hüften, den Armen, Brüsten und Abdomen). Auch das Gesicht soll auf Adultismus deuten. Dysharmonischer Gang, gehemmte psychische Entwicklung.

Daß moderne Untersuchungsmethoden unter Umständen Nebennierenrindentumoren erkennen lassen, zeigt der Fall, in dem LANGERON-DECHERVEL-DANES mittels Pneumoperitoneum und Röntgen zur Diagnose gelangten.

Die pathogenetische Aufhellung der so interessanten anatomischen und klinischen Veränderungen bei der interrenalen Pseudopubertas praecox wurde vielfach und von verschiedenen Gesichtspunkten versucht, so von BIEDL, FALTA, ASKANAZY, FRAENKEL, MATHIAS, KRABBE, E. SCHWARZ, GIERCKE, GROSS-HÜHNE. Kurz skizziert finden wir folgende Grundzüge: BIEDL, FALTA, GÜNTHER[1]: entwicklungsgeschichtliche und morphogenetische Verwandtschaft der Nebennieren und Keimdrüsen; ASKANAZY: fördernder Einfluß teratomartiger Geschwülste auf die Entwicklung der Sexualcharaktere; L. FRÄNKEL: männliche und weibliche Hypernephrome; MATHIAS: Abstammung der Nebennieren und der Keimdrüsen aus dem Coelomepithel; KRABBE: hermaphroditische Anlage des Ovars, während der Hoden sich fast direkt aus dem ursprünglich indifferenten Zustand entwickelt, abnormerweise Aufnahme des männlichen, markigen Anteils des Ovars in die Nebenniere, wo er die Grundlage für einen testikuläres Hormon absondernden Tumor bildet.

Nach kurzer Kritik all dieser Erklärungsversuche kommt HALBAN in Fortführung seiner Theorie eines protektiven Einflusses der Tumoren bestimmter Organe (Ovar, Nebenniere, Zirbel) auf die Sexualcharaktere zur Anschauung, daß auch die interrenalen Symptome gleicher Erklärung zugänglich sind. Die genannten Tumoren sind in viel höherem Maße wirksam als die Keimdrüsen selbst. Die mannigfachen Folgen ihres protektiven Einflusses sind abhängig vom Alter des Individuums und von seiner Anlage, je nachdem diese unisexuell oder intersex ist. Es entwickeln sich unter dem protektiven bzw. hyperprotektiven Einfluß von Tumoren all jene Sexualcharaktere, die in der Anlage vorhanden

---

[1] Nach GÜNTHER (1929) ergibt sich der engere Synergismus zwischen Nebennieren und Sexualdrüsen aus morphologischen und physiologischen Tatsachen. Die ältere Ansicht der Ontogenese von Nebennieren und Sexualdrüsen aus demselben embryonalen Gewebe sei unrichtig, beide entstehen aus getrennten, aber benachbarten mesodermalen Anlagen der Zwischennierenzone. Es bestehe keine sexuelle Differenz der Größe der Nebennieren, aber histologische Geschlechtsunterschiede. HETT fand (bei Mäusen) eine beträchtlich größere Rindenmasse und breitere innere Zone bei Weibchen im Verhältnis zu gleich schweren männlichen. Ferner sind direkte morphologische Relationen zu den Sexualdrüsen lange bekannt (MECKEL). LEUPOLD fand gleichsinnige Gewichtsbeziehung zwischen Hoden und Nebennieren. Funktionell: Vergrößerung der Nebennieren während der Brunst, während der Gravidität, nach Kastration. Klinisch: Amenorrhöe bei Nebenniereninsuffizienz, Veränderungen der Sexualdrüsen nach Nebennierenexstirpation. Experimentell: Nach Fütterung mit Nebennieren Hodenhypertrophie bei Ratten (HOSKINS) und Mäusen (DE MIVA), besonders mit Nebennierenrinde.

und entwicklungsfähig sind. Die Häufigkeit der Intersexmanifestationen bei Nebennierenrindentumoren wäre durch eine fehlerhafte Anlage des Eies, die Kombination zweier Minusvarianten, der Intersexanlage und der Disposition zu Rindentumoren zu erklären. Das Vorwiegen der letzteren beim weiblichen, der Pinealtumoren beim männlichen Geschlecht könnte vielleicht durch eine größere Geschlechtsdisposition für die Entstehung der Tumoren verschiedener endokriner Organe gedeutet werden.

E. Schwarz analysiert alle bisherigen Theorien auf Grund eingehendster Studien und kommt zum Schlusse, daß auch die zygotische Geschlechtsbestimmung für uns nichts Unwandelbares bedeutet, daß sie hormonal beeinflußbar sei, daß übermäßige Rindentätigkeit auf die geschlechtsbestimmenden Genkomplexe derart einwirke, daß der an das X-Chromosom gebundene Faktor in seiner Wirkungsfähigkeit beeinträchtigt werde, sei es durch Abschwächung seiner selbst oder durch Steigerung des ihm entgegenstehenden Widerstandes.

Vor kurzem ordneten Gross und Hühne die Erklärungsversuche des Interrenalismus kritisch und brachten sie in folgende Gruppen:

I. Die Erscheinungen haben mit den Nebennierenveränderungen nichts zu tun, es handelt sich:

a) um zufällige kombinierte Anlagestörungen;

b) um eine primäre Minderwertigkeit der Keimdrüsen;

c) um Reste des männlichen Anteils der ursprünglich bisexuell angelegten Keimdrüse, die, in die Nebenniere verlagert, diese Wucherungen erzeugt haben (Krabbe).

II. Die Erscheinungen sind die Folge der Nebennierenveränderungen.

a) der Hypofunktion des Markes;

b) der Geschwulstzelle als solcher;

c) der Hyperfunktion der Rinde 1. direkt, 2. indirekt über andere innersekretorische Drüsen.

III. Die Ursache für das Auftreten der Erscheinungen liegt nicht in der Art der Geschwulst, sondern der Art ihres Trägers.

Gross und Hühne kommen nach begründeter Ablehnung der Gruppen I und II und ihrer Untergruppen zu dem Schlusse, daß ein eindeutiger Zusammenhang zwischen Veränderungen der Nebennierenrinde und den Ovarien und ihrer Wirkungen (formativ oder produktiv?), daß also der Träger von grundlegender Bedeutung sei. Für die Wichtigkeit der Anlage spricht der Befund doppelseitiger Hyperplasie, das familiäre Vorkommen (Kranzfeld, ein Bruder des 16jährigen interrenal-frühreifen Mädchens war früh entwickelt) und die Bevorzugung des Kindesalters.

Die Einwirkung des Nebennierenrindenhormons auf die Sexualentwicklung wurde auch experimentell und therapeutisch untersucht. Nice und Shiffer erzielten geschlechtliche Frühreife, kenntlich durch Öffnung des Vaginalkanals bei Ratten durch multiple Nebennierenüberpflanzung. C. Müller hyperinterrenalisierte junge Ratten mittels eines eiweiß- und adrenalinfreien Extraktes und erzielte nach mehreren Wochen eine Hypoplasie des Uterus und verspätete Eröffnung des

Introitus vaginae. Bei vorher thymektomierten Tieren war die genitale Entwicklungshemmung noch ausgeprägter. Müller vermutet in dieser Hemmung die Ursache für die starke und frühzeitige Entwicklung viriler Charaktere bei Mädchen mit Nebennierenrindentumoren. Bei allen hyperinterrenalisierten Tieren fehlte die Warzenbildung der Milchdrüse. Asher und Klein ergänzen Müllers Angaben durch die, daß sich auch die Eier mangelhaft entwickeln und die normalen Corpora lutea fehlen. Sie verabreichten gereinigtes Rindenextrakt an männliche jugendliche Ratten und erzielten keine Überentwicklung, im Gegenteil, die Nebenhoden und Samenbläschen waren stärker entwickelt, auch der Penis war größer. Noch ausgesprochener war die Förderung der Ausbildung der männlichen Sexualorgane bei gleichzeitiger Injektion von Thymocrescin. Bemerkenswert finden die Autoren, daß ein Gewebsextrakt, das Nebennierenrindenhormon, eine geschlechtsgebundene antagonistische Wirkung hat.

Schon früher gelang Goldzieher die Darstellung des Rindenhormons (,,Interrenin"). Peritz experimentierte mit dem Rindenextrakt ,,Cortisupran" an Meerschweinchen und Mäusen. In allerjüngster Zeit isolierten Loewe-Marx-Rothschild-Voss-Buresch ein Virilierungshormon aus der Nebennierenrinde, das die Erweckung des Prostatarudiments des Rattenweibchens zu einer Neuentwicklung, die als brauchbarer Test verwendbar ist, bewirkte.

Eine Übersicht über die bisher versuchten Theorien der interrenalen Frühreife läßt die Frage als noch nicht gelöst erachten. Die Variationen der Klinik und der anatomischen Befunde, Lücken in unseren Kenntnissen von der biologischen und pathologischen Wirksamkeit der Hormone erschweren das Zurechtfinden in dem Wirrsal der gegebenen Tatsachen. Der Primat der erbgegebenen Disposition als unerschütterlich betrachtet, ließe vielleicht die Möglichkeit offen, in den Nebennierenrindenveränderungen das Resultat des für die Effektuierung des anlagegemäß vorbestimmten Interrenalismus notwendigen Hormonbedarfes, die verbreiterte, im Einzelfall sich zum Neoplasma verändernde Produktionsstätte des für den pathologischen Phänotypus notwendigen ,,Interrenins" zu sehen.

c) **Die pineale Pseudopubertas praecox.** Als klinischer Ausdruck von Tumoren der Zirbeldrüse findet sich öfters eine Entwicklungsbeschleunigung sexuell-somatischer Kombination, die an die Erscheinungen der Pubertät erinnert. Die fragliche Identität wird durch den von Pelizzi gewählten Namen Macrogenitosomia praecox zur Andeutung gebracht. Klinisch ergänzen sich Hirndrucksymptome und Entwicklungsbeschleunigung zu einem Bilde eigener Art, das auf einen intrakraniellen Prozeß als Ursache deutlich zu beziehen ist. Doch sei schon hier hervorgehoben, daß neben Tumoren der Zirbelgegend auch mannigfache zentral-nervöse Veränderungen die allgemeine Trophik maßgebend tangieren können und Hyperevolutionismus veranlassen können. Marburg ordnet die klinischen Symptome der Pinealtumoren in drei Gruppen: 1. die durch die Zirbelerkrankung als solche bedingte (Frühreife, Adipositas), 2. allgemeine Hirndrucksymptome, 3. Sym-

ptome durch Druck des Tumors auf Nachbarorgane (Vierhügel, Klein-
hirn).

Bezüglich der eigentlichen Zirbelsymptome, als welche in erster Linie
die geschlechtlich-körperliche Vorentwicklung in Betracht kommt, wäre
die große Ähnlichkeit mit der hypergenitalen und interrenalen Form
der Frühreife zu betonen. Auch hier vorzeitige äußere Genitalentwicklung, in einzelnen Fällen auch Kriterien der Frühfunktion, wie große
Hoden, früh auftretende sekundäre Sexualcharaktere des Exterieurs,
Haar- und Bartwachstum, tiefe Stimme, beschleunigtes Knochen-,
Längen- und Breitenwachstum und Gewichtsanstieg, sicher zum Teil
auch infolge gesteigerten Fettansatzes. ODERMATT meint, daß, während
bei interrenaler Frühreife die Körperproportionen dem wirklichen Alter
entsprechen, bei pinealer sie die des vorgerückten körperlichen Status
seien, und weist diesbezüglich auf den Fall LINSERS hin. Wenn in vielen
Fällen der vorzeitigen psychischen Entwicklung eine differential-
diagnostische Dignität gegenüber anderen Typen der Frühreife zu-
gesprochen wird, so wäre in diesem Punkte doch einige Vorsicht notwendig, intellektuelle Vorentwicklung ist auch beim Interrenalismus
(JUMP-BEATES-WAYNER) und beim Hypergenitalismus (SACCHI) beschrieben.

Die allgemeinen Hirndrucksymptome sind die üblichen, Krämpfe,
Erbrechen, Kopfschmerz, Strabismus. Hierzu gesellen sich die verschiedensten Herdsymptome in Form von Lähmungen der Hirnnerven,
cerebellarer Störungen, Augensymptome.

Ganz auffallend ist die Bevorzugung des männlichen Geschlechtes
vor dem weiblichen im Gegensatz zur interrenalen Frühreife. Die in
der Literatur aufscheinenden seltenen Fälle von pinealer Pseudopubertät
beim weiblichen Geschlecht sind ausnahmslos klinische Beobachtungen
ohne anatomischen Befund. Die letzte Zusammenstellung der Kasuistik
durch BERBLINGER umfaßt 17 Fälle von Zirbelsarkom, vorwiegend beim
männlichen Geschlecht mit klinisch auffallender geistiger Frühentwicklung, 1 Fall von Melanom, 25 Gliome (17 männliche, 5 weibliche).
Unter dem Namen „Pinealom" faßt BERBLINGER die Adenome und
Sarkome zusammen, es handelt sich immer um eine Wucherung der
Pinealzellen. Außerdem zählt er 27 Fälle von Teratomen und teratoiden
Gewächsen, 26 männliche, 1 weiblichen, davon bestand in 9 Fällen
Frühreife, in 2 nur Bart und Schambehaarung. Von 97 Gewächsen,
die mit größter Wahrscheinlichkeit als primär aufzufassen waren, ließ
sich bei 82 das Lebensalter feststellen, davon waren 55 Nichtteratoide,
27 Teratoide, während bei der ersten Gruppe 16 Fälle Individuen betrafen, die jünger als 17 Jahre, 39, die über 17 waren, kamen auf die
zweite Gruppe der Teratoide 21 unter 17, nur 6 über 17 Jahre. Das
häufige Vorkommen der Frühreife bei Zirbelteratomen ist unter diesen
Gesichtspunkten zu verwerten. Beim weiblichen Geschlecht ist bisher
kein sicherer Fall epiphysärer Frühreife bekannt. Im Falle von ASKA-
NAZY und BRACK kam es bei einem 10jährigen idiotischen Mädchen zur
Entwicklung der Brüste, Schambehaarung, Menarche mit 13 Jahren.
10 Jahre später Exitus: Mikrocephalie und Mikrogyrie, sehr kleine

Zirbel ohne histologische Veränderungen. Hier also reine sexuelle Präkozität ohne Pinealerkrankung.

Im Falle Laurinsich handelte es sich bei einem 3 jährigen frühreifen Mädchen, dessen Mutter post partum an Akromegalie erkrankt war, wahrscheinlich um eine Gumma der Epiphyse (kein anatomischer Befund).

Von Fällen mit pinealer Frühreife lagen bis 1928 folgende Fälle vor, bei denen ein autoptischer Befund verzeichnet war: die Fälle von Gutzeit, Oestreich-Slavyk (mit Mammabildung), Ogle, Holzheuser, Frankl-Hochwart, Raymond-Claude, Bailley-Jeliffe, Goldzieher, Hijmans, Takeya, Odermatt, Boehm, Krabbe.

In diese Liste kämen noch die Fälle Skoog, Lereboullet-Maillet-Brizard, Klaproth (zitiert bei Horax-Bailley) und Frank-Huebschmann. Außerdem liegen eine große Anzahl nur klinisch diagnostizierter Fälle vor, zum Teil Mädchen betreffend, so die Fälle Baar und Borchardt.

Nur in einigen Fällen ging die Macrogenitosomia praecox mit einer Frühentwicklung der Testikel einher, war also als echte Pubertas praecox anzusprechen, so bei Pelizzi, bei Borchardt u. a.[1] Bei lediglich prämaturen sekundären Geschlechtsmerkmalen des Exterieurs drängt sich Zweifel an wirklicher Frühreife und die empfohlene Bezeichnung als Pseudopubertas praecox auf, wobei dem mitunter früh erwachenden Interesse für das andere Geschlecht nicht die Bedeutung sexueller Reife zuzuerkennen ist.

Die Theorien, welche sich um die Erklärung der so interessanten Entwicklungssteigerung bei Zirbelgeschwülsten bemühen, lassen sich im wesentlichen in drei Gruppen ordnen: die glanduläre, die neoplastische und die nervöse Grundlage.

Länger zurückliegende Tierexperimente ergaben (Foà) bei Hühnern nach Zirbelexstirpation stärkeres Wachstum und Hodenentwicklung, doch ist nach Krabbe ein Vergleich des Vogelhodens mit dem menschlichen nicht angängig. Exner und Boese erzielten solche Erfolge nicht. Horrax sah bei Meerschweinchen starke Gewichtszunahme und größere Testikel, doch differieren die Resultate bei Wirbeltieren im allgemeinen. Zandrén erinnert, daß intravenöse Applikation von Drüsenextrakt (Dixon und Halliburton, Horrax) keinen Erfolg gibt, daß nach längerer oraler Darreichung (Dana und Berkely, McCord) schnelleres Wachstum und Sexualentwicklung auftritt. Die Stützen für die Theorie Marburgs, der einen Hypopinealismus als Frühreife provozierend, Hyperpinealismus als Fettsucht hervorrufend, Apinealismus als Kachexie erzeugend annimmt, finden bisher weder im Experiment noch in der Klinik und Anatomie die wünschenswerten Stützen. Zudem mangelt es

---

[1] Einwandfreie histologische Untersuchungen von Fällen epiphysärer Frühreife mit Berücksichtigung der Keimdrüsen finden sich nach Jaffé-Berberich nur bei Golzieher, Huebschmann und Berblinger. Makroskopisch findet man Größen ausgewachsener Hoden, mikroskopisch ausgereifte Spermiogenese und typische Zwischenzellen, also Befunde wie bei Erwachsenen. Daraus ist zu entnehmen, daß die Epiphyse in innersekretorischer Beziehung zum Hoden steht, man kann aber auch aus diesen Befunden nicht einen Schluß ziehen auf die endokrine Funktion der einzelnen Hodenbestandteile.

uns bisher an sicheren Beweisen für die endokrine Funktion der Zirbel, und wenn eine solche zu Recht besteht, so kommen noch die intimen Korrelationen der Blutdrüsen untereinander in Betracht. BERBLINGER führt an, daß Nebennieren- und Hypophysenausfall ganz ohne Einfluß auf die Zirbelstruktur bleiben, Thymus- und Pankreasausfall sich in gewissen atrophischen Vorgängen der Epiphyse zu erkennen gibt, korrelative Veränderungen am ehesten nach Thymektomie bemerkbar sind.

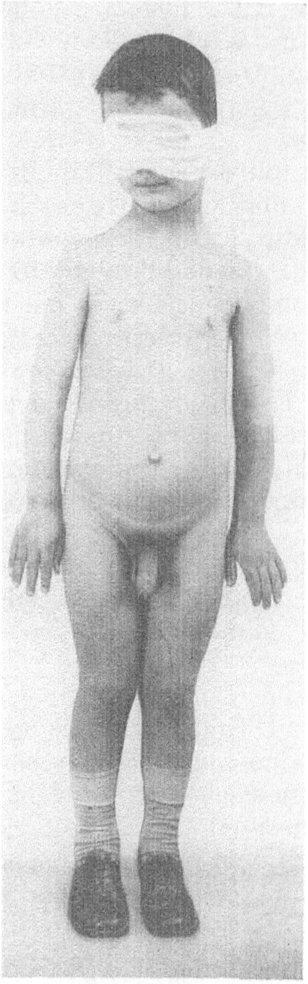

IZAWA erzielte durch experimentellen Apinealismus anatomisch sichergestellte somatisch-sexuelle Vorentwicklung und sieht in der Zirbelfunktion die Aufgabe, eine vorzeitige Geschlechtsentwicklung zu verhüten, die anderen endokrinen Drüsen erwiesen sich schwerer als bei den Kontrolltieren, Thymus und Schilddrüse waren bei weiblichen Tieren stärker als bei männlichen. In der funktionellen Steigerung der anderen Hormondrüsen sieht JOHAN bei Deutung seines Falles die treibenden Kräfte der Frühreife.

Auf andere Weise kommt ASKANAZY zur Erklärung der epiphysären Frühreife. Er schreibt dem Neoplasma als solchem eine morphokinetische Rolle zu, er sieht in der Beeinflussung der Körperentwicklung durch die meist teratoiden Geschwülste der Zirbel eine dem embryonalen Gewebe zu eigene Wirkung, eine onkogene Wirkung mächtiger Potenz. Gegen diese Theorie sprechen die vielfach gefundenen, Frühreife hervorrufenden Geschwülste nicht teratoider Struktur mit gleicher Wirkung körperlich-geschlechtlicher Vorentwicklung.

Endlich führt die Darlegung pathogenetischer Möglichkeiten für die pineale Frühreife hinüber zur cerebralen Frühreife, es kommen den anscheinend humoralen Geschehnissen übergeordnete, die Trophik mitbestimmende zentralnervöse Zentren und Bahnen in Betracht, deren Absonderung von pineal lokalisierten und kausal zentrierten Befunden nicht immer leicht wird.

Abb. 27. 3¹/₂ jähriger Knabe mit hypopinealer Frühreife. Besserung auf Pinealextrakt. (Nach ANTOGNETTI.)

Auch über therapeutische Versuche bei pinealer Frühreife verfügt die Literatur. ODERMATT brachte Epiglandol (Roche) und Pinealglandtabletten (Parke-Davis) zur Anwendung, ohne Erfolg, ANTOGNETTI (s. Abb. 27) sah Besserung auf Zirbelextrakt, v. PFAUNDLER erzielte mit Röntgenbestrahlung Besserung nur der cerebralen Symptome,

KLIPPEL-WEIL-MINVIELLE erzielten bei ihrem Falle durch Radiotherapie Besserung.

d) Andersartige endokrin beeinflußte Frühreife. Zu den endokrin beeinflußten Vorkommnissen vorzeitiger Reife wären die experimentellen Erfahrungen ASCHNERS zu zählen, der nach Milzexstirpation bei jungen Tieren vorzeitige Geschlechtsreife erzielte, wofür auch klinische Parallelen bei Menschen zu finden wären: Brustdrüsenentwicklung nach Milzexstirpation, Frühreife bei Chlorose. BAB und FRAENKEL heben hervor, daß die angeblich mit Hypophysenveränderung einhergehende Chondrodystrophie und Osteogenesis imperfecta sich mit Hypergenitalismus kombinieren. Daß auch andere Autoren die Chondrodystrophie, die ja häufig mit starker Ausbildung der Genitalorgane und allgemeiner Frühentwicklung einhergeht, mit der Pubertas praecox in eine Linie bringen, und auf den vorzeitigen Epiphysenschluß und auf den Minderwuchs verweisen, spricht nicht für die Berechtigung einer solchen Annahme. J. BAUER meint: „Nicht der Hypergenitalismus macht die Extremitätenkürze, sondern beide sind einander sicherlich koordiniert.“ Einerseits scheinen ihm die Anlagen für disproportional lange Extremitäten (Neger) und Hypogenitalismus korreliert zu sein, sowie die Anlagen für disproportional kurze Extremitäten und Hypergenitalismus, andererseits müsse aber auch dem Keimdrüsenhormon ein hemmender Einfluß auf das enchondrale Längenwachstum der Röhrenknochen zugeschrieben werden. Daß übrigens die Chondrodystrophie nicht immer mit Überentwicklung des Genitalsystems einhergeht, beweist die Beobachtung TENSCHERTS eines Falles mit eher kindlichem Genitale.

PARHON und SHUNDA sowie REBATTU nehmen außer einem Hypergenitalismus noch einen Hypothyreoidismus, Hypopituitarismus, vielleicht auch eine mangelhafte Thymusfunktion als Ursache der Chondrodystrophie an. Auch G. A. WAGNER und ABELS nehmen Funktionsänderungen der verschiedenen endokrinen Drüsen an, BERLINER führt den den Chondrodystrophikern nachgesagten Hypergenitalismus auf eine falsche Einschätzung der Genitalentwicklung im Verhältnis zur Kleinheit des Individuums zurück.

So sehr Untersuchungsresultate der letzten Jahre der Prähypophyse die Rolle einer die sexuelle Funktion und Entwicklung in Gang bringenden, diesen übergeordneten Instanz zuerkennen, so schlüssig all diese Ergebnisse auch seien, Fälle hypophysärer Frühreife sind bisher nicht einwandfrei bekanntgeworden. In anderem Sinne entwicklungsbeeinflussend kann allerdings eine Hypophysenerkrankung wirken. So fand HUSLER bei röntgenologisch nachgewiesenem Hypophysentumor Adipositas eines kleinen Mädchens, zusammen mit gesteigertem Körperwachstum.

FROMME hebt hervor, daß frühzeitige Geschlechtsreife nach Literaturangaben bei spätrachitischen Mädchen beobachtet wird, und gedenkt einer eigenen, hierhergehörigen Erfahrung. Inwieweit pathogenetisch hier endokrine Störungen eine Rolle spielen, steht dahin.

Einzigartig ist eine Beobachtung WELLESLEY KENDLES. Ein Mädchen mit angeborenem Kretinismus zeigte mit 6 Jahren alle Anzeichen von Frühreife, Menstruation, Entwicklung der Brüste und der Behaarung. Auf Schilddrüsenbehandlung rapide geistige Entwicklung, Aufhören der Menses, Kleinerwerden der Mammae, Schwund der Behaarung. Eine pathogenetische Erklärung ist wohl kaum zu finden.

Die vielfachen Kombinationen, die abwechslungsreiche Symptomengruppierung, die wir bei den verschiedenen Typen der endokrin beeinflußten Frühreife antreffen, erschwert den Versuch einer klinischen Systematik außerordentlich. Beobachtungen von Wechsel des klinischen Bildes im Lebensablauf des einzelnen Falles (HERRSCHMANN-NEURATH) zwingen öfters zu geänderter Auffassung. Hierzu kommt die Dominanz der idiotypischen, chromosonalen Grundlage des krankhaften phänotypischen Entwicklungsganges. Unter solchen Kautelen, unter großer Vorsicht kann das klinische Schema THOMAS verwendet werden.

Richtlinien für die Diagnose der Frühreife. (Nach THOMAS.)

A. Mädchen:

  a) Auftreten gleichgeschlechtlicher Vorausentwicklung: Hyperfunktion der Ovarien oder der Nebennierenrinde.

     Im ersteren Falle Menses viel häufiger als im zweiten. Der Genitalbefund wird ovarielle Veränderungen meist klarstellen. Zur Sicherstellung einer Nebennierenvergrößerung ist außer dem Palpationsbefund das Röntgenbild zu versuchen.

  b) Auftreten andersgeschlechtlicher Vorausentwicklung: Hyperfunktion der Nebennierenrinde. Exstirpation des Tumors wirkt heilend. Bei erwachsener Frau Umschlag ins Männliche durch tumorartige Wucherung von Hodengewebe (NEUMANN).

B. Knaben:

  a) Auftreten gleichgeschlechtlicher Vorausentwicklung: Zirbeltumoren, Tumoren des Mittelhirns, Hodentumoren, sehr selten Nebennierenrindentumoren (als solche nachweisbar?).

  b) Auftreten andersgeschlechtlicher Vorausentwicklung: unbekannt. (Zeitlich nicht verschobenes) Auftreten heterosexueller Merkmale bei der Dystrophia adiposogenitalis des Knaben.

III. Die cerebrale Frühreife.

Cerebrale Affektionen gehen manchmal mit somatisch-sexueller Frühentwicklung einher. Die enge funktionelle Bindung zwischen Zentralnervensystem und endokrinen Drüsen ist schon in der Erfahrung von Nebennierenhypoplasie bei Anencephalie, Hemicephalie, Makrocephalie und angeborenem Hydrocephalus als deutlich erkannt (MECKEL, ZANDER, WIESEL). SCHMALZ beobachtete einen Fall vorzeitiger Geschlechtsreife bei einem 12jährigen Knaben mit Hirntumor am Boden des 3. Ventrikels bei intakter Zirbel, einen ähnlichen Fall C. SCHMIDT, BERBLINGER und ebenso MARRO bei Gliom des 3. Ventrikels, LEREBOULLET sah bei einem solchen Dystrophia adiposogenitalis, WINICOTT und O'FLYNN sahen Frühreife bei Absceß des rechten Frontallappens, BALDI nach Läsion des Zwischenhirns im Gefolge von Keuchhusten, KRABBE bei tuberöser Sklerose, HEUYER und VOGT bei Tumor in der Gegend der Corpora mammillaria. WIRTH, STERN, JOHN und MOURIQUAUD bringen Erfahrungen über Pubertas praecox nach Encephalitis lethargica. In dieselbe Gruppe gehören möglicherweise Beobachtungen von Frühreife nach anscheinend banalen, zur „Grippe" gezählten länger dauernden fieberhaften Erkrankungen (NEURATH, s. Abb. 28), nach Konvulsionen (SCHERESCHEWSKY). Daß die Sexualentwicklung unter dem Einfluß trophischer, morphokinetischer Zentren des Nervensystems steht, zeigt schon der Hinweis ED. MÜLLERS, der sich auf AXENFELD und BAYERTHAL berufen kann, auf Amenorrhöe bei Erkrankungen des Zentralnervensystems. SCHMALZ verweist auf die Beziehungen des Zwischenhirns zum Sympathicus und des Sympathicus zu den endokrinen Drüsen und beruft sich auf die Befunde von KARPLUS und KREIDL, daß eine Stelle lateral vom Tuber cinereum auf Reizung Sympathicusreaktion gibt. Auch nach ASCHNER gibt Reizung des Tuber cinereum Schmerzatmung, Schreien, vorübergehendes Aussetzen der Herztätigkeit. Auf der anderen Seite kann man annehmen, daß das autonome Nervensystem die endokrinen Drüsen beeinflußt. Nach L. R. MÜLLER und R. GREVING sprechen manche Gründe dafür, daß in den Corpora mamillaria das übergeordnete Zentrum für die Geschlechts- und Fortpflanzungsfähigkeit zu suchen ist. F. MOHR konstruiert für die Beeinflussung der endokrinen Drüsen vom Gehirn aus eine rein hormonale, eine neurochemische bzw. hormoneurale und eine wesentlich neurale Korrelation.

Die pathogenetische Trennung der cerebralen von der pinealen Frühreife ist nicht immer leicht; die gegenseitige Bedingtheit mechanischer Wirkungen läßt die Möglichkeit offen, daß Zirbeltumoren Druckwirkung auf ein übergeordnetes trophisches Zentrum üben sowie, daß intrakranielle Veränderungen die Zirbel in ihrer Funktion tangieren. Noch ist die Frage nach der grundlegenden Ursache dieser Typen ungelöst.

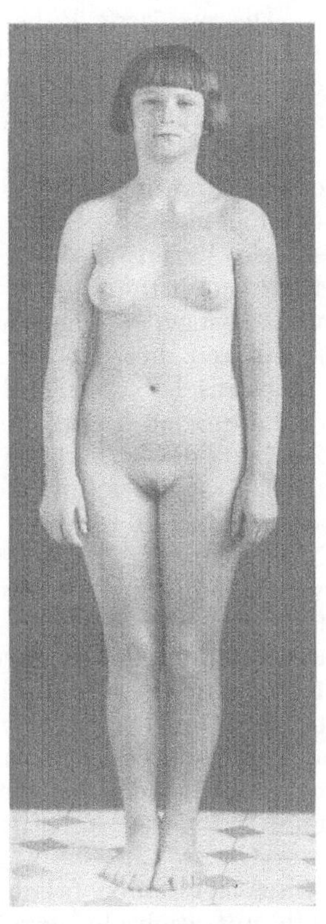

Abb. 28. 10½jähriges, nach „Grippe" (Encephalitis) im 5. Lebensjahre frühreifes Mädchen. (Eigene Beobachtung.)

b) Die verspätete Pubertät (Pubertas tarda).

Der verspätete Eintritt der Geschlechtsreife kann idiotypisch bedingt (konstitutionell sein) oder durch Faktoren der Umwelt (konditionell) entstanden sein. Genotypische Minusvariationen verschiedener Art, in erster Linie alle der großen, unscharf umschriebenen Gruppe des genuinen Infantilismus, der abnormen Persistenz einer sonst passageren Entwicklungsstufe zugezählten Typen, zeigen verspätetes Einsetzen der Pubertät. Im besonderen kommen die Formen des Puerilismus, des Juvenilismus in Betracht. Im Exterieur bilden ein langes Andauern der körperlichen Kindheitsmerkmale, eine entsprechende Beeinflussung der Wachstumskurve und der Körperproportionen, eine Verzögerung und Hemmung des Auftretens der somatischen, daneben aber auch der psychischen Sexualmerkmale die Einzelheiten des Bildes. Die schärfere Prägung der besonders durch die Funktion des Endokrinons intensivierten männlichen Sexualcharaktere, das im Endresultat dem kindlichen Akt nahestehende weibliche Körperbild läßt die Folgen retardierter Reife beim Weibe weniger auffallend erscheinen als beim Manne.

Die *verzögerte* Pubertät schafft aus dem Grunde nicht die scharfen klinischen Konturen, wie wir sie bei der Pubertas praecox finden, weil diese die Evolutionskurve definitiv im Sinne eines sehr frühen Anstieges und darauffolgenden Wachstumsabschlusses ändert, die verspätete Reife aber die Kurve nur dehnt, den Pubertätsimpuls später erfährt und im Endresultat schließlich die Norm erreichen kann (Akairotrophie nach RÖSSLE). Auch gestaltet die rassenmäßige, klimatische, soziale Variation des Pubertätseintrittes den Begriff der verzögerten Reife zu einem relativen. Von solchen gleichsam physiologischen Reifeverspätungen wollen wir, ebenso wie von den in gewissen engen Grenzen familiären, hereditären Spätreifen absehen.

Klinisch bieten Fälle der verspäteten Pubertät, jenseits des Alters der normalen Reife, auffallende Züge. Vor allem stellen sich all die Zeichen, die uns als Sinnfälligkeiten des Reifebeginnes geläufig sind, nicht in der bekannten Harmonie ein, die Ausbildung der geschlechtsspezifischen Merkmale fehlt oder ist mangelhaft. Beim Knaben die Muskelentwicklung, das Haarwachstum, der Stimmwechsel, die sich vom kindlichen Akt unterscheidende Fettverteilung. Beim Mädchen fehlt die Menstruation, es mangelt die Behaarung der Genitalsphäre und der Achseln, die Brüste bieten infantile Entwicklung. Körperhöhe, Körperdimensionen und -proportionen sowie der Fettansatz bilden bei beiden Geschlechtern in der Norm eine Trias, die in ihren Anteilen ausgesprochene Harmonie bietet und typische Akte schafft, eine Gebundenheit, die bei der Reifeverspätung fehlt. Inwieweit am Endbilde individuell-konstitutionelle Faktoren, unter deren Begriff allgemein somatische Entwicklungstendenzen, aber auch endokrine Plus- oder Minusvariationen fallen, eine Rolle spielen, läßt sich wohl im Einzelfalle mit wechselnd großer Wahrscheinlichkeit entscheiden, doch ist die Pathogenese trotz immensen Materiales an klinischen Substraten und an Theorien, vielleicht gerade infolge dieser, eine recht verschwommene. Besonders beim Weibe erschwert noch der allmähliche Übergang von Typen der Norm zu solchen des Abwegigen Bild und Deutung.

Erfahrungen beim männlichen Geschlecht und, allerdings weniger prägnant, beim Mädchen lassen bezüglich der Körperhöhe zum Teil ein Plus, zum Teil ein Minus erkennen. Beobachtungen NEURATHS an jungen Soldaten ergaben infantiles Exterieur, verringerte Körperhöhe und übermäßige Unterlänge bei retardierter Reife (Bradytrophie), doch findet sich, leicht erklärlich durch den verzögerten Epiphysenschluß, auch Überhöhe vielfach angegeben. Die röntgenologisch nachweisbare Verzögerung des Fugenschlusses bedingt ein längeres Auswachsen der die Höhe bedingenden Röhrenknochen der Beine im Vergleiche zum Rumpf (Sitzhöhe), ein Prädominieren der Unterlänge, ein Zurückbleiben der Spannweite hinter der Körperlänge. Solche spätreifen Individuen zeigen eine Betonung der beim Mädchen fast physiologischen Genua valga, eine Neigung zum Plattfuß, Schmalheit des Beckens, infantile Stimme, eine gewisse Adipositas, vertieft zum äußeren Eindruck einer gewissen äußeren Pseudopubertät, insofern Fettdepots am Thorax die Entwicklung von Brüsten vortäuschen können. Prädilektionsstellen für die subcutane Fettanhäufung sind in stärkerem Maße als in der Norm Unterbauchgegend, Nates, Schenkel. Zu solchen Fettdepots im Kontrast stehen recht häufig zu sehende infantile Formen mit unternormalem Fettwuchs. Weniger deutlich als beim Jüngling pflegen die wichtigsten Züge dieser kurz skizzierten Details sich beim Mädchen zu finden. Sie entsprechen ziemlich den eunuchoiden Typen des Hochwuchses und des Fettwuchses.

Als charakteristisch für die von SELLHEIM Kastratoidie genannte Eunuchoidie beim Weibe werden (WIESEL) angeführt: infantile Verhältnisse, kaum tastbarer Uterus, kleine Ovarien, kleine Schilddrüse, supernumeräre Parenchymwerte des Thymus, fehlendes Sexualbedürfnis, Sterilität. Im Alter der Geschlechtsreife sind diese Merkmale naturgemäß nur angedeutet. Eine anscheinend auf genitaler Entwicklungshemmung beruhende, dem Eunuchoidismus nahestehende Entwicklungsstörung, die beim Erwachsenen und im Kindesalter, nicht aber im Reifealter zur Beobachtung kommt, ist das *Geroderma*, dessen Charakteristicum eine gewisse „Präsenilität" ist: greisenhafte Züge, schlaffe Haut, kleine Hoden (bevorzugt ist das männliche Geschlecht), herabgesetzte Muskelkraft, stärkerer Fettansatz mit femininer Lokalisation. Im Kindesalter gibt es eine Senilitas praecox, die „Progerie" (HASTINGS GILFORD) oder „Nanisme type sénile" (VARIOT), beim Erwachsenen die „hypophysäre Kachexie" oder „präsenile Involution" (ZONDEK). Das Geroderma repräsentiert eine „Partialsenilität" (ROSENSTERN), angedeutet beim hypophysären Zwergwuchs (BAUER, BIEDL) und bei der Athyreose.

Der Begriff des Eunuchoidismus, der Reifung ohne oder mit verspäteter Geschlechtsdrüsenfunktion und mit verlängerter Dominanz des Hypophysenvorderlappens ohne Ansprechbarkeit seines Erfolgsorganes, der Gonaden, also gestörtem Cyclus der Pubertätsentwicklung (ARON), deckt nicht die primär hypogenitalen Dystrophien allein, er birgt auch thymogene, hypophysäre, hypothyreoide, pluriglanduläre Formen und auch nicht endokrin veranlaßte Typen, idiotypische Varianten. ARON hebt mit Recht hervor, daß sich eine ganze Reihe pathologischer Wachstumsstörungen der Pubertätszeit nicht gerade leicht in die Typenfolge gestörter endokriner Funktionen einreihen lasse.

Bei hypophysären Wachstumsstörungen, Individuen des Pubertätsalters betreffend, sah BIEDL überraschende Steigerung des Wachstums, Beeinflussung des Stoffwechsels und des Blutbildes nach oraler Darreichung des getrockneten Hypophysenvorderlappens.

Es findet sich auch, durch Unterwertigkeit der Hormondrüsenfunktionen bedingt, reiner Zwergwuchs. Unter Umständen kann durch Abbaureaktion nach ABDERHALDEN die Unterfunktion einer bestimmten

Drüse (so im Falle BRANDIS) erwiesen werden. Auch die Grundumsatz-
bestimmung kann, wenn auch nicht ohne Berücksichtigung anderer
wichtiger Momente, zur Diagnose mithelfen.

Die Verspätung der Pubertät kann, wie schon erwähnt, sich auf
einige Jahre erstrecken, die Reife kann aber auch ausbleiben. Zur
ersten Gruppe gehören (BRANDIS) viele Fälle des Infantilismus dystro-
phicus, in dessen Ätiologie schlechte hygienische Verhältnisse, Alko-
holismus, Lues der Ascendenz, Keimverderbnis und Fruchtschädigungen
(MÜLLER) eine Rolle spielen. Von den exogenen Faktoren, die eine
Pubertätsverzögerung im Gefolge haben, sei der die Gesamtentwicklung
retardierenden oder hemmenden organischen Erkrankungen, der Vitien,
des Gelenkrheumatismus, der HEUBNER-HERTERschen Verdauungs-
insuffizienz gedacht. ARON erinnert an einen Fall HEUBNERS, in dem
das verstärkte Wachstum erst im 15. Lebensjahr begann und sich bis
ins 22. fortsetzte. Auch MADER hebt hervor, daß beim HEUBNER-
HERTERschen Infantilismus die Heilung spätestens um die Pubertät
einzutreten pflegt. Dieses zeitliche Zusammentreffen der endgültigen
Genesung mit einem so eminent wichtigen Lebenswendepunkt sei kein
zufälliges, sondern ein beziehungsmäßiges und ursächlich verknüpftes.
ARON berichtet über einen Fall von Pankarditis mit Infantilismus ohne
Zeichen von Geschlechtsreife, in dem nach erfolgreicher Kardiolyse die
Pubertät, Wachstumsnachschub, Entwicklung zu den Formen der Reife
einsetzte. Inwieweit hierbei die endokrinen Apparate eine primäre oder
sekundäre Rolle spielen, läßt sich schwer entscheiden. NOBÉCOURT erwähnt, daß im Gegensatz zu solchen Erfahrungen im Pubertätsalter
sich bei Mitralfehlern auch auffallende Körpergröße finde. JASCHKE
konstatierte das verspätete Eintreten der Menarche bei früh erworbenen
Herzfehlern, bei Aortenfehlern fände sich auch frühe Menstruation.

Eine Verzögerung der Geschlechtsreife mag auch in gewissen Grenzen
in der in der Kriegs- und Nachkriegszeit beobachteten (STEFKO, NOBEL,
SCHLESINGER) Wachstumshemmung mitbeteiligt gewesen sein. Es handelt sich in derartigen Fällen um eine Entwicklungsverzögerung, nicht
um eine Dauerhemmung; sie stehen in interessantem Kontrast zum
früheren Eintritt der Geschlechtsreife und früheren Reifegestaltung der
Wachstumskurve bei Kindern wohlhabender Kreise (relativ sozial bedingte Pubertas praecox, Kulturtypus). Bei der exogen verzögerten
Reife kommt es schließlich doch zur Entwicklung, wenn auch manchmal unvollständig, es restiert (BRANDIS) mangelhafte Involution des
lymphatischen Apparates, Überwiegen des antero-posterioren Durchmessers, allgemeine Enteroptose usw., temporärer resp. partieller Infantilismus, zum Unterschied vom dauerenden, generellen.

Nach FROMME sind fast alle Spätrachitiker in der Adolescenz in
ihrer Geschlechtsentwicklung zurückgeblieben, beim männlichen Geschlecht deutlicher als beim weiblichen Geschlecht: bei diesem kommt
es verspätet zur Ausbildung der Brüste und der Menarche. Die Kranken
können so einen direkt kindlichen Eindruck machen.

BRANDIS schlägt in Anlehnung an ANTON folgende Einteilung des
Infantilismus vor:

A. Temporäre Form.
Ursache: Schlechte hygienische Verhältnisse, mangelhafte Ernährung usw.

B. Dauernder Infantilismus.
1. Endokrine Ursachen:
a) Schilddrüse; b) Hypophyse; c) Keimdrüsen.
2. Dystrophische Ursachen:
a) Gehirn und Nervensystem; b) Lues, Tuberkulose, Alkohol usw.;
c) Angeborene Entwicklungsdefekte.

C. Partieller Infantilismus.

Rössle bringt eine instruktive Ordnung der verschiedenen Zwergwuchsformen nach ihren Geschlechtsverhältnissen, die auch bezüglich des Eintrittes der Geschlechtsreife interessante Unterschiede erkennen läßt:

1. Primordialer Zwergwuchs (v. Hansemann). Zwerg- oder kleinwüchsige, geschlechtlich und psychisch reifende Menschen mit annähernd normalen Entwicklungsproportionen. Anomalie meist vererbt und oft angeboren, seltener später auftretend.

2. Dysgenitaler Zwerg. A. Sog. infantilistischer Zwergwuchs. Mehr oder minder ausgesprochene, häufig unter 100 cm reichende Zwerge, als Ausdruck eines allgemeinen Infantilismus mit kindlicher Psyche, ausgebliebener sexueller Reifung und oft vorhandenen, aber nicht regelmäßigen und nicht reiner kindlicher Proportionierung (gelegentlich trotz Kleinheit eunuchoide Formen mit übertriebener Unterlänge). Pathogenese unbekannt. B. Glandulär-dysgenitaler Kleinwuchs (Rössle). Gute Proportionen und körperliche, nur nicht sexuelle Vollreife bei starker Hypoplasie der Keimdrüsen. Keine Idiotie.

3. Hypophysärer (dyspituitärer) Zwergwuchs (Nanosomia pituitaria). Wechselnd starkes Zurückbleiben des Wachstums, zum Teil mit eunuchoidem, zum Teil mit kindlichem Habitus. Nicht selten gute Intelligenz, Neigung zu Fettsucht (Dystrophia adiposogenitalis) und Polyurie, immer mit Hypogenitalismus.

4. Thyreogener (dysthyreotischer) Zwergwuchs. Häufiger Ausdruck der Wachstumshemmung bei sporadischem und endemischem Kretinismus mit Myxödem; Hemmung der psychischen, weniger der sexuellen Entwicklung. Bei starkem Mangel an Schilddrüse erhebliche Wachstumseinbuße bis unter 100 cm.

5. Dyscerebraler Zwergwuchs (Gigon, Rössle). Wachstumshemmungen mittleren Grades bei primären Störungen der Gehirnentwicklung mit gelegentlich gleichzeitigen dysgenitalen, dyspituitären und dysthyreotischen Nebenerscheinungen.

6. Chondrodystrophischer Zwergwuchs. Unproportionierte Verkürzung der Beine und Arme, Hypergenitalismus, ungeschmälerte Intelligenz.

7. Rachitischer Zwergwuchs.

8. Seltene Formen der Wachstumshemmung: Osteogenesis imperfecta, Mongolismus, Paltaufscher Zwerg, Progerie.

Einen instruktiven Fall von hypophysärem Infantilismus schildert Popoff, einen 19jährigen Jüngling mit Genitalhypoplysie betreffend. Therapeutisch bewährte sich rohe Hypophyse und Präphyson: in Jahres-

frist Längenzunahme von $12^1/_2$ cm, Pubertätseintritt, Genitalentwicklung, Änderung der Stimme, Bart- und Achselhaarwachstum.

Nach LUCKE soll für die Aussichten organotherapeutischer Behandlung des hypophysären Zwergwuchses, konform den Erfahrungen
ENGELBACHS, das Pubertätsalter die geeignetste Periode sein.

Analog der partiellen Frühreife findet sich auch das Bild partieller
Spätreife. Variationen im erzielten Endresultat des Körperwachstums,
Verspätung im Eintritt einzelner Sexualmerkmale, schaffen wechselnde
Formen meist passagerer Art, doch kaum scharf umschriebene Krank-
heitstypen.

2. Intersexualität.

Schon bei Besprechung der verschiedenen Typen endokrin beein-
flußter Pseudopubertas praecox wurde mehrfach der Kombination isosexueller und heterosexueller Sexualmerkmale im Bilde der Frühreife
gedacht und die Verwirrung, die in den Deutungsversuchen dieser Auffälligkeiten herrscht, hervorgehoben. Das große und pathogenetisch
umstrittene Gebiet der morphologischen sexuellen Zwischenstufen, das
nicht nur Fälle von Frühreife umfaßt, erheischt eine gesonderte Besprechung.

Um die Zeit der Geschlechtsreife wird die zeitgemäße Ausbildung
der sekundären Sexualmerkmale und das Erwachen des Geschlechtstriebes charakteristische, in der Anlage begründete abnorme Konstitu-
tionen in Konflikt mit der Mehrzahl der normal Veranlagten, mit der
Gesellschaft und deren streng gehüteter Gesetzmäßigkeit bringen können,
die wir, soweit es sich um körperliche Auffälligkeiten handelt, als
Intersexe, soweit die Richtung des Geschlechtstriebes (zum gleichen
Geschlecht) in Betracht kommt, als Homosexuelle bezeichnen. Unter
Intersexualität (Zwittrigkeit) ist ein wechselnd großer Einschlag andersgeschlechtlicher Merkmale in die übliche Harmonie der der vorhandenen
Geschlechtsdrüse zukommenden Sexualmerkmale zu verstehen. Von der
reinen Gonade und Geschlechtscharaktere umfassenden Eigengeschlecht-
lichkeit führen unzählige Zwischenstufen dysharmonischer Merkmal-
kombinationen zum sehr seltenen, ausgebildeten, beide Arten von Geschlechtsdrüsen, Ovar und Hoden (Ovotestis), bergenden echten Hermaphroditismus, an den der Pseudohermaphroditismus, das Scheinzwitter-
tum, die im Exterieur zutage tretende Kombination von Sexualcharakteren beider Geschlechter bei Anwesenheit der Gonade nur eines Geschlechtes nur äußerlich erinnert. Man nennt solche Kombinationen
bei Anwesenheit des Hodens Pseudohermaphroditismus masculinus, bei
Vorhandensein des Ovars Ps. femininus. Überaus häufig finden sich
vereinzelte heterosexuelle Merkmale bei genauer Analyse auch an sonst
eingeschlechtlich erscheinenden Individuen, so die dem anderen Geschlecht zukommende Behaarung, Fettverteilung, Stimmbildung, Bek-
kenform. In der Mehrzahl der Fälle handelt es sich um bei der Geburt
als Mädchen agnoszierte und weiterhin als solche erzogene Kinder, die
oft schon in der Kindheit durch gewisse unweibliche Züge und Allüren,
größere Körperhöhe, größere Muskelkraft usw. aufgefallen sein können.

Um die Zeit der Reife kann sich Bartwuchs, Mutieren, männliche Gesichtszüge, Ausbleiben der Brustentwicklung und der Menstruation, psychisch ein gewisser, zum Weibe orientierter Geschlechtstrieb einstellen, die ärztliche oder gerichtsärztliche Entscheidung verlangen. Die Untersuchung zeigt dann oft eine Mißbildung, die in einer „Hypospadia penis-scrotalis pseudovulvaris mit Kryptorchismus" besteht. C. SEITZ hebt hervor, daß mitunter durch traumatische Einwirkung anscheinend ein- oder beiderseitige Leistenhernien entstehen, bei deren Operation sich Hoden finden; daß öfters die infolge ihrer Erziehung weiblich zu empfinden glaubenden Scheinzwitter sich nicht von ihrem wahren Geschlecht überzeugen lassen wollen, ja durchaus die Kastration verlangen; daß die Gegenwart symmetrischer Gebilde in den scheinbaren Labien, der Form nach Hoden resp. Nebenhoden entsprechend, der Nachweis des unter dem Finger rollenden Samenstranges auf dem horitzonalen Schambeinast, die Auslösbarkeit des Cremasterreflexes oder die Ejaculation von Sperma verwertbare Beweise für den Pseudohermaphroditismus sind. Hierzu käme noch der Tastbefund per rectum, der über die Gegenwart der intraabdominal gelagerten Genitalorgane Aufschluß geben kann. Täuschen kann die Angabe über Molimina und Menstrualblutung, denn periodische schmerzhafte Kongestion ist auch bei Scheinzwittern mit Leistenhoden beobachtet (SEITZ). MARAÑON unterscheidet die „ständigen Arten" der Intersexualität, wie Hermaphroditismus, Pseudohermaphroditismus, Gynäkomastie, Hypospadie, Kryptorchie, verspätete Vermännlichung und Verweiblichung, von den „Arten vorübergehender Intersexualität", die während eines bestimmten Lebensabschnittes auftreten und später wieder schwinden können. Er nennt „kritische Intersexe" solche, welche in den „kritischen" Phasen des Sexuallebens, so in der Pubertät, im Klimakterium in Erscheinung treten, und betont, daß beim Herannahen der Pubertät bei den Knaben mehr oder weniger ausgesprochen vorübergehende Anzeichen von Intersexualität auftreten, denen etwas Weibliches anhaftet, während bei den Mädchen das Erscheinen von männlichen Stigmen nur ausnahmsweise vorkommt. (Im Klimakterium soll die Sache sich umgekehrt verhalten.)

MARAÑON schildert eingehend die Bilder weiblicher Intersexualität bei Knaben in der Pubertät, die häufige Gynäkomastie, eine Art eunuchoider Adipositas, die verzögerte Entwicklung der Genitalorgane und der sekundären Geschlechtsmerkmale, nach CUSHING der präadolescente Typ des Hypopituitarismus, der dem FRÖHLICHschen Syndrom nahesteht. MARAÑON wählt die Bezeichnung „präpuberale eunuchoide Adipositas", die der Akromegaloidie J. BAUERS nahezustellen ist, aber nach MARAÑON nicht immer die gute Prognose gibt, die BAUER annimmt. MARAÑON hebt die zarte, weiße Haut dieser Knaben, das Ausbleiben der Behaarung, die feminine Pubesbehaarung, den Lymphatismus mit relativer Mononucleose, die Akrocyanose, die „hypogenitalen Hände", bei normalem Wachstum hervor. Die psychische Entwicklung variiert, oft findet sich besondere Begabung für Mathematik und Musik. Kein geistiges Zurückbleiben, aber Neigung zur Schizothymie und Bewußtsein sexueller Rückständigkeit. Die Libido

ist entsprechend der morphologischen Sexualität rückständig. Sexuelle
Passivität. Starke Esser! Leichter, aber stetiger Rückgang des Grundumsatzes. Allgemeine Neigung zum Feminismus. Oft erblicher Faktor
erweisbar. Der weitere Entwicklungsgang ist verschieden. Viele kommen, unter Rückstand von 1—2 Jahren, zur Normalität (Fälle BAUERS),
einige gelangen zu einer Art von Übermännlichkeit, mit 20 Jahren
magern sie ab, wachsen stark, werden in allen Zügen energisch, erhalten
eine tiefe Stimme, starke Behaarung, zeigen aber sexuelle Schüchternheit oder andere sexuelle Auffälligkeiten (Homosexualität). Andere
bieten die Entwicklung zum „riesenhaften Eunuchen", wieder andere
bleiben auf demselben Stand von Fettsucht mit Hypogenitalismus
stehen, „fettleibige Eunuchen".

Für die Familiarität der Intersexe führt GÜNTHER 50 Fälle von
Mehrfachzwitterbildung in einer Familie an. Geschwisterzwitter sind in
der Regel gleichgeschlechtlich, nur selten weiblich (Ovarienträger).
Meist werden die Zwitter standesamtlich dem verkehrten Geschlecht
zugeschrieben („erreur de sexe"). Im Gegensatz zur häufigen Familiarität des Zwittertums ist Heredität nicht sicher nachweisbar, was nach
GÜNTHER auch für die epigenetische Zwitterentstehung spricht.

Die biologischen und pathogenetischen Fragen, die das Studium der
Intersexualität zur Diskussion stellt, sind auch heute noch nicht ein-
hellig gelöst. Der jeweilige Stand der Biologie, speziell des Problems
der Geschlechtsentstehung, ändert die Einstellung zu dem Problem des
„sexuellen Konstitutionsdualismus" (GÜNTHER[1]). Heutzutage, seit den
mühevollen und erfolgreichen Studien GOLDSCHMIDTS, J. BAUERS, MOSZ-
KOWICZ u. a. ist wohl die zygotisch-chromosomale Grundlage der Geschlechtlichkeit der Ausgangspunkt für die Beurteilung der normalen
und der intersexuellen Sexualzugehörigkeit, wenn auch eine endokrin-
hormonale Beeinflußbarkeit unter gegebenen Verhältnissen nicht zu
leugnen ist. Gonade und Soma erscheinen mit dem Moment der Be-
fruchtung syngam mit einem nicht immer stationären Valenzverhältnis
ihrer M- und F-Faktoren ausgestattet, das quantitative Energieverhält-
nis von M und F beeinflußt gleichermaßen Gonade und Soma in der

---

[1] H. GÜNTHER formuliert die biologischen Erkenntnisse über das Wesen des
sexuellen Konstitutionsdualismus in folgender Art:
Die Sexualkonstitution ist ein verwickeltes Ordnungsgefüge, das durch drei
Hauptkomponenten bestimmt ist. I. Der sexuell-somatische Grundcharakter, die
somatische Sexualkonstitution, die bisexuelle Potenzen besitzt (Anlagen für bestimmte Sexualcharaktere und solche für andersgeschlechtliche Anlagen). Die
Entwicklung, die Integration des vorhandenen Anlagekomplexes, ist ein einmaliger,
nicht wiederholbarer Vorgang, der aber vor der Vollendung an jeder Integrations-
stelle unterbrochen werden kann; durch degenerative Vorgänge erfolgt dann eine
teilweise Rückbildung (Involution). II. Der X-Chromosomenbestand entscheidet
die *genetische* Sexualpotenz. Wenn somatische Potenz als positiv, genetische als
negativer Wert gesetzt wird, ergibt die Kombination eine positiv-männliche oder
negativ-weibliche „Epistase". Die Art der Epistase bestimmt die Entwicklung
der sekundären Geschlechtscharaktere und schließlich die der Gonade zur männlichen oder weiblichen Geschlechtsdrüse. Die III. Hauptkomponente ist die
hormonale Regelung der Sexualfunktion. Am wichtigsten ist die Epistase, die bei
geringer Potenz zum Umschlag der genetischen Sexualität führen kann, zur Ausbildung andersgeschlechtlicher Merkmale.

Richtung der Sexualitätszugehörigkeit des Organismus, entscheidet auch, je nach der Ansprechbarkeit der anlagegemäßen Erfolgsorgane (BAUER), das zustande kommende Mosaik der (gleich- oder andersgeschlechtlichen) Sexualmerkmale. Ob eine Gynäkomastie, die auch einseitig vorkommt, ob eine peniforme Klitoris, ob die heterosexuelle Behaarung sich einstellt, wird demnach von der latenten Anlage abhängen. Mit der zur Zeit der Geschlechtsreife in Aktion tretenden protektiven Wirkung der Sexualhormone, die (HALBAN, MESTITZ) von einander nicht geschlechtsspezifisch unterschieden sein sollen, werden die in der Anlage gegebenen, bisher latenten Geschlechtscharaktere gebildet. War diese Anlage eine gemischte, enthielt sie die Möglichkeiten für die Merkmale beider Geschlechter, so wird das Bild beim Reifeeintritt ein intersexuelles sein.

SELLHEIM meint (nach MESTITZ): Die Annahme einer hermaphroditischen Anlage bildet die Grundlage für die Entwicklung des Hermaphroditismus in allen Graden und zu allen Lebzeiten, denn es kann im Laufe des Lebens nur entwickelt werden, was angelegt ist. Zu dieser Anlage muß allerdings noch ein „Antrieb" hinzutreten, und je nach der Zeit dieses Antriebes unterscheidet SELLHEIM verschiedene Arten des Hermaphroditismus. Er spricht von einem *primären* Hermaphroditismus durch den ersten *Bildungs*antrieb und *sekundären* Hermaphroditismus, veranlaßt durch den Pubertätsantrieb (Pubertätsreife); diese beiden können beide Geschlechter betreffen. Der *tertiäre* Typus entstünde durch den Schwangerschaftsantrieb (physiologisches Gewächs der Schwangerschaft), der *quartäre* durch pathologische Gewächse der Keimdrüsen und Nebennieren, der *quintäre* wäre der des klimakterischen Alters.

Die neueren Untersuchungsergebnisse drängen, wie wir sehen, die rein hormonale Theorie der Intersexualität, die zur überstandenen Zeit einer gewissen endokrin-hormonalen Hochkonjunktur herrschte, in den Hintergrund, wenn auch, wie J. BAUER ausführt, dieser neben der konstitutionellen, so bei Tumoren endokriner Drüsen mit heterosexueller Morphokinese, ein gewisses Wirkungsfeld einzuräumen ist.

Die konstitutionelle, syngam vorbestimmte Intersexualität fand ihre, wie es scheint, unanfechtbare Deutung durch die Anwendung von allgemein gültigen biologischen Gesetzmäßigkeiten, die W. GOLDSCHMIDT an Insekten verfolgen konnte, an Menschen. MOSZKOWICZ, der in Kürze diese Anwendbarkeit darlegte, schließt seine Ausführungen mit den Schlußsätzen:

Jede einzelne Zelle des Organismus ist bisexuell. Die Differenzierung eines Organismus in der Richtung *eines* Geschlechtes erfolgt dann, wenn im befruchteten Ei und demgemäß in allen Zellen, die davon abstammen, die *eine* Geschlechtlichkeit das Übergewicht hat. Ist dieses Übergewicht nicht genügend groß (epistatisches Minimum), dann kann im Laufe der Entwicklung ein Geschlechtsumschlag erfolgen. Die menschlichen Hermaphroditen sind mit großer Wahrscheinlichkeit als solche Individuen aufzufassen, welche in ihrer embryonalen Entwicklung einen Geschlechtsumschlag durchgemacht haben. Sie lassen sich daher leicht in eine Reihe bringen, die nach dem Grade der Intersexualität geordnet

ist, d. h. die Kombination von Geschlechtsmerkmalen, welche bisher
regellos erschien, erweist sich abhängig vom Zeitpunkt des Geschlechts-
umschlages (Drehpunkt). Für die menschliche Konstitutionspathologie
verspricht die genaue Analyse jener Individuen, welche eine vollständige
Geschlechtsumwandlung durchgemacht haben (Umwandlungsmänner,
Umwandlungsfrauen), fruchtbar zu werden.

3. Entwicklungsstörungen im Reifealter.

Eine abnorme Wachstumskurve im Sinne eingeengter oder in die
Breite gezogener Gestaltung wird schon durch zeitliche Variation der
Pubertät, die der verfrühten oder der verspäteten, hervorgerufen. Weder
pathogenetisch noch somatoskopisch lassen sich im Endeffekt die verschiedenen Abweichungen von der altersgemäßen Statur, der Körpergröße und den Körperproportionen immer in erbgegebene, konstitutionelle und peristatisch bedingte (konditionelle) Entwicklungsatypien
streng sondern. Schon der Begriff des Infantilismus mit seinen ver-
schwommenen Grenzen und seinem wechselnd definierten Inhalt deckt
die verschiedenen Typen konstitutioneller Varietäten, deren phänotypische Bilder gerade in der Pubertät sinnfällig werden und die Pubertätsentwicklung mächtig beeinflussen. Ganz kurz sei hier des thyreo-
genen Infantilismus, Kretinismus, Myxödem, des (hypogenitalen)
Eunuchoidismus, des hypophysären Zwergwuchses, des Pankreas-
infantilismus (Byrom Bramwell), der interrenalen Komplexe, andererseits des Mitralinfantilismus (Ferranini) gedacht, welch letzterem
Nobécourt allerdings eine Hyperevolution des Körpers bei Mitralfehlern entgegenstellt.

Die Wachstumskrankheiten, die N. Pende Disgenopathien nennt,
sind nach seiner Definition krankhafte Syndrome, pathologisch-funk-
tionelle Gleichgewichtsstörungen, die die allgemeine Konstitution des
Organismus oder die Partialkonstitution eines Apparates während der
formativen Periode betreffen und deren essentieller Ursprung endogen
ist. Pende unterscheidet quantitative, chronologische und arrhythmische
Disgenopathien. Zu den quantitativen gehören die sog. eurhythmischen
Gigantismen und die eurhythmischen Nanismen, zu den chronologischen
die vorzeitige sexuelle, knöchern-muskuläre oder geistige Entwicklung,
zu den arrhythmischen die anderen Syndrome des allgemeinen Infantilismus, schwerer Hypevolutionismus (körperlicher oder psychischer Art),
Disevolutionismus mit schweren morphologischen Dysharmonien.

Das Skeletwachstum zeigt im Alter der Reife krankhafte Abweichungen von der Norm, die einerseits mit der hohen Wachstumstendenz
dieser Jahre zusammenhängen, andererseits, wie Lommel betont, mit
der Entzündungsbereitschaft der lebhaft wachsenden Knochen in Beziehung gebracht werden könnten. Die Häufigkeit der Rückgratsverkrümmungen, Skoliose, arkuäre, totale oder partielle Kyphose mit ihren
statischen und Wachstumskompensationen ist besonders in der Pubertät der Mädchen eine bekannte und statistisch erwiesene Tatsache, für
die mancherseits eine spätrachitische mit den sexuellen Entwicklungsphasen (Osteomalacie) des Weibes verknüpfte endochondrale Wachs-

tumsabnormität in Anspruch genommen wird. Dafür und gegen eine übergroße Bedeutung der Schulbelastung spricht nach Kochs auch die Tatsache, daß in Ländern, wo die Rachitis so gut wie unbekannt ist, keine oder nur verschwindend geringe Rückgratsverkrümmungen gefunden werden, wie dies Herz für Neuseeland, Joachimsthal für Japan feststellen konnte. Kochs hält an dem ursächlichen Belastungsmißverhältnis, dem Überwiegen der statischen Inanspruchnahme über die statische Leistungsfähigkeit, fest.

Eine gewisse endokrin-funktionelle Disharmonie und zeitlich abnorme Variation bedingt mitunter eine zeitliche Verschiebung in partiellen Wachstumstendenzen, ein disproportionales Wachstum (Variot, Aron) „mit derartigem Ausmaß, daß der physiologische Längenzuwachs um das Doppelte überschritten wird, während das Massenwachstum nicht synchron mitläuft. In dieser Periode gleichen die blassen, asthenischen, muskelschwachen Kinder mit geringer Körperfülle und der großen Länge den Gestalten der Präraffaeliten (Botticelli), und die Kinder reicher, überkultivierter Familien Treibhauspflanzen" (Aron). Öfters finden wir vermehrte formale und unzureichende strukturelle Entwicklung, Rachitis adolescentium, Genua valga, Coxa vara, vielleicht auch auf dem Boden konstitutioneller Veranlagung die Formen *aseptischer Nekrosen* (Eichhoff und K. Weiss), so die Schlatter-Osgoodsche Nekrose der Tibiaapophyse, die Kienböcksche Lunatummalacie, die Köhlersche Erkrankung des Os naviculare, die Perthessche Femurkopfnekrose, die Königsche Osteochondritis dissecans, die alle an die Perioden stärkerer Wachstumsintensität gebunden erscheinen. Über familiäres Auftreten der Perthesschen Osteochondritis, gepaart mit Entwicklungsstörungen und Formveränderungen an den Extremitätenenden und mit Kleinwuchs, berichtet H. Kaiser. Ballensweig u. a. sehen in einer meist traumatischen Epiphysitis die Veranlassung des Krankheitsbeginnes, an der ein Mißverhältnis zwischen Belastung und Leistungsfähigkeit beteiligt ist. In der Literatur der multiplen cartilaginösen Exostosen findet sich immer wieder das intensive Wachstum der Exostosen zur Zeit der Pubertät, der Stillstand bei Wachstumsabschluß hervorgehoben.

Beim Zustandekommen der Wachstumsdeformitäten spielt der geringe Belastungswiderstand, der auf die energischere Knochenneubildung und die rege Ossifikation vorher angelegten osteoiden Gewebes zurückzuführen ist — ähnlich der Rachitis — eine Rolle. Veranlassendes Moment ist auch die große Muskelschwäche, die im Zurückbleiben der Muskelentwicklung, und besonders bei Mädchen, in der wenig prompten Muskelinnervation ihre Ursache hat. Bräunig u. a. betonen die für die Entstehung der echten Wachstumsdeformitäten des Pubertätsalters in erster Linie wichtige konstitutionelle Disposition. Im Rahmen dieser Konstitutionsanomalie (Eunuchoidismus) sind das vermehrte und über die normale Zeit hinaus andauernde Längenwachstum der Knochen und konstitutionelle Schwäche der Muskulatur die bestimmenden Faktoren.

Die Deformität der Genua valga findet sich auch als eunuchoides Teilsymptom hypogenitaler Zustände, als solches klinisch von der Norm beim männlichen Geschlecht deutlicher als beim weiblichen abgegrenzt, bei welchem es, wohl als Folge des größeren Beckens, fast als normal zu gelten hat. J. BAUER konnte, in Fortführung von Befunden STICKERS, anderen in der Pubertät auftretenden Auffälligkeiten, dem Pubertätseunuchoidismus, der Cardiopathia adolescentium, die *Pubertätsakromegaloidie* anreihen, den „Gigantisme temporaire" das „Syndrome acromegaliforme" der Franzosen, die „Acromegalie transitoire" oder „Crises passagères" BRISSAUDs, die „praepuberale eunuchoide Adipositas" MARAÑONS. Es kommt, meist in der präpuberalen Phase, zu akromegaliformen Veränderungen an den Extremitäten, in der größeren Zahl der Fälle bei Individuen mit intermittierender Albuminurie und chlorotischem Blutbefund. STICKER konnte in solchen Fällen feststellen, daß die walzenartige Plumpheit der Hände und Füße nicht durch Wachstumsstillstand, sondern durch Rückbildung schwindet. ROSENSTERN, der für die männlichen Individuen als charakteristische Pubertätshabitusformen den weichen femininen Typ der Präpubertätsfettsucht auf der einen Seite, den hochaufgeschossenen akromegaloiden Gymnasiastentyp auf der anderen Seite aufstellt, vermochte in letzter Zeit in Studien über die körperliche Pubertätsentwicklung eine temporäre Dysharmonie der Gesichtsbildung, welche als Vergröberung oder als Verplumpung des Gesichtes in Erscheinung tritt, zu erweisen, die der Akromegaloidie der Extremitäten offenbar als hyperpituitäres Symptom an die Seite zu stellen ist. Dieser temporären Überentwicklung wäre die Feststellung WIESELs, der auch der gelegentlichen übermäßigen Entwicklung der Gesichtsknochen, aber auch des Beckenringes gedenkt, gewisser Formen partiellen Zurückbleibens im Knochenwachstum, besonders an Händen und Füßen entgegenzustellen, das zu einem Mißverhältnis zwischen Länge der Vorderarmknochen und der Fußwurzelknochen gegenüber den Finger- und Zehenknochen führt und zu einer zeitweisen manuellen Ungeschicklichkeit den Anlaß gibt, einer Art von *Akromikrie* (BRUGSCH, BALLMANN, OCHS, ROSENSTERN), dem Gegenstück zur Akromegaloidie.

Doch auch echte *Akromegalie* kommt nach LEREBOULLET, der sich auf BABONNEIX und PAISSEAU beruft, vor. So berichtet SALLE über einen Fall von angeborener Akromegalie, SCHULZE und FISCHER über einen Fall von im 11. Lebensjahr einsetzender Krankheit (zitiert bei BEUMER). BRISSAUD stellte die Formel auf, der Riesenwuchs sei die Akromegalie des Wachstumsalters, die Akromegalie der Riesenwuchs des Erwachsenen, eine Behauptung, die (BEUMER) eine experimentelle Bestätigung durch PUTNAM, BENEDIKT und TEEL erhalten hat, denen bei erwachsenen Hunden mit verknöcherten Epiphysen durch Injektion von Wachstumshormon eine einwandfreie Akromegalisierung gelang, während in früheren Versuchen an Ratten EVANS nur Riesenwuchs erzielte. RÖSSLE unterstreicht, daß wahrer Riesenwuchs erst in der Pubertät, wenn nicht später, beginnt; erst nach dem physiologischen Abschluß des Längenwachstums läßt sich von einer dauernden Überhöhe sprechen.

LOMMEL u. a. weisen auf die *Entzündungsbereitschaft* der lebhaft wachsenden Knochen jugendlicher Individuen hin, für die in der Nähe der Epiphysenknorpel vorhandene reichliche Vascularisation mit der Leichtigkeit der Bakterienhaftung eine Erklärung biete. Die Äste der Arteria nutritia des Knochens sind Endarterien. Erst mit Abschluß des Wachstums bilden sich Anastomosen. So käme die häufige Knochentuberkulose des jugendlichen Alters, so die Osteomyelitis leichter zustande.

Durch tagtägliche Erfahrungen erwiesen, in ihrem Wesen nach ungeklärt, sind die sog. *Wachstumsschmerzen* die hauptsächlich den Begriff der „maladies de croissance" der Franzosen zur Stütze dienen, Thema dauernder Diskussion: in der Regel kurz dauernde, meist in die Extremitäten lokalisierte Schmerzen verschiedenen Charakters, ohne deutlichen Hinweis auf das schmerzhafte Gewebssubstrat. LOMMEL scheint geneigt, die Beschwerden, die manchmal mit Fieber und gestörtem Allgemeinbefinden einhergehen, auf leichte Knochenentzündung zurückzuführen und beruft sich auf CONDRAY, der sie zum Teil durch leichte osteomyelitische Reizungen, zum Teil durch „arthritische Kongestion" zu erklären versucht. Andere Forscher (KIRMISSON, NOBÉCOURT) sehen in den Wachstumsschmerzen, die oft mit Cyanose, Kältegefühl und Erfrierungsneigung der Extremitäten („juvenile Akrocyanose" KREINDLER-ELIAS), Livido annularis, Herzvergrößerung, retardierter oder unvollständiger Pubertät einhergehen, den rachitischen Erscheinungen der ersten Jahre analoge Symptome einer Rachitis tarda oder (KREINDLER und ELIAS) die endokriner Funktionsstörung der Geschlechtsdrüsen und, bei gleichzeitig bestehenden Akroparästhesien, der Nebenschilddrüsen; infolge schlechter Kreislaufverhältnisse nimmt die Chronaxie der Muskeln dabei zu, bei normaler Chronaxie der Nerven. Naheliegend erscheint auch die Auffassung dieser Sensationen als Ausdruck ungleichmäßigen Wachstums der einzelnen Organsysteme während der ·stürmischen Entwicklung dieser Periode.

Atypisches Fettwachstum und *abnorme Fettverteilung* sind häufig zur Zeit der Pubertät manifest werdende Formen des Exterieurs. Wenn auch schon im Kindesalter gewöhnlich hereditäre und familiäre Eigentümlichkeiten der Fettpolsterung deutlich sind, so bringt die Pubertät sie zu stärker werdender Ausprägung, so die auffallende Fettpolsterung der Waden junger Mädchen, die später schwindet, so (F. MÜLLER) die unmännlichen jungen Männer und unweiblichen Mädchen, die als Folgen von Keimverderbnis und Fruchtschädigung gerade in den Jahren starker Entwicklung Auswirkungen zeigen. Nicht nur die Typen markanter Lipodystrophie meist um das 6. Jahr, öfters aber auch mit der Pubertät einsetzender Fettschwund des Gesichtes („Totenkopf") und der oberen Körperhälfte, meist unter Verschonung der Mammae bei weiblichen Fällen und später einsetzender relativer oder absoluter Fetthypertrophie am·Gesäß und Beinen, manchmal mit Hypertrophie und trophischen Veränderungen der Haut und Nägel kombiniert (CURSCHMANN), auch von der Norm wenig abweichende Lipophilie (J. BAUER) der unteren Körperhälfte entwickeln sich gerade zur Reifezeit deutlich.

Die ausgesprochene Fettleibigkeit zeigt nach der Mastbereitschaft des frühesten Kindesalters zur Pubertät einen zweiten Höhepunkt, schon weil, wie die Rassenmerkmale, auch die hereditär-familiären Wuchsvarietäten in dieser Phase zur Ausprägung gelangen. Das phänotypische Endziel wird mit Inanspruchnahme der adäquaten endokrinen Drüsenfunktionen selbst unter durch den Hormonbedarf angeregter Hyperplasie und Funktionssteigerung angestrebt und so mancher Typ von endokriner Erkrankung vorgetäuscht. In interessanten Studien konnte A. Keller feststellen, daß Kinder, auch Jugendliche, mit grazilem Knochenbau keine Mastbereitschaft zeigen, daß bei entsprechender Anlage Überernährung erst zur Steigerung des Knochenwachstums und Deformierung der Gelenke führt, und dann erst in Verbindung mit Mangel an Muskelarbeit zur Adipositas, daß bei Kindern und Jugendlichen die Abnormität des Knochenwachstums in solchen Fällen mindestens ebenso stark in Erscheinung tritt wie der Fettansatz. Dieser wird oft im Gefolge einer Infektionskrankheit deutlich, was auf die Aktivierung endokriner Drüsen hinweist.

Dem Stoffwechsel bei Fettsucht im Reifealter widmeten Pétenyi und Lax sowie Steingart und Bazan Studien. Beide Forscherpaare fanden den Grundumsatz entgegen der normalen Pubertätssteigerung herabgesetzt (bis zu 30%). Die Untersuchung der spezifisch-dynamischen Wirkung nach Kestner-Plaut erscheint für die Differenzierung der hypophysären Fettsucht in diesem Alter nicht verwendbar.

Unscharf deckt sich die Entwicklungsperiode der *Dystrophia adiposogenitalis*, die nach Abschluß einer verspäteten Pubertät in völlige Heilung übergehen kann (Akairotrophie nach Rössle) und anderer untereinander schwer differenzierbarer endokriner Fettvermehrung (Fettkinder, nach Neurath und J. Bauer) mit der Zeit der Geschlechtsreife. Differentialdiagnostisch hebt Fanconi hervor, daß die Dystrophia adiposogenitalis (Hypogenitalismus) mit Hypoglykaemie, die Pubertas praecox (Hypergenitalismus) mit Hyperglykaemie einhergeht. Veeder hebt hervor, daß das Gewichtsplus überaus fetter Kinder beim raschen Wachstum zur Zeit der Pubertät abnimmt, die Fettsucht also anatomisch korrigiert wird.

Das wichtigste Teilsymptom der Dystrophia adiposogenitalis, die Unterentwicklung der Generationsorgane, kann erst in der Pubertät manifest werden, in der Kindheit ist der Wachstumsfortschritt ein äußerst langsamer.

Eine gewisse Neigung zum Fettwuchs findet sich öfters beim *Kryptorchismus* und bei der Hodenektopie. Die um die Reifezeit auffälliger werdende Kryptorchie bleibt zwar in der Regel meistens somatisch in ihren Erscheinungen lokal beschränkt und schont die Ausbildung der sekundären Sexualcharaktere des Exterieurs, wenn auch Frühmann und Sternberg verzögerten Stimmbruch fanden. Auch die doppelseitige Kryptorchie geht mit ungeändertem Geschlechtstrieb einher. Doch bei Sklerosierung der kryptorchen Hoden finden sich Symptome der Frühkastration, verstärkte, typisch lokalisierte Fettdepots, feminine Polsterung der Oberschenkel, des Gesäßes usw. Was die Therapie der Kryptorchie betrifft, spricht sich Haberland gegen die operative Verlagerung des dystopen Hodens in die Bauchhöhle oder ins Scrotum aus und lehnt auch die Indikation des häufigen Malignwerdens auf Grund seiner Statistik ab. W. GERLACH, der die bei ektopischen Hoden zu findenden hypergenitalen Symptome femininer Färbung betont, will noch bis zum 20. Jahr spätem Descensus gesehen haben. Für eine Orchidopexis erscheint ihm die Pubertätsepoche als günstigster Zeitpunkt, doch verhindert sie nicht Degeneration des Epithels. Am aussichtsreichsten erscheint auch ihm die hormonale Therapie. Für diese empfiehlt in letzter Zeit SCHAPIRO, gestützt auf die biologische Beeinflussung der Gonadenfunktion durch die Prähypophyse, die hormonale Behandlung der Kryptorchie mit Hypophysenvorderlappenpräparaten, mit Prähormon. Er erzielte in einer Reihe von Fällen (44), bei denen der Kryptorchismus entweder alleiniges Symptom oder Teilerscheinung einer allgemeinen Unterentwicklung des Genitalapparates war, Hypogenitalismus, Eunuchoidismus, Infantilismus, Dystrophia adiposogenitalis, durch subcutane Injektion von Prähormon (täglich 1—2 Ampullen [= 80 bis 100 Ratteneinheiten]) nach einigen Monaten bedeutende Besserung oder Heilung.

Die *Magerkeit* um die Reifeperiode kann ein passagerer Zustand sein oder als Lebensendtypus für die kommende Lebenszeit bestehen bleiben. LASCH betont die Abhängigkeit des Fettbindungsvermögens vom Alter und die Fettlabilität in der Reifephase bei beiden Geschlechtern. Das Fettpolster der Jugendlichen, das schon auf relativ geringfügige äußere Störungen im Sinne einer Abmagerung reagiert, regeneriert sich, sobald wieder günstigere Bedingungen eintreten, in auffallend raschem Tempo.

Ätiologisch und pathogenetisch greifen bei den Kombinationsbildern abnormer Reifezeichen und Habitusvariationen genotypische, endokrin beeinflußte und exogene Faktoren derart ineinander, daß die kausale Erkenntnis immer lückenhaft bleibt. Wie kompliziert die Genese der Zusammenhänge ist, zeigt die Erfahrung ERDHEIMS von Atrophie des Geschlechtsapparates mit herabgesetzter Geschlechtslust und sexueller Kraft, Aufhören der Menses und Rückbildung der sekundären Sexualmerkmale, zugleich merkwürdiger Zunahme des Fettpolsters (Dystrophia adiposogenitalis) nach Erkrankung des Infundibulum bei intakter Hypophyse; der Hinweis von MÜLLER und GREVING, daß manchmal bei Wanderkrankung des 3. Ventrikels es *nur* zu Störungen des Geschlechtsapparates oder *nur* zu Fettsucht kommt und daß manche Gründe für ein übergeordnetes Zentrum für die Geschlechts- und Fortpflanzungsfähigkeit sprechen; der Hinweis F. MÜLLERS auf ungenügende sexuelle Differenzierung, auf Dystrophia adiposogenitalis als Folgen von Keimschädigung und Fruchtverderbnis. DIETRICH stellte das Krankheitsbild der adiposogenitalen Dystrophie hypophysären Ursprungs bei etwa $^1/_5$ der wegen genitaler Unterfunktion die Klinik aufsuchenden Patientinnen fest, eine Forme fruste der Dystrophia adiposogenitalis, bestehend in enormer Fettablagerung, Hypoplasie der äußeren und inneren Genitalien, Hypo-, Oligo- und Amenorrhöe erhöhter Kohlehydrattoleranz. Gedenken wir noch der eunuchoiden bzw. kastratoiden Entwicklungsstörungen, des Mitralinfantilismus, des Status thymicus bzw. thymicolymphaticus, so finden wir irreführende Ähnlichkeiten in Menge, deren pathogenetische Sonderung auch Grundumsatzbestimmungen — hohe Gaswerte sprechen nach LÖWY und ZONDEK im Sinne einer Dystrophia adiposogenitalis; hypophysären Störungen entsprechen nach eigenen und Literaturangaben BRANDIS und FALTAS herabgesetzte Grundumsatzwerte — nur vereinzelt ermöglichen. Die Dystrophia adiposogenitalis zeigt recht selten ihren Beginn gerade in der Pubertät, die früher beginnenden Fälle lassen eine Betonung der allgemeinen vor den cerebralen Symptomen erkennen. WIESEL statuiert eine Forme fruste der genitalen und hypophysär-genitalen Fettsucht: abnorme Fettentwicklung bei Magerbleiben des übrigen Körpers, an Nates, Bauchdecken mit Schmerzhaftigkeit.

Einen passageren Typ präpuberaler, eunuchoider Fettsucht mit femininen Fettdepots, der irrtümlich der dauernden hypogenitalen Gruppe eingeordnet werden könnte und auch öfters wird, aber eine Phase ungenügender Hormonwirkung auf die werdende genitosomatische Entwicklung repräsentiert, stellen die adiposen Knaben der Vorpubertät dar mit heterosexuellem Habitus, Pseudomammen, runden Armen und Beinen, Haarlosigkeit, unterentwickeltem Genitale. Nicht definitive Eunuchoide, wie es auf den ersten Anblick und bei schematischer Deutung scheinen kann, sondern ein vorübergehendes hypendokrines Bild, verursacht entweder durch hypogenitale morphokinetische Unzulänglichkeit, also eine solche des dem Prähypophysenhormon untergeordneten Erfolgsorgans (J. BAUER) oder der Prähypophyse selbst. Diese Gruppe bietet keinen Dauerzustand, sondern eine Form vorübergehenden Infantilismus, der mit Vervollständigung der endokrinen Funktionen nach erlangter Reife einer harmonischen Systemausbildung weicht. Auf die an anderer Stelle angeführte andersartige Auffassung dieser Zustandsbilder durch MARAÑON als Form des Pseudohermaphroditismus und auf seine prognostischen Angaben sei verwiesen. Die vielfältig angewandte Hormonbehandlung erscheint überflüssig und erfolglos, in einzelnen Fällen schien sich mir eine kombinierte Diathermiebehandlung der Hoden und der Hypophysengegend zu bewähren.

Krankhafte *Hautveränderungen*, die zur Zeit der Reife in Erscheinung treten, sind abnorme Pigmentierungen, Pigmentwechsel an der Kopfbehaarung, die an Vorkommnisse bei Nebennierenerkrankungen erinnern, Pigmentierung der Interdigitalfalten (WIESEL). Öfters entwickelt sich als vorübergehender Behaarungstypus bei Mädchen der virile, bei Knaben der mehr feminine, Erscheinungen, die später wieder verschwinden können oder dauernd bleiben. Die bei Mädchen auftretende Pubertätshypertrichose führt WIESEL ebenfalls auf gestörte Nebennierenfunktion zurück, doch liegt bei solchen Vorkommnissen der Gedanke an passagere intersexuelle Manifestationen (MARAÑON) recht sehr nahe.

4. Frequenz und Verlauf einzelner Krankheiten in der Pubertät.

In einem früheren Abschnitte wurde die Morbidität und Mortalität in der Phase der Geschlechtsreife besprochen und der in dieser Epoche kräftigster Vitalität wirksamen endogenen Widerstandsfähigkeit gedacht. Wird die Krankheitshäufigkeit und der Ablauf der Krankheiten durch solche Vitalitätsenergien bestimmt, so verdient andererseits auch die in der Reifephase zur Manifestation gelangende erbbiologische, genotypische plus- und minusvariante Individualität, die endogene krankhafte Anlage Berücksichtigung. Vielfach finden wir gerade in dieser Epoche der schicksalsmäßigen Peripetie hereditäre Krankheitstypen vor. Im folgenden soll nicht eine lückenlose spezielle Pathologie des Reifealters geboten werden, nur die charakteristischen Auffälligkeiten der beim Juvenilen zu beobachtenden Krankheitstypen und ihre vorwiegende Frequenz in dieser Altersstufe sollen hervorgehoben werden. So verlockend es wäre, die auf Störung der endokrinen Funktionen beruhenden Symptomenbilder der Reifezeit systematisch zu ordnen, so schwierig erscheint das Auseinanderhalten derselben vom lokalisatorischen Standpunkt. Auch die von ENGELBACH in den Vordergrund gerückte röntgenologische Untersuchung, die z. B. bei verzögerter Knochenentwicklung einen Hinweis auf Hypothyreose ermöglichte, bei verzögerter Epiphysenverschmelzung auf Hypogonadismus und Eunuchoidismus, verspricht keine eindeutige Entscheidung. Die eingehenden Studien GLANZMANNs und MASSLOFFs betreffen vorwiegend das Kindesalter, wie denn überhaupt bis auf sicher fundierte Typen die Endokrinopathologie des Pubertätsalters über dürftiges Erfahrungsmaterial verfügt und über keine von den anderen Altersstufen abweichenden Bilder, deren bei der Besprechung der Entwicklungsstörungen gedacht wurde.

a) Erkrankungen im Bereiche des Sexualapparates.

Im Stadium der Geschlechtsreife und nach Eintritt dieser finden sich sehr häufig und hauptsächlich beim weiblichen Geschlecht Störungen der Sexualfunktion, die zum Teil morphologische, zum Teil funktionelle Ursachen erkennen oder vermuten lassen. Zur ersteren Gruppe zählen die Atresien des Genitalschlauches, Verschluß der Vagina, des Cervix, der Tuben, kongenitale Aplasie oder Hyperplasie der Ovarien und konsekutive Unterentwicklung des Uterus. Unter Umständen treten vikariierende Schmerzen zur Zeit der erwarteten Menstruation auf. Hypoplasie der Eierstöcke und Amenorrhöe begleiten öfters angeborene Vitien. Schwere Formen der Ovarialhypoplasie hemmen die Ausbildung der sekundären Sexualmerkmale.

Das große Gebiet der puberalen Dysmenorrhöe, Oligomenorrhöe und Amenorrhöe kann hier nicht erschöpfend behandelt werden. Ursächlich lassen sich die einzelnen Typen nach FEKETE in folgendes System bringen:

I. Autochthone Schwäche der Gebärmutter bzw. des Ovars.
II. Störungen der chemischen Korrelationen
    a) des endokrinen Systems, b) der exogenen Sphäre (Toxikose, Stoffwechsel.
III. Störungen der nervösen Korrelationen
    a) vegetatives, b) animales Nervensystem, c) psychische Störungen.
IV. Zirkulationsstörungen.

Daß Störungen der Menstruation wichtige Fernsymptome weit abliegender krankhafter Vorgänge sein können, mahnende Anzeichen einer

Lungentuberkulose im Beginn, ist immer im Auge zu halten. Cushing sah sie als erste Symptome von Hirntumoren und anderen mit intracerebraler Drucksteigerung einhergehenden Erkrankungen, wahrscheinlich als Folge gestörter Hypophysenfunktion.

Nach Oswald ist die bei Mädchen in den ersten Jahren nach der Pubertät auftretende Dysmenorrhöe mit vorwiegender Amenorrhöe und schmerzhafter Menstruation nicht selten hypothyreotischer Natur.

L. Adler unterstreicht die Bedeutung des gestörten ovariellen Cyclus in der Genese der Pubertäts- oder juvenilen Blutungen, die bei dem Umstand, daß das Ovar in der Pubertät als neues Organ in das System der endokrinen Drüsen eingeschaltet wird, durchaus einleuchtet. Die Menstruation kommt entsprechend der in unregelmäßigen Intervallen erfolgenden Follikelreifung oft in ganz unregelmäßigen Zwischenräumen und dauert, da die Corpus luteum-Bildung häufig ausbleibt, oft sehr lange an. Konstitutionelle Stigmata und Zeichen von Hypoplasie sind bei den betreffenden Individuen nicht selten aufzuweisen. Bei schweren Pubertätsblutungen ist (Richter) an Blutkrankheiten zu denken, essentielle Thrombopenie, Anämie, Chlorose. Die Dysmenorrhöe findet sich nicht selten bei organisch und funktionell gesundem Organismus, konstitutionell schwächliche oder vorübergehend geschwächte Mädchen, neurotisch veranlagte, durch hygienisch unzweckmäßiges Milieu beeinträchtigte Individuen sind die hauptsächlichsten Vertreterinnen. Das hereditäre Moment läßt sich sehr oft erweisen.

Therapeutisch wird auf das kausale Moment immer Rücksicht zu nehmen sein, allgemein wirksame Maßnahmen, kräftigendes Regime, psychisch-therapeutisches Vorgehen wird je nach der gegebenen Grundlage der Beschwerden am Platze sein. Der häufige ovariogene Ursprung der Pubertätsblutungen verweist auf hormonale Steuerung des menstruellen Cyclus, auf Ovarial-, auf Corpus luteum-Präparate, die in Sistomensin, Progynon, Menformon, Hogival gegeben sind. Auch das Luteolipoid, Luteoglandol usw. gehören in diese Gruppe. Andere Autoren, so Hofstätter, Lawrence, Loewenberg treten für das Hormon des für die Geschlechtsdrüsen als Motor zu betrachtenden Hypophysenvorderlappens (Pituitrin, Pituglandol) ein. E. Gläsmer verwendet das borsaure Cholin subcutan. Roessler empfiehlt mit Rücksicht auf Insuffizienz des Gefäßsystems in letzter Zeit zur Behandlung der juvenilen Blutungen Cardiaca (Digipurat). Vor eingreifenderem Vorgehen, vor Curettierung, vor der Behandlung mit Röntgenbestrahlung wird vielfach (Adler, Loewenberg) gewarnt.

Schon im Pubertätsalter kommen, wenn auch selten, die bekannten vikariierenden Blutungen aus Nase, Mammen, Darm usw. vor.

Beim männlichen Geschlecht fehlen naturgemäß gleichsinnige manifeste Funktionsstörungen der erwachenden sexuellen Leistung.

Rosenstern schließt aus dem Umschlag der Bakterienflora und der Reaktion des Vaginaltraktes auf eine Beeinflussungsmöglichkeit der *Gonorrhöe* durch diese Änderungen. Beim Kinde ist besonders die Vagina von der Gonorrhöe befallen, die bei Erwachsenen meist verschont bleibt. Neben mechanischen Momenten und der Widerstandsfähigkeit der differenten Gewebsstruktur kommen offenbar auch Reaktionsbedingungen in Betracht. Die Gonokokken verschwinden oft während der Pubertät so schnell aus der Scheide, daß man auch diese Bedingungen in Rechnung stellen muß. Dafür spricht auch der Abfall der Gonorrhöefrequenz in der Pubertät. ROSENSTERN stellt folgende Skala auf:

Lebensjahr	9.	10.	11.	12.	13.	14.	15.
Fälle	47	44	31	25	25	1	1

Versuche, aus dieser Annahme Folgerungen therapeutischer Art zu ziehen und auf hormonalem Wege oder durch stark säuernde Diät Flora und Reaktion zu ändern, sind ROSENSTERN bisher nicht geglückt.

Auch nach WAGNER kommt die Vulvovaginitis der kleinen Mädchen nach dem 10. Jahre kaum mehr in Betracht, wohl aber kann eine früher erworbene Vulvovaginitis noch in späterer Kindheit rezidivieren, da die Gonokokken sich im Genitale jahrelang virulent erhalten können, um, gelegentlich erst in der Pubertät, wieder Krankheitserscheinungen hervorzurufen. Auch Vulvovaginitiden nichtgonorrhoischer Ätiologie kommen im Reifealter vor; so erwähnt O. HEUBNER einen Fall aphthöser Grundlage bei einem 15jährigen Mädchen.

Die Gonorrhöe der männlichen Adolescenten spielt in der Pubertätspathologie keine zu berücksichtigende Rolle.

Die *Tuberkulose der Genitalorgane* kann (WEIBEL) beim weiblichen Geschlecht zu jeder Altersstufe einsetzen, das Prädilektionsalter wird verschieden angegeben, in der Zeit der Geschlechtsreife soll sie weitaus am häufigsten, wenn auch schon früher bestehend, manifest werden. Die Erkrankung kann alle Organabschnitte des weiblichen Genitales befallen, am häufigsten die Tuben, vom Uterus den Fundus, ferner Cervix und Vulva, seltener Ovarien und Vagina. Für das männliche Geschlecht stehen für statistische Urteile nicht genügend große Zahlen zur Verfügung.

Der Tumoren des Ovars wurde, soweit ihr Vorkommen in den Reifejahren sich allgemeinsomatisch auswirkt, bereits gedacht. Die verschiedenen Arten der in der Regel malignen Geschwülste unterscheiden sich nicht von denen des Erwachsenenalters. Bezüglich der Hodengeschwülste erhellt aus größeren Erfahrungen, daß die teratoiden Mischtumoren (PASCHKIS) klinisch bösartig sind und gewöhnlich zur Zeit der Geschlechtsreife entstehen.

Brustdrüsenaffektionen. Ein nicht zu häufiges auffälliges Vorkommnis, meist vor der eigentlichen Pubertät in Erscheinung tretend, ist die *akute, schmerzhafte Brustdrüsenschwellung*, Mastopathia adolescentium (MOSZKOWICZ), die bei beiden Geschlechtern, bei Mädchen vor anderen Reifezeichen, auftritt und mit Schmerzen differenten Charakters und wechselnder Dauer einhergeht. Bei Mädchen tritt sie meist zwischen dem 8. und 12., bei Knaben zwischen dem 14. und 16. Jahre auf (ZAPPERT). Nach MOSZKOWICZ läuft vom Beginn der Menstruation auch an der Brustdrüse ein regelmäßiger Sexualcyclus ab, der in einem Wechsel von Wachstumsantrieb und Wachstumshemmung besteht. Fehlt diese sicherlich vom Ovar ausgehende Hemmung, so entwickeln sich pathologische Zustände, so z. B. eine Pubertätsmammahypertrophie, die sehr häufig mit einer Störung der Ovarfunktion verbunden ist, mit einem Entwicklungsrückstand der Keimdrüse.

Auch eine krankhafte *Brustdrüsenhypertrophie* kann um die Pubertät einsetzen. GREIG konnte, veranlaßt durch einen eigenen Fall von enormem Wachstum der Brustdrüsen bei einem schwachsinnigen Mädchen von der Pubertät an 26 Fälle aus der Literatur sammeln. Auch TURNER sah Pubertätshypertrophie. Die älteste Angabe findet er bei DURSTON (1669). Obwohl puberal, kann die Hypertrophie der Menarche vorangehen. A. HEYN konnte (1923) 35 Fälle teils einseitiger, teils doppelseitiger diffuser Mammahypertrophie zusammenstellen; gewöhnlich kommt es zu rascher, aber nicht kontinuierlich fortschreitender Hypertrophie. Daß auch beim männlichen Geschlecht die heterosexuelle Mamma als Gynäkomastie, als rudimentäre Intersexualität gerade in der Zeit der sexuell-somatischen Reifung in Erscheinung tritt, braucht wohl nicht hervorgehoben zu werden. Die Gynäkomastie ist (MESTITZ) im Sinne HALBANS als Erscheinungsform des Pseudohermaphroditismus secundarius aufzufassen, nicht (MOSZKOWICZ u. a.) als hormonal bedingt. Dafür spricht schon ihr öfters einseitiges Vorkommen sowie Fehlschlagen der experimentellen Versuche, sie durch Kastration hervorzurufen.

b) Erkrankungen der Schilddrüse.

Die das Wachstum regelnde Funktion der endokrinen Parenchyme und andererseits die dem Bedarf des reifenden Organismus Genüge leistende Funktions- und Massenzunahme dieser Drüsen kommt am sinnfälligsten in den *Schilddrüsenerkrankungen* des Pubertätsalters zum Ausdruck. Schon beim normalen Entwicklungsablauf findet ASCHOFF folgende Vorgänge der Altersepochen:

1. Neugeborenenschwellung der Schilddrüse.
2. Rückbildung in der Kindheitsperiode.
3. Präpubertäts- und Pubertätsschwellung.
4. Rückbildung in der Postpuberalperiode.
5. Normale Schilddrüse des Erwachsenen in der aufsteigenden Periode des Lebens.
6. Altersatrophie in der absteigenden Periode.
7. Fragliches Wiederaufflackern der Funktion im Greisenalter.

Das rapide Wachstum der Drüse im Alter der Reife, das auch im relativen Verhältnis zum Wachstum des Gesamtorganismus in Erscheinung tritt, mag dem mächtigen Aufbauimpuls dieser Jahre parallelgehen, es mag der Ausdruck des größeren spezifischen Hormonbedarfes des wachsenden Körpers sein und durch die vitale vis a tergo, den Hormonhunger, zustande kommen; es könnte schließlich das Körperwachstum von den zur Reife gelangenden endokrinen Organen, im besonderen der Schilddrüse, abhängig sein. Solche physiologischen Möglichkeiten scheinen durch die Pathologie der Schilddrüse in der Pubertät eine gewisse Klärung erwarten zu dürfen.

Wir sehen, und diesbezügliche statistische Daten stehen besonders aus der Kriegs- und Nachkriegszeit in Menge zur Verfügung, stärkere

Volumszunahme der Thyreoidea, den sog. Pubertätskropf, in größerer Häufigkeit beim weiblichen Geschlecht und hier früher einsetzend und durchschnittlich in höherem Grade als beim männlichen, konform dem energischeren und früheren Einsetzen des Drüsenwachstums unter physiologischen Verhältnissen. Nach SCHLESINGER setzt eine starke Welle der Schilddrüsenhyperplasie bei Knaben im 9. Jahr, bei Mädchen schon im 6.—7. Jahr ein, sie erreicht ihren Höhepunkt im Jünglingsalter, bei Knaben im 15. Lebensjahr, bei Mädchen 1—2 Jahre früher. Doch beziehen sich diese Daten auf die kropfreiche Nachkriegszeit. Dauernde Hyperplasie ist zu trennen von vorübergehender Anschwellung. Beim weiblichen Geschlecht ist eine leichte Schilddrüsenvergrößerung im 2. Dezennium noch physiologisch. Während SCHIÖTZ in der Prädisposition der Mädchen, dem starken Befallensein der Hochwüchsigen, dem auffälligen Steigen des Kropfprozentes bei beiden Geschlechtern gerade in den starken Wachstumsjahren den Ausdruck für die Disposition des energischen Wachstums für strumöse Krankheitsbilder sieht, hebt PFLÜGER auf Grund seiner Erfahrungen in einem badischen Kropfbezirk das Fehlen von Veränderungen oder einer Hemmung im Längenwachstum bei jugendlichen Kropfträgern hervor, was um so bemerkenswerter erscheine, als erfahrungsgemäß die kropfige Entartung der Schilddrüse sich öfter in ärmeren Schichten findet, wo die Vorbedingung für eine gute Körperentwicklung ungünstig ist.

Die histologische Gewebsentfaltung der Kropflandschilddrüse ist nach MAY eine stärkere als die der Schilddrüsen aus kropffreier Gegend; dies zeigt sich besonders im Pubertätswachstum. Der Pubertätsgipfel des Schilddrüsenwachstums liegt sowohl für die Kropflanddrüse wie für die kropffreier Gegend beim weiblichen Geschlecht höher und früher als beim männlichen. Die Schilddrüse des Mannes zeigt sowohl im Kropfland wie in krofpfreier Gegend nach dem 60. Jahre einen erneuten Wachstumsanstieg, der der Schilddrüse des Weibes anscheinend fehlt.

Klinisch handelt es sich in der Regel beim Pubertäts- oder (FINKELSTEIN) dem Präpubertätskropf um eine diffuse, parenchymatöse Struma, der nach GOLD und ORATOR anatomisch der Befund follikulär wuchernder, Zentralkanäle führender Hyperplasie entspricht. FINKELSTEIN bezeichnet die Schilddrüsenhyperplasie in kropffreien Gegenden als in erster Linie Wachstumshyperplasie und sieht eine Bestätigung dieser in der Erfahrung, daß das Wachstum der Kinder und Adolescenten mit Schilddrüsenvergrößerung im allgemeinen schneller vor sich geht und häufiger auch zu einem überdurchschnittlichen Endergebnis führt, als bei Trägern normaler Drüsen. In dieses Fragengebiet zählt auch die schon von HOLMGREN angeführte Erfahrung (zitiert bei RÖSSLE), daß jugendliche Individuen mit Zeichen von Basedow von hohem Wuchs sind und daß dieser von frühzeitiger Synostosierung der Wachstumszonen begleitet wird; das gleichzeitige Vorkommen von Struma und Tachykardie im Wachstumsalter sei meist mit Großwüchsigkeit verbunden, die den Durchschnitt gleichaltriger Kinder (meist Mädchen) gleicher sozialer Lage um 5 cm übertrifft; bei Struma ohne Tachykardie sinke dieser Unterschied auf 0,9 cm. Da bei erwachsenen Basedowkranken Großwuchs nicht angetroffen wird, so beweist die übermäßige Länge bei basedowkranken Kindern die wachstumübertreibende Wirkung der gereizten Schilddrüse. Die weitere Beobachtung dieser Kinder lehrt, daß sie bei gleicher Körpergröße wie Normale, aber da sie die betreffende Größe früher erreichen, in einem jugendlicheren Alter als Normale ihr Skeletwachstum abschließen. Also gleiches Wachstumsergebnis in überstürztem Tempo. HOLMGREN sieht darin einen gesetzmäßigen Ausgleich, um eine allzu starke Variabilität der Größe zu verhindern, ein Streben zur „Konzentration der Körperlänge um die Norm"[1].

Nach einigen Autoren (SCHLESINGER) soll die Entwicklung der sekundären Sexualmerkmale bei juvenilen Kropfträgern, besonders bei Mädchen, weiter vorgeschritten sein als beim Durchschnitt; so sollen die Menses früher eintreten, die Folgen primär verstärkter Schilddrüsentätigkeit. FINKELSTEIN hält dies für strittig. Er hält die Wachstumsintensität für das Primäre, die Hyperplasie für die Folge, unter Zugrundelegung einer konstitutionell bedingten Schwellungsbereitschaft. Der konstitutionelle Faktor ist in der erwiesenen Erblichkeit und Familiarität vielfach bestätigt.

Die durch das Wachstum angeregten bzw. dem Wachstum zugrundeliegenden Stoffwechselvorgänge verlangen eine gesteigerte Hormonproduktion seitens der Schilddrüse, die vom entsprechend angelegten Organ geleistet werden kann, vom unzulänglich angelegten mit Hyperplasie beantwortet wird. Auch PFAUHDLER und WISKOTT sind geneigt, den „Mehrbedarfskropf" anzuerkennen und der Auffassung beizupflichten, daß die Schilddrüse hier dem absolut vermehrten Anspruch an innersekretorischer Leistung folge, also ein gewisser Hormonhunger des wachsenden Organismus den Impuls zur Hyperplasie an die Drüse abgibt. Ist diese infolge unzureichender Anlage nicht hinreichend leistungsfähig, so wird, wie wir annehmen können, die mangelhafte Produktionsfähigkeit des hypoplastischen Gewebes durch eine Vergrößerung der Produktionsstätte wettgemacht werden. Die früher einsetzende Pubertät des Weibes wird eine bedeutendere Entwicklungsrückständigkeit der Schilddrüse antreffen und in früherem und stärkerem Maße den Wachstumskropf veranlassen. Hier sei erwähnt, daß auch der endemische Kropf im Alter des Pubertätswachstums sein Maximum zeigt.

Diese Auffassung deckt sich wohl mit dem Hinweis bei GUDERNATSCH, der daraus, daß in der Periode sehr scharfer Differenzierung vor und nach der Pubertät die Schilddrüse aus chemischen Gründen oft nicht imstande ist, allen Ansprüchen zu genügen und zur Hyperplasie (Jugendkropf) neigt, zur „Differenzierungshyperplasie", schließt, wie nötig die Vollfunktion der Drüse zur Differenzierung ist. Die Vergrößerung tritt bei Mädchen häufiger auf als bei Knaben, denn beim weiblichen Geschlecht bestehe aus uns unbekannten Gründen ein viel innigerer Zusammenhang zwischen Schilddrüse und Sexualapparat,

---

[1] Auch FINKELSTEIN gedenkt des basedowoiden Hochwuchses, sieht aber in der Kombination: kardiovasculäre Symptome und Hochwuchs keine direkten kausalen Zusammenhänge, sondern gleichgeordnete Teilerscheinungen einer konstitutionell abnormen Veranlagung.

außerdem stehe der gesamte weibliche Organismus vor der Pubertät noch auf einer infantileren, d. h. weniger differenzierten Stufe als der männliche, brauche also mehr Antrieb; endlich seien beim weiblichen Geschlecht die speziellen Differenzierungsprozesse der Geschlechtssphäre viel weitreichender, die Schilddrüse müsse also mehr Zellmaterial beeinflussen.

PFAUNDLER und WISKOTT fanden den Pubertätskropf in ziffernmäßig nachweisbarer Syntropie (Korrelation) nicht nur mit vorzeitigem und einseitigem Längenwachstum, sondern auch mit Herzbeschwerden, mit Myopie, mit Skoliose, mit neuropathischen und vasomotorischen Störungen. Und SCHLESINGER konstatierte, daß durchschnittlich $^1/_6$ der Knaben im Alter von 10—17 Jahren und $^1/_3$ oder mehr der Mädchen mit hyperplastischer Schilddrüse kardiovasculäre Störungen zeigt, die manchmal wohl als Zeichen reiner Neuropathie, öfters aber als Symptome eines milden Hyperthyreoidismus aufzufassen sind, nur ausnahmsweise findet sich das thyreotoxische Kropfherz. Beziehungen des Pubertätskropfes zur Keimdrüsenfunktion betont PERITZ, der den erwähnten Hochwuchs mit spätem Einsetzen der Keimdrüsenfunktion in Zusammenhang bringt, die in Antagonismus zur Schilddrüsenfunktion stehe, und CASSEL, der Schilddrüsenschwellung bei 9—11 jährigen Knaben mit schmerzhafter Mammaschwellung einhergehen sah. WIELAND hebt das Vorkommen periodischer Schwellungszustände der Schilddrüse im Verein mit allgemeiner Wachstumssteigerung hervor, besonders beim weiblichen Geschlecht, die im Zusammenhang mit Generationsvorgängen stehen, Menses, Gravidität, Schul- und Greisenalter.

Wenn auch, wie schon erwähnt wurde, das Auftreten thyreotoxischer, basedowoider Erscheinungen bei der Pubertätsstruma bekannt ist, so entspricht doch in der Regel der Adolescentenstruma keine krankhafte Funktionssteigerung der Drüse. Auch konnte ECKSTEIN aus seinen Untersuchungen über den Gas- und Jodstoffwechsel der Pubertätsstruma schließen, daß der „Schulkropf" nicht eine Hypo- bzw. Hyperfunktion der Schilddrüse bedeute. Die Untersuchungen wiesen Calorienwerte auf, die denen aus Alter, Gewicht und Länge berechneten annähernd entsprachen. Der einfache Wachstumskropf findet sich (FINKELSTEIN) häufiger in sozial höher stehenden und intellektuellen Schichten, besonders bei Stadtbewohnern, wie überhaupt bei Individuen mit beschleunigtem und intensiverem Wachstum und früherer geschlechtlicher Reife.

Die Häufung der kindlichen Struma mit ihrer vorwiegenden Frequenz im Pubertätsalter (ABELS bringt die anscheinend endemische Kropfhäufung des Kindes- und des jugendlichen Alters in der Nachkriegszeit mit den anderen Formen avitaminotischer, dysergischer Störungen in ein System) stand und steht heute noch im Mittelpunkt ärztlichen und besonders therapeutischen Interesses. Es sei zugegeben, daß die Jodmedikation in kleinen Dosen beim Jugendkropf, soweit dieser frei von thyreotoxischen Symptomen ist, erfolgreich und unschädlich ist, schon mit Rücksicht auf die hohe Jodtoleranz dieser Altersstufe. Nach un-

seren Erfahrungen der Schilddrüsenvergrößerung als einer durch Hormonbedarf angeregten Wachstumshyperplasie ist vor allem die Unschädlich-
keit der Jodbehandlung erfreulich, sie dürfte schließlich auf die Anpassungsfähigkeit der Funktionsgröße an eine kleinere Organmasse, auf
eine Intensivierung der Leistung schließen lassen. Damit stellt sich der
Jodeffekt als kosmetische Wirkung dar.

In einzelnen Fällen finden sich bei der Jugendstruma Abweichungen
von dem Gewöhnlichen sowohl im Sinne einer gesteigerten wie einer
verringerten Schilddrüsenfunktion, welchen nach GOLD und ORATOR
Auffälligkeiten im mikroskopischen Bilde entsprechen. Klinisch fällt
nach BIEDL und REDISCH bei Funktionssteigerung das Glanzauge, die
erhöhte psychische Agilität und nervöse Erregbarkeit, nach FINKEL-
STEIN die Tachykardie, die Vasomotorenlabilität, die erhöhte Herzaktion auf, Erscheinungen, die in sanft steigender Stufenleiter von der
einfachen Jugendstruma zum echten Basedow überleiten. POTOTZKY
gliedert die Pubertätsstruma in folgende klinische Gruppen: Die reine
Päbertätsstruma, den (Pubertäts-) Hyperthyreoidismus, das Pubertäts-
basedowoid und den Pubertätsbasedow; alle Typen erscheinen beim
weiblichen Geschlecht prägnanter als beim männlichen. Symptome des
Pubertätsbasedowoids im 12.—13. Lebensjahre sind Schilddrüsenvergrößerung ohne Pulsation, ohne Geräusche, Exophthalmus, der beim
Hyperthyreoidismus pseudochloroticus, einer Zwischenform, fehlt,
GRÄFESches Symptom, keine Herzsymptome, keine Tachykardie, kein
subjektives Herzklopfen, allgemeine, vieldeutige und quälende Symptome, wie Leibschmerzen, Schlafstörungen, Schweiße. FINKELSTEIN
betont die Schwierigkeiten der Unterscheidung des eigentlichen Morbus
Basedow vom Pubertätsbasedow. Nach ORGLER spricht Fehlen der
Glykosurie bei Thyreoidindarreichung gegen echten Basedow.

Als instruktives Beispiel für die nicht zu seltene Basedowheredität
bringt FINKELSTEIN den Fall CLIMENKOS: 10jähriger Knabe mit ausgesprochenen Basedowsymptomen, 6jährige Schwester mit stark ver-
größerter Schilddrüse und Zeichen von Hyperthyreoidismus, Mutter,
deren zwei Schwestern und eine Kusine ebenfalls ausgesprochen basedow-
krank, Großmutter Struma mit hyperthyreoiden Erscheinungen, Ur-
großmutter sehr fettleibig (Hypothyreose?).

FINKELSTEIN ist mit Recht geneigt, die kardiovasculären Erscheinungen Jugendlicher, die sich oft bei Schilddrüsenerkrankungen zeigen,
genetisch von diesen zu trennen. Die erbgegebene Veranlagung ist die
Grundlage auch dieser Bilder. Es sei noch erwähnt, daß nach EWALD
(zitiert bei LOMMEL) die idiopathische Thyreoiditis am öftesten zur Zeit
der Pubertät vorkommt. KLOSE und HELLWIG gedenken des sehr
seltenen thymogenen infantilen und Pubertätsbasedowoids.

Auch hypothyreotische Züge kommen bei der Pubertätsstruma vor.
BORCHARDT prägte den Begriff der thyreosexuellen Insuffizienz, die
zu allen kritischen Zeiten der Keimdrüsentätigkeit Erscheinungen hervorrufen kann. Die Hemmung der Keimdrüsenentwicklung infolge
Unterfunktionszuständen der Schilddrüse zeigt sich beim kongenitalen
und endemischen Kretinismus, bei dem auch die sekundären Ge-

schlechtscharaktere nicht oder verspätet und unvollkommen zur Entwicklung gelangen. Der Begriff der thyreosexuellen Insuffizienz, die Syntropie mit vorzeitigem und einseitigem Längenwachstum, die Kombination der Struma des Pubertätsalters mit Chlorose und ähnlichem rufen uns die enge Korrelation der Schilddrüsenfunktion mit der der Keimdrüse auch in Fällen der Pathologie vor Augen. Die Symptome der Schilddrüsenvergrößerung im Sinne einer Hyperfunktion decken sich mannigfach mit kardiovasculären Bildern, die vielfache Identität erschwert die pathogenetische Erklärung.

Der mancherseits vertretenen Annahme einer Beziehung der parenchymatösen Struma und der Tuberkulose, einer Bindung, die J. BAUER als Auswirkung eines zugrundeliegenden disponierenden Status degenerativus nimmt, widerspricht GOETZL auf Grund sehr eingehender statistischer Untersuchungen an Wiener Kindern.

c) Erkrankungen des Zirkulationsapparates.

Kardiovasculäre Symptomenbilder sind nicht selten Vorläufer oder Begleiterscheinungen der Pubertät und haben seit jeher die ärztliche Aufmerksamkeit erregt. Herzbeschwerden, die zur Zeit der Reife der ersten Menstruation oft Wochen vorangehen und manchmal in ganz stürmischer Weise einsetzen (JASCHKE), werden namentlich bei Mädchen der oberen Stände und in großen Städten nicht selten beobachtet. Neben subjektiven Beschwerden fällt auch eine stärkere Labilität der Vasomotoren (Erröten, Erblassen, Ohnmachten, Augenflimmern) auf. Unter Pulsvermehrung auf 120—140 treten öfters Schmerzen in der Herzgegend, Präkordialangst, Tachykardie ein, von wechselnder Dauer. Oft schwindet der Anfall mit Eintritt der Menstruation. Die solche Erscheinungen bietenden Mädchen — es handelt sich fast ausnahmslos um das weibliche Geschlecht — sind reizbare, nervöse Individuen, die auch sonst vegetativ stigmatisiert sind.

Der als Ausdruck hyperthyreotischer Konstitution gelegentlich zu findenden vasomotorischen Erregungszustände, bei denen Ursache und Folgen nicht immer klar zu erkennen sind, wurde bereits gedacht. Das GERMAIN SÉEsche Syndrom, der angebliche klinische Ausdruck einer thorako-somatischen Dissoziation, eines Vorauseilens des Herzens gegen den übrigen Körper im Wachstum, oder umgekehrt einer evolutionären Rückständigkeit, Annahmen, denen RÖSSLE und BÖNING auf Grund der festgestellten gemeinsamen Verläufe des Massenwachstums des Gesamtkörpers und der von ihnen untersuchten Organe jede Berechtigung absprechen — sie leugnen eine solche physiologische Krise des Herzens im Pubertätsalter —, setzt sich aus subjektiven Herzstörungen, Dyspnoe bei schon geringer Körperleistung, Kopfschmerz, objektiv als Zeichen einer Volumszunahme des Herzens (Hypertrophie oder Dilatation) zusammen; dabei Herzverbreiterung, selten Arrhythmie. Daß die Beschwerden bei körperlicher oder geistiger Überanstrengung an Intensität zunehmen, wird häufig angegeben. HUCHARD nimmt als Ursache eine Wachstumspseudohypertrophie an, als Folge einer Thoraxdeformität, einer Thoraxverengerung infolge des Pubertätswachstums;

nicht das Herz hypertrophiere, sondern der Thorax bleibe zurück. Andere Autoren betonen eine durch mechanische Drucksteigerung zustande kommende Herzdilatation. KREHL erklärt die subjektiven Herzbeschwerden, Herzklopfen, Tachykardie durch die vorauseilende Verbreiterung der Ventrikel und die Persistenz des klinischen Herzhabitus sowie durch vasculäre Reizerscheinungen, er weist ebenfalls auf die Inkongruenz zwischen Ausbildung des Thorax und der des Herzens hin. LOMMEL hebt mit Recht hervor, daß auch ohne nachweisbare Organminderwertigkeit bei den gerade im Pubertätsalter vorkommenden Mehrleistungen (Sport) das Herz durch muskuläre Insuffizienz, die sich in einer mäßigen Herabsetzung der Leistungsfähigkeit und in subjektiven Störungen verschiedener Art äußern kann, zu Schaden kommen kann. Eine Rückkehr zur normalen Leistungsfähigkeit wäre nicht oder nur nach sehr langer Zeit zu erreichen, für außergewöhnliche Leistungen erweisen sich solche Herzen meist dauernd unfähig.

SPERLING findet gegen die Pubertät hin bestimmte Herztypen. So den sog. Aktionstyp, das wenig gefüllte, lebhaft tätige, klein konfigurierte Herz mit hebendem Spitzenstoß, welches sich im Gegensatz zum konstitutionell asthenischen Herzen nach der Pubertät noch anders formieren kann. Es handelt sich hier also lediglich um eine Veränderung des sog. Aktionstonus. Auch eine Vergrößerung des Herzens wird in diesem Alter angetroffen, die „Wachstumshypertrophie", über deren Zustandekommen die Ansichten noch geteilt sind, sowohl ein vorzeitiges, zu rasches Wachstum des Herzens, als auch ein verspätetes, plötzliches Wachsen des bis dahin zu kleinen Herzens, auch ein wegen rückständiger Entwicklung insuffizientes Herz werden zur Erklärung herangezogen.

Mannigfache Erfahrungen zeigen, daß vorher kompensierte Vitien, denen im allgemeinen ein wachstumshemmender Einfluß zugeschrieben wird, die aber auch (GOTTSTEIN) in vielen Fällen der Kraft des endogenen Wachtumstriebes nichts anhaben können, zur Zeit der Geschlechtsreife infolge der notwendigen Mehrlseitungen Zeichen von Dekompensation bieten.

Bei frühzeitig erworbenen Klappenfehlern tritt die Menarche (JASCHKE) meist verspätet ein, bei Aortenvitien auch verfrüht, in seltenen Fällen kommt es bei Vitienträgerinnen zu Menorrhagien.

Ausgesprochene Hypoplasie des Herzens, das „Tropfenherz", findet sich nicht selten bei jenen infantilistischen Entwicklungsrückständigkeiten oder Mängeln, die alle Organe gleich- oder ungleichmäßig betreffen können und die in der Konstitutionspathologie des Reifealters die wichtigste Rolle spielen, beim konstitutionellen und beim erworbenen Infantilismus, bei der Chlorose, bei der von LOMMEL angeführten, vielfach überschätzten Stenose der oberen Thoraxapertur, einer dem Pubertätsalter in erster Linie zugeschriebenen Entwicklungsanomalie, bei der Pubertätsalbuminurie, bei der juvenilen Arteriosklerose. LOMMEL gedenkt weiters der angeborenen Enge der Aorta (Aorta angusta), die in oder kurz nach der Reifeentwicklung klinisch bemerkbar wird, da in dieser Zeit das Mißverhältnis zwischen Herzleistungen und den Anforderungen zu pathologischen Folgezuständen führen kann, sowohl bei von vornherein zu kleiner Anlage des Gefäßsystems als bei Ausbleiben des der Pubertät zukommenden rascheren Wachstums. Das klinische Bild dieser relativ seltenen Affektion besteht in (chlorotischer) Blässe, Beengungsgefühl, Neigung zu Katarrhen, relativer Kleinheit oder auch Größe der Herzfigur. Mädchen und Frauen mit Herz- und Gefäßhypoplasie sollen nach JASCHKE oft außerordentlich empfindlich gegen Gifte (besonders Opiate) sein; diese rufen unangenehme Störungen hervor: Herzklopfen, Oppression, Angstgefügl, Dyspnoe, irreguläre Herzaktion.

LANGSTEIN, LOMMEL, POLLITZER, HECHT u. a. gedenken der bei Jugendlichen relativ oft vorkommenden mangelhaft prompten Herz- und Gefäßregulation, wodurch es nicht nur zu subjektiven Herzbeschwerden, sondern auch zur Herzverbreiterung nach links, hebendem Spitzenstoß, gespanntem Puls, Akzentuation der zweiten Töne an der Basis und systolischen Geräuschen kommt.

ARON wie BENJAMIN betonen die ursächliche Bedeutung angiospastischer Momente für die Entstehung der sog. „Wachstumsblässe" im Reifealter, durch einseitiges Längen- ohne entsprechendes Dickenwachstum hervorgerufen oder gesteigert, mit hebendem Spitzenstoß und vermehrter Arterienspannung, mit Übergängen zu nervösen Kreislaufstörungen des jungen Kindesalters, zur Wachstumshypertrophie des Herzens, zur juvenilen Arterienrigidität des Adolescentenalters mit relativ besserer Herz- und Gefäßfüllung (vasolabile oder hypertonische Form). Die Hautblässe beruht in diesen Fällen auf Einschränkung der kreisenden Blutmenge mit Hyperämie umschriebener Capillargebiete (Bauchorgane); dem verminderten Blutumlauf entspricht die Kleinheit des Herzens und die Enge der Gefäße.

Diagnostisch problematisch gestaltet die Ähnlichkeit vieler kardiovasculärer Pubertätsstörungen mit dysthyreogenen Komplexen einen Einblick in die letzten Ursachen, besonders bei Bestehen einer Präpubertätsstruma. Das Vorkommen von Herzsymptomen bei fehlender Schilddrüsenhyperplasie spricht (FINKELSTEIN) für die ätiologische Gleichordnung beider Komplexe auf dem Boden konstitutioneller Veranlagung.

All diese auf bestehender oder angenommener Kombination der juvenilen Kardiopathien mit klinischen oder anatomischen Auffälligkeiten beruhenden Theorien oder Hypothesen verwirren den Einblick in die Genese dieser Störungen. Auch hier dürfte es genügen, an „Übergangsschäden" (THOMAS), an Störungen im Betriebe des Gesamtorganismus während einer Epoche hormonaler Umstellung, hormonaler Vervollkommnung zu denken, wobei eine gewisse konstitutionelle Gegebenheit (für die die häufig erweisbare hereditäre Veranlagung spricht) die Grundlage abgibt.

d) Die Albuminurien im Pubertätsalter.

In der Regel mit infantilistischen Stigmen gepaart, sehr oft mit solchen der kardiovasculären Sphäre, kommt in den Reifejahren die sog. *Pubertätsalbuminurie*, Ren juvenum nach POLLITZER, orthostatische Albuminurie nach HEUBNER, lordotische Albuminurie nach JEHLE, zur

Beobachtung. Nach HEUBNER stehen 77% aller Orthostatiker in den ersten 20 Lebensjahren, alle anderen außerhalb dieser Altersgrenzen. SCHIÖTZ sieht in den funktionellen Albuminurien eine ausgesprochene Wachstumskrankheit. Die Mädchen zeigen 3 Gipfelpunkte: das 8., das 10. und das 12.—13. Jahr. Nach Abschluß des Wachstums kommen die Albuminurien nicht mehr vor, hoher Wuchs prädisponiert dazu. LEWITUS fand funktionelle Albuminurien bei Schulkindern in 26,8%, am häufigsten zwischen 13. und 14. Jahr, bei Mädchen häufiger. POLLITZER zitiert die Diskussionsbemerkung GULLS, daß „boys about the age of puberty frequently had albuminuria, becoming languid, weak and pallid", die den Begriff der Pubertätsalbuminurie geschaffen hat. LOMMEL und andere um die Herzsymptome des Reifealters bemühten Autoren weisen auf die häufige Kombination mit kardialen Erscheinungen hin, mannigfach wurde die Heredität der Erscheinung hervorgehoben sowie die infantilen Züge, besonders seitens des Herzens: seine Senkung infolge der Muskelhypotonie (auch des Zwerchfells), Schwankung der Lage infolge des Tonus. POLLITZER stellt neben den konstitutionell orthostatischen Zirkulationsapparat die „orthostatische Reaktion" in den Mittelpunkt der ursächlichen Momente sowohl seiner infantilen wie der juvenilen Gruppe.

Anämie. Zu den partiellen Infantilismen, zu den funktionellen, im Pubertätsalter vorkommenden Insuffizienzen einzelner Systeme sind auch die Anämien und Scheinanämien dieser Phase zu zählen. Als Scheinanämie ist die sog. *Schulanämie* zu werten, die durch blasses, elendes Aussehen, dabei leichte Ermüdbarkeit, Kopfschmerzen, auffallend starkes Wachstum und infantilistische Einzelzüge charakterisiert ist. Der Blutbefund läßt die Zeichen wirklicher Anämie vermissen, eine gewisse Vasolabilität, Gefäßkontraktion (BENJAMIN), dadurch eine schlechte Hautdurchblutung, täuscht echte Blutarmut vor. Solche Individuen zeigen in der Regel nervöse Symptome wechselnder und vieldeutiger Art.

Doch neigen pubescente Individuen auch recht sehr zu echter Anämie, zu der der geschilderte Unterschied in Blut- und Hämoglobinbefund zwischen Kindesalter und Erwachsenenalter eine gewisse Bereitschaft bieten mag. Zu den physiologischen Momenten treten gerade im Reifealter die so rasch vor sich gehenden Änderungen der dimensionalen Körperproportionen, die Schädigungen der Schule und evtl. die Anstrengungen des Berufsbeginnes, die Noxen des sozialen Milieus. Vielfach betont ist der ätiologische Zusammenhang der *Chlorose* mit der genital-endokrinen Sphäre. Der Einschlag infantilistischer Züge, die häufige Kombination mit Hypoplasie des Genitales, die hypoplastischen Stigmen des Zirkulationsapparates, die funktionelle Unzulänglichkeit der hämopoetischen Apparate, die große Frequenz der Chlorose in und knapp nach den Pubertätsjahren scheinen direkt zur Konstruktion einer hypogenitalen, besser vielleicht (WIESEL) pluriglandulären Theorie zu zwingen. TANDLER fand in derselben Familie beim weiblichen Geschlecht Chlorose, beim männlichen Pubertätseunuchoidismus, ein Hinweis auf das konstitutionelle Moment hypogenitaler Krankheitsformen. Für einen Zusammenhang der Frühreife mit der Chlorose scheint ihm die Häufigkeit der nach Ausbildung der primären und sekundären Sexualmerkmale und nach der Kurzbeinigkeit als frühreife zu bezeichnenden Individuen unter den Chlorotischen zu sprechen.

e) Diabetes mellitus — Ikterus.

Der *Diabetes mellitus* kann, wenn auch die Umschreibung einer juvenilen Gruppe (PIRQUET) sich aufdrängt, nicht gerade als an die Pubertät gebunden aufgefaßt werden. Doch finden PRIESEL und WAGNER (s. Abb. 29) den Gipfel des Manifestationsalters der kindlichen Zuckerkrankheit im 13. Lebensjahr und schon darin eine nahe Beziehung zwischen Zahl der verfügbaren Inseln und Wachstum angedeutet. Sie sehen im jugendlichen Diabetes eine angeborene Minusvariante der Langerhans-Inseln, keine Folge einer postnatal erworbenen Noxe. Das Manifestwerden eines latenten Diabetes ist in erster Linie von der Zahl der verfügbaren Inseln abhängig. SCHIÖTZ findet in den Mortalitätsstatistiken einen Hinweis darauf, daß Geschlechtsdisposition bzw. geschwächte Widerstandskraft bei den Mädchen im Alter von 10—15 Jahren, bei den Knaben zwischen 15 und 20 Jahren zu konstatieren ist. Wenn HEIMANN-TROSIEN und HIRSCH-KAUFFMANN ein Schwinden der

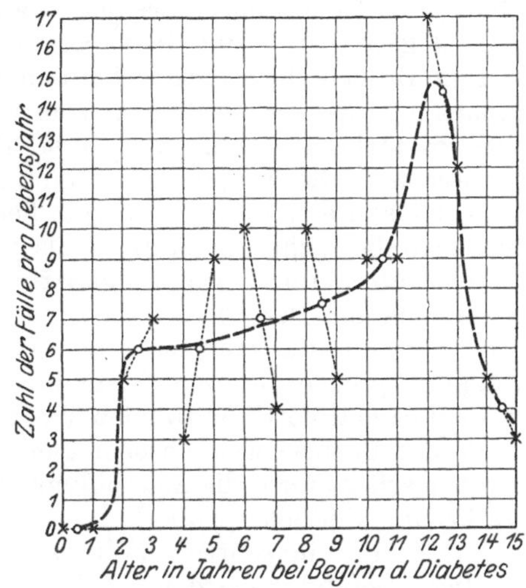

Abb. 29. Darstellung des Manifestationsalters des Diabetes mellitus im Kindesalter. Insgesamt 108 Kinder (55 Knaben, 53 Mädchen). (Nach PRIESEL und WAGNER.)

Diabetessymptome mit Pubertätseintritt sahen, bezweifeln PRIESL und WAGNER auf Grund großen, durch lange Zeit verfolgten Materials diesen Zusammenhang. Sie machten die Erfahrung, daß Mädchen, bei denen schon vor Beginn des Diabetes die Geschlechtsentwicklung begonnen hatte, bei schwerem Diabetes Cessatio mensium boten, bei Besserung des Diabetes werden die Menses wieder regelmäßig. Ein gut behandeltes diabetisches Kind kann ungehindert in die Reifeentwicklung eintreten.

Ikterus. TÜRK (zitiert bei BRAEUNIG) beschreibt Fälle von *hämolytischem Ikterus*, die nicht familiär auftreten, aber in früher Kindheit oder in der Pubertät sich entwickeln und mit auffallender Hemmung der Sexualentwicklung einhergehen. BISCHOFF und BRÜHL sahen in der Pubertät entstandene Kombination von familiärem Ikterus, Lebercirrhose und Milzschwellung bei drei Schwestern, die vom Auftreten der ersten Symptome in der Entwicklung zurückblieben, und nehmen eine konstitutionell bedingte, an die Pubertät gebundene Störung im Endokrinon an.

10*

f) Die Lungentuberkulose.

Die *Lungentuberkulose*, deren Morbiditäts- und Mortalitätskurve, insbesondere die größere Sterblichkeit der Mädchen im Pubertätsalter schon an anderer Stelle besprochen wurde, zeigt in ihrem klinischen und anatomischen Verhalten im Pubertätsalter ganz eigene Züge, die Aschoff, Beitzke, Falk, Pagel, Wiese, Redeker u. a. hervorgehoben haben. Engel betont, daß das Säuglingsalter und Kleinkindesalter durch seine Neigung zu großen und entzündlichen Bronchialdrüsentuberkulosen und zu allgemeiner Durchseuchung des Körpers bzw. zur Bildung metastatischer Streuherde ausgezeichnet erscheint. Im Schulalter dagegen wirkt sich die tuberkulöse Infektion nur in kleinen lokalisierten Bronchialdrüsentuberkulosen mit ausgesprochener Neigung zur Abheilung aus, Ausstreuungen vom Primärherd und Entzündungen um den Primärherd herum sind unverhältnismäßig seltener als im Kleinkindesalter. Die Neigung zur Bildung echter Phthisen tritt in beachtlichem Maße erst in der Pubertät hervor. Diese Phthisen befallen die Mädchen beträchtlich häufiger als die Knaben. Sie sind bei beiden Geschlechtern durch große Bösartigkeit und geringe Heilungstendenz ausgezeichnet. Pirquet rechnet zum tertiären Stadium der Tuberkulose jene Formen, die erst nach der Pubertät zustande kommen. Nach Aschoff gibt es in den Reifejahren Übergangsformen, Phasen von kranial-caudal fortschreitenden ulcerösen Zerstörungen, die ganz dem Bilde der Phthise Erwachsener gleichen, bei denen aber im Gegensatz zur typischen Form die Lymphknoten stark mitbeteiligt sind, ohne die Verkäsung kindlicher Tuberkulosen zu zeigen. Die ausgedehnte Lungentuberkulose repräsentiert (Wiese) im Schulalter einen nicht allzuhäufigen Befund, nach dem 12. Lebensjahr nehmen die Zahlen aber mit Annäherung an die Pubertät rasch zu. Das Bild der „sekundär-allergischen lobulär-lobär käsigen Phthise", der im exsudativen Stadium steckengebliebenen Aspirationsaussaat (Redeker) entspräche dem, was Aschoff als „Pubertätsphthise" bezeichnet, ohne daß diese Form an das Pubertätsalter gebunden sein muß. Wiese findet gerade Mädchen in der Präpubertäts- bzw. Pubertätsphase an einer aus dem Frühinfiltrat sich entwickelnden Tuberkuloseform, der „Pubertätstuberkulose", erkranken. „Treffen wir doch die bösartige, schnell fortschreitende, ausgedehnte Lungentuberkulose ganz besonders häufig in den Lebensjahren beim Kinde an, die den jungen Menschen aus der Kindheit durch die Pubertät in das Erwachsenenalter hinüberleiten." Wiese faßt die Aschoff-Beitzkesche Pubertätsphthise als ein besonders ungünstiges Entwicklungsstadium des Frühinfiltrats auf. Pagel kommt auf Grund anatomischer Untersuchungen zum Schlusse, daß zur Pubertätsphthise nicht immer gleichartige Fälle zählen. Stets seien es tertiäre Formen mit Veränderungen der Lungenlymphknoten, die einheitlich sind oder eine Mischung sekundärer und tertiärer Phthise erkennen lassen. Bei gemeinsamer Morphologie sei ihre Genese aber einer doppelten Deutung fähig: einmal haben wir Interpositionen und Interferenzen der verschiedenen Stadien anzunehmen, andererseits können die Lymphknoten einer dem Tertiärstadium aufgepfropften Krankheitsperiode angehören, bei noch nachweisbaren Spuren der alten Stadien. BEITZKE mißt der langsam verlaufenden Erstinfektion mit Tuberkulose in der Pubertät, wo sie zur sog. Pubertätsphthise führt, eine zahlenmäßig größere Bedeutung zu als der im Kindesalter. Jenseits des 15. Lebensjahres verhalten sich jeweils die akuten, aus einem Primärkomplex hervorgehenden, zu den langsam fortschreitenden primären Tuberkulosen wie 1 : 1,5, letztere wären also häufiger als im Kindesalter, sind aber nicht so tödlich. Bezüglich der Häufigkeit der Pubertätsphthise kann man eine 9mal größere der chronischen Phthise mit verkalktem Primärherd annehmen, wie die der Pubertätsphthise zuzurechnenden Formen. Eine für das Pubertätsalter charakteristische Phthise kennt BEITZKE nicht, es können alle Verlaufsformen in dieser Phase vorkommen, bis auf die vorwiegend indurierende (cirrhotische) Phthise, die nicht vorkommt. Nach BEITZKE entsteht das Bild der ASCHOFFschen „Pubertätsphthise", verschieden von dem der gewöhnlichen Phthise des Erwachsenen, wenn vom Primärkomplex her noch große, käsige Lymphdrüsen vorhanden sind, oder bei stark gesunkener spezifischer Resistenz von neuem eine Bronchialdrüsenverkäsung, wie in der Primärperiode, aufgetreten ist.

FALK forschte bei einer Zahl von phthisischen Kindern, die sich in bzw. kurz nach der Pubertät befanden, nach den Infektionsverhältnissen. Unter 35 Fällen waren 2, die relativ kurze Zeit vor Ausbruch der Krankheit Gelegenheit zur Infektion, also die Möglichkeit der Erstinfektion in der Pubertät bzw. Präpubertät hatten; in 11 Fällen war lange Zeit seit der Infektion vor Ausbruch derselben die Pubertät vorangegangen.

Der klinische und anatomische Begriff der Pubertätsphthise erscheint unscharf umschrieben. Es handelt sich bei demselben um ein Häufigkeitsurteil für das Alter nicht charakteristischer pathogenetisch kombinierter, zum Teil infantiler, zum Teil dem Erwachsenen eigenen klinischen und Entstehungstypen. Dies gilt in gleichem Maße von den sog. infraclaviculären Infiltraten (ASSMANN, REDEKER u. a.), lokalisierten, meist in den Unterschlüsselbeingruben und im Intraskapularraum röntgenologisch nachweisbaren Verdichtungen, die fieberhaft, manchmal unter den Erscheinungen einer Grippe einsetzend, nur bei genauester Untersuchung und durch Durchleuchtung und Bacillennachweis diagnostizierbar sind. Die Neigungen zur Einschmelzung und Kavernenbildung fallen prognostisch schwer ins Gewicht. Ausheilung scheint nicht selten zu sein. Die Altersstufe, in der die infraclaviculären Infiltrate hauptsächlich vorkommen, ist in der Regel das Jugendalter, das Ende des zweiten Lebensdezenniums. Auch diese Form der Tuberkulose ist, wenn auch ihre Altershäufigkeit dafür spräche, nicht geeignet, als „Pubertätstuberkulose" bezeichnet zu werden.

Die anatomisch und klinisch unscharf umgrenzte Tuberkulose des Pubertätsalters mag auch, wie schon andernorts hervorgehoben wurde, mit der hormonalen Leistungsfähigkeit der Geschlechtsdrüsen zusammenhängen, wenn wir auch diese Konnexe derzeit noch nicht ganz durchschauen. Es sei an die Versuchsergebnisse MAUTNERS erinnert, die auch das frühere Einsetzen der gesteigerten Tuberkulosemortalität beim früher geschlechtsreif werdenden weiblichen Geschlecht erklären können. Für die genitalhormonale Grundlage der Lungentuberkulose und ihrer Formen sprechen Fälle, wie der H. Cl. Muellers (Med. Welt 1931) von tertiärer Phthise, von typischem Frühinfiltrat, einer Form der Tuberkulose, die vorwiegend im 2. Lebensjahrzehnt beobachtet wird, bei einem 5jährigen Mädchen mit vorzeitiger Pubertät. Brack will streng Tuberkuloseerkrankungen, die vor, von solchen, die nach der Pubertät auftreten, auseinanderhalten; im ersteren Falle liegen häufig Entwicklungsstörungen bald im Sinne der Unterentwicklung (Hoden), bald in dem einer überstürzten Entwicklung (Ovarien) vor, im zweiten Falle Schädigungen, die nicht zum wenigsten durch einen Lipoidmangel der Keimdrüsen beider Geschlechter hervorgerufen sind. Tritt also die Tuberkulose bei nahezu abgeschlossener Entwicklung des Organismus auf, verbrauchen dabei die Leber oder Myokard und Nieren viel Fett, so ist bei früh Verstorbenen eine Keimdrüsenschädigung meist nachweisbar. Daß die Tuberkulose der Pubertät sich auch an den Keimdrüsen auswirken kann, wollen die Untersuchungsergebnisse Stuhls beweisen, der in der Pubertätsamenorrhöe vielfach eines der ersten Anzeichen der nach Jahren zur vollen Ausbildung gelangenden Lungentuberkulose sieht; fehlender Genitalbefund zwinge zur Fahndung nach Tuberkulose. L. Maas konnte die Erfahrungen Stuhls nicht bestätigen, sie fand Unterentwicklung des Genitales häufiger auf Grund andersartiger Krankheitsprozesse, vor allem chronischer Eiterungen, als auf Grund schwerer primärer und sekundärer Lungentuberkulose. Diese disponiert nicht wesentlich zu schweren Erkrankungen in der Reifezeit, sie schützt aber ebensowenig wie schwere Kindheitstuberkulose vor der Altersstufe entsprechenden Krankheitsformen.

Nobécourt konnte konstatieren, daß eine bei 13—15jährigen Mädchen nach der Menarche einsetzende Tuberkulose sich nicht in der Wachstumskurve auswirkt, aber eine verschieden lange dauernde Amenorrhöe verursacht.

g) Erkrankungen der Rachenorgane.

Die Tonsillarhypertrophie und die Erkrankungen seitens des lymphoiden Rachenringes zeigen von den Jahren der Geschlechtsreife an ein Sinken ihrer Häufigkeit. Es mag sein, daß die mit dem progressiven Wachstum vor sich gehende Ausweitung der Rachen- und Retronasalhöhle einen Wegfall der maßgebenden räumlichen Beengung und Disposition mit sich bringt, daß vielleicht auch die dem Kindesalter zukommende, auf morphologischen Eigentümlichkeiten oder serologischen Momenten oder auf dem Vorwiegen des lymphoiden Gewebes beruhende Anfälligkeit eine Rolle spielt. Nobel und Hecht fanden auf Grund einer Analyse von 280 tonsillektomierten Fällen, daß die Operationsnotwendigkeit um die Pubertät herum bedeutend nachläßt. Spontane Rückbildung der Tonsillen ist nach Pirquet, Schönberger, Blos nach der Geschlechtsreife mit größter Wahrscheinlichkeit zu erwarten. Peller bringt die Gruppierung der Fälle von chronisch-hypertrophischer Tonsillitis und adenoider Vegetationen (in Wien): Bereits um das 10. Lebensjahr erfolgt bei den Knaben eine starke Rückbildung der Hypertrophie der adenoiden Rachengebilde, im Gegensatz zum Verhalten der Mädchen. Der Geschlechtsunterschied wird von Jahresgruppe zu Jahresgruppe deutlicher, und es ist vielleicht kein Zufall, daß ein Vergleich mit der Diphtherie-Morbiditätsstatistik eine gewisse Gleichmäßigkeit erkennen läßt, ebenso ein Vergleich mit dem Scharlach. Während vor dem 6. Jahre an diesen beiden Krankheiten mehr Knaben als Mädchen erkranken, so daß sich der epidemiologische Geschlechtsindex nach der

Formel $\dfrac{\text{Morbidität } \female \cdot 100}{\text{Morbidität } \male}$ graphisch recht charakteristisch darstellt.

Es kommt daher (BERLINER) bei der Diphtherie bereits in den Schuljahren, beim Scharlach in der Pubertät zu einer großen Morbiditätsdifferenz zuungunsten der Mädchen.

Übersicht über die Häufigkeit der chronisch-hypertrophischen Tonsillitis und der Adenoiden nach Lebensaltern. (Nach PELLER.)

Alter	Knaben	Mädchen	Zahl der Knaben ist größer als der Mädchen	
			Knaben	Mädchen
0— 1 Jahr	28	15	um 87%	—
2— 4 Jahre	179	150	um 19%	—
5— 7 ,, ...	204	186	um 10%	—
8—10 ,, ...	251	292	—	16%
11—15 ,, ...	326	482	—	48%
16—20 ,, ...	172	285	—	66%
21—25 ,, ...	103	138	—	34%
26—30 ,, ...	48	98	—	104%
31—40 ,, ...	46	121	—	163%
41—50 ,, ...	23	61	—	165%
51 und mehr Jahre . .	9	12	—	33%

h) Erkrankungen des Verdauungstraktes.

Erkrankungen des Digestionsapparates sind im Reifealter selten, Ernährungsstörungen infolge übermäßiger Nahrungsaufnahme kommen trotz der immensen Quantitäten, die in diesen „Freßjahren" bezwungen werden, nicht vor, auch die typischen, mit Magendarmbeschwerden verbundenen neurotischen Komplexe zeigen eine größere Häufigkeit erst nach Ablauf der eigentlichen Pubertät. Vor dem Einsetzen der Menses sah NOVAK öfters bei 12—14jährigen Mädchen Schwellung und Auflockerung des Zahnfleisches, welche zur Lockerung der Zähne und zu einer mäßigen Periostitis führte, Erscheinungen, die ohne durchgreifende Behandlung nach Eintritt der Menstruation schwanden. Von Zahnkrankheiten findet sich sonst keine dem Reifealter vorzugsweise zukommende. SALAMONSON führt aus der Gruppe der Erkrankungen neurolabiler Kinder, die ihre Ursache in der mangelhaften Nervenkontrolle des kindlichen Organismus haben, das nervöse Erbrechen, die Nabelkoliken, gewisse Formen von Enterokolitis u. a. an, die mit Eintritt der Pubertät schwinden. MADER sah die Coeliakie spätestens um die Pubertät in Heilung ausgehen. „Dieses zeitliche Zusammentreffen der endgültigen Genesung in einer so einzigartig wichtigen biologischen Lebenswende ist kein zufälliges, sondern ein beziehungsmäßiges und ursächlich verknüpftes.“

i) Hautkrankheiten.

Die Pubertät läßt eine Häufung gewisser *Hauterkrankungen* erkennen. So ist das Einsetzen der *Acne* und der *Seborrhöe* als Folge neuer endokriner Funktionen und der gesteigerten Funktion der Haarbalgfollikel im Reifealter, der Rückgang dieser Erscheinungen in späteren Jahren charakteristisch. Auch die Acne rosacea tritt mit Vorliebe im Alter der Geschlechtsreife auf. Es handelt sich hier nicht so sehr um eine Hyperfunktion, als vielmehr um eine Störung der funktionellen Korrelationen der Hormondrüsen. SCHUHMACHER sieht in dem mächtigen Wachstumsimpuls des Gesamtorganismus, besonders dem vermehrten Wachstum der Haare und der Talgdrüsen, einen wesentlichen zur Acne disponierenden Faktor. Die Trichophytia capillitii, die nach STRANDBERG außerordentlich hartnäckig und schwer heilbar ist, sowie der Favus gehen in den Pubertätsjahren regelmäßig von selbst zurück. Dem Hormon der Keimdrüsen schreibt NOBL und SCHUHMACHER ein die Entwicklung der Pilze hemmendes, den Nährboden verschlechterndes Vermögen zu. Die Alopecia areata, die bei Männern und Frauen ungefähr gleich häufig ist, ist vor der Pubertät beim weiblichen Geschlecht bedeutend gewöhnlicher, während nach dieser Zeit das Verhältnis das umgekehrte ist (STRANDBERG). Die Granulosis rubra nasi (JADASSOHN) konnte nach FINKELSTEIN-GALEWSKY-HALBSTAEDTER besonders bei schwächlichen und anaemischen Kindern, namentlich bei Mädchen zumeist im Alter von 7—16 Jahren vor. Die Urticaria pigmentosa schwindet nach SUTTON gewöhnlich mit der Pubertät. Die Scrofulodermen der Pubertät heilen im Vergleich zu denen des Kindesalters sehr langsam aus und haben die Tendenz, lupös zu zerfallen (PIRQUET).

Der konstitutionelle, familiäre Haarausfall nach der Pubertät, beim männlichen Geschlecht in einer geschlechtsspezifischen Häufigkeit vorkommend, wird (JAFFÉ) auf mangelhafte Funktion der Talgdrüsen bezogen. Diese stellen die Hauptausscheidungsorgane für das Cholesterin dar. JAFFÉ sieht einen Zusammenhang — mittelbar durch die Talgdrüsen — zwischen Haarausfall und solchen endokrinen Drüsen, die für den Lipoidstoffwechsel eine gewisse Bedeutung haben (BINGOLD und DELBANCO).

k) Krankheiten der Sinnesorgane.

Was die *Augenkrankheiten* zur Zeit der Geschlechtsreife betrifft, sollen nach PUECH (zitiert bei NOVAK) dieselben eine sehr große Frequenzziffer aufweisen und sollen die Keratitis phlyctaenulosa, der Pannus, die Keratitis parenchymatosa und die Affektionen der Uvea besonders beim weiblichen Geschlecht auffallend häufig vorkommen, sollen (nach S. COHN) die Iritis, (nach BERGER und LÖWY) Rezidive von Blepharitis und Conjunctivitis scrophulosa häufige Pubertätserscheinungen sein. Die Augenerkrankungen der Reifejahre gehen meist mit Unregelmäßigkeit der Menstruation einher. Manchmal bildet nach NOVAK die Pubertät nicht die Ursache, sondern den Anstoß zu den Augenkrankheiten, wie bei den luischen und tuberkulösen Augenleiden. NOVAK bringt eine Reihe sehr interessanter Beobachtungen aus alter und neuer Literatur von Heilungsausgang verschiedener Augenaffektionen nach oder infolge des Menstruationsbeginnes. Vor einiger Zeit hat KRASSO auf Grund statistischer Untersuchungen den Höhepunkt der Frequenz für die Conjunctivitis eccematosa um das 15. Jahr herum gefunden, den der Phlyctänen etwa 2 Jahre später; Hordeolum und Chalazion sind nach ihrer Altersverteilung von den anderen Affektionen verschieden, ihr Anstieg erscheint zwischen 10. und 20. Jahr.

Von den *Ohrenkrankheiten* spielt in der Pubertät das Auftreten der Otosklerose eine wichtige Rolle (NOVAK). Nach C. STEIN erkranken von den Otosklerotikern beider Geschlechter 27,1% im Pubertätsalter, das weibliche Geschlecht erkrankt häufiger als das männliche. LEICHER fand gerade gesunde, blühende Individuen des Pubertätsalters und der darauffolgenden Jahre an Otosklerose erkranken. Von 186 Fällen, die im Laufe von 5 Jahren untersucht wurden, waren die ersten Zeichen bei 103 Fällen zwischen 15 und 25 Jahren aufgetreten. Bei den ererbten Fällen überwog dieser Beginn in der Pubertät noch mehr. ALEXANDER betont den wesentlich kongenitalen Ursprung der otosklerotischen Knochenherde und ihre Lokalisation im Felsenbein selbst. Erst in der Zeit der Pubertät scheint ein stärkeres Wachstum an den pathologischen Knochenherden einzusetzen. Dieser Annahme entspricht auch die klinische Tatsache, daß die ersten bedeutenden klinischen Symptome der Otosklerose in einer großen Anzahl von Fällen ausgesprochen hereditären Charakters erst in der Pubertätszeit auftreten.

Bezüglich der kongenitalen Innenohrschwerhörigkeit hält ALEXANDER die Prognose im Einzelfalle nicht für ungünstig, die Schwerhörigkeit behält zeitlebens den gleichen geringen Grad oder nimmt wenig zu. Das kritische Alter sei die Pubertät. Zeigt sich in ihr keine oder eine nur unwesentliche Abnahme des Hörvermögens, so ist für die spätere Zeit die Prognose günstig, dagegen besteht in Fällen, in denen die Schwerhörigkeit auf der erkrankten Seite in der Pubertät zunimmt, auch eine Erkrankungsgefahr für das andere bis dahin gesunde Ohr. Eine ungünstige Prognose bilden alle Fälle von doppelseitiger Innenohrschwerhörigkeit, bei welchen sich in der Pubertät eine rasche Abnahme des Hörvermögens einstellt.

Auch für die Mittelohrentzündung sieht ALEXANDER in der Pubertät eine bedeutsame Altersstufe, die gemeinhin in ihrer günstigen Wirkung überschätzt wird; wenn auch Veränderungen im günstigen Sinne möglich sind. Durch die Rückbildung der Adenoiden und der hypertrophierten Tonsillen kann die Neigung zu den sog. Erkältungskrankheiten schwinden, womit auch die serösen Mittelohrkatarrhe und die rezidivierenden Otitiden aufhören.

Bei anämischen Mädchen kann nach ALEXANDER die Pubertät ohne günstige Folgen für Ohr, Nase, Rachen bleiben, ja es kann zur Umkehrung des Bildes kommen, wonach bis dahin Ohrgesunde nun am

Ohre leichter erkranken als früher, ferner besonders in der Pubertät akquirierte eiterige Otitiden zur Chronizität neigen, gelegentlich auch Sekundärinfektion und Tuberkulose vorkommt. Für die Mittelohreiterung sei von der Pubertät nichts Gutes zu erwarten, man könne im Gegenteil feststellen, daß die Pubertätsphase prozentuell die höchste Zahl von endokraniellen Komplikationen im Verlaufe chronischer Eiterungen aufzuweisen hat. Daraus folge, daß die chronischen Eiterungen tunlichst vor der Pubertät operativ oder konservativ geheilt werden sollten.

Viele Ohrenkrankheiten werden in der Pubertät manifest (ALEXANDER), so nicht nur die Otosklerose, sondern auch viele Innenohraffektionen. Unter den Symptomen prävalieren Schwindel, Ohrensausen, von der Pubertät an die subjektiven Geräusche.

Häufig wird eine in den ersten Lebensjahren einsetzende kongenitalsyphilitische Innenohrschwerhörigkeit von der Reifezeit an schwerer. RAMADIER unterscheidet drei Formen dieser syphilitischen Gehörsmanifestation, deren dritte eine typische Labyrinthitis ist, die besonders zwischen 8. und 15. Lebensjahr sehr rasch zu vollkommener Taubheit führt.

l) Die Krankheiten des Nervensystems.

Die Erkrankungen der nervösen Sphäre halten in der Pubertätszeit an Häufigkeit so ziemlich die Mitte zwischen der Frequenz des Kindesalters und der der Erwachsenen. Während beim Kinde spasmophile Formen, infektiöse und postinfektiöse Typen, Poliomyelitis, Encephalitis mannigfacher Ätiologie und Lokalisation, Neuritis postinfectiosa, Meningitis tuberkulöser und anderer Ätiologie, seltener die hereditären und familiären Krankheiten, so Myopathien und Idiotieformen im Vordergrunde stehen, während nach der Pubertät unter den vielartigen und vielgestaltigen Nervenkrankheiten endogene, toxische, metasyphilitische und sog. Erschöpfungsformen auftreten, prävalieren im Reifealter ganz ausgesprochen die endogenen, hereditär-familiären und daneben die endokrinen Typen. Ist doch die Phase der Geschlechtsreife in hervorragendem Maße ein „Übergangsstadium" im Sinne THOMAS', mit häufigen Übergangsschäden, die einem Versagen der nach einem hormonalen Gleichgewichtszustand strebenden Kräfte entspringen, und ist andererseits diese Epoche die der Manifestation der klassen-, stammesund anlagegemäßen vorher latenten Komplexe von Entwicklungsmöglichkeiten.

Zu den heredodegenerativen Typen zählt die *hereditäte Ataxie* (FRIEDREICH), deren Beginn im 7.—8. Lebensjahr, öfter noch in der Pubertät sich findet. Die primäre *Myopathie*, die Dystrophia musculorum progressiva, zeigt ebenso manchmal in früher Kindheit, aber auch mitunter im Reifealter die ersten Erscheinungen. Ähnliches sehen wir bei der *Thomsonschen Krankheit*, bei der *Pseudosklerose* der juvenilen, oft familiären Form, die nach BOENHEIM gewöhnlich ante pubertatem auftritt und mit Hypoplasie des Genitales einhergehen kann, während die *multiple Sklerose* in der Regel erst nach vollendeter Reife in Szene tritt. Die hereditäre *Sehnervenatrophie* entwickelt sich meist

in der Zeit der Pubertät (JENDRASSIK). In vielen Fällen dieser vererb-
baren und familiär auftretenden Nervenleiden werden die betroffenen
Familienmitglieder in derselben Altersstufe betroffen.

In die Kategorie der hereditären Nervenkrankheiten mit Bevorzugung der Pubertät als Manifestationsphase gehört auch die *Hemi-
kranie*. Sie tritt bei Mädchen ausgesprochen häufiger auf als bei Knaben,
zeigt sich mitunter schon im frühen Kindesalter, um sich mit Reifeeintritt zu steigern, dann in typischer, vielgestaltiger Art zu verlaufen
und sich in manchen Fällen nach Ablauf der Pubertät zu bessern.

Die *Epilepsie* verschont kein Lebensalter, doch beginnt sie in der
Form der sog. genuinen Epilepsie in der großen Mehrzahl, nämlich in
fast $^3/_4$ der Fälle, vor dem 20. Lebensjahr. Eine besondere Prädisposition schafft die Pubertätszeit, in das zweite Dezennium fällt die Hälfte
der Fälle (OPPENHEIM, DE CRINIS, POLLAK). Nach WOLFFENSTEIN
lassen sich drei Maxima der Häufigkeit des Epilepsiebeginnes finden:
im 1. Jahr, vom 11.—12. Jahr und vom 17.—18. Jahr, auch lassen sich
in 15% der Fälle Zusammenhänge des ersten Anfalles mit der ersten
Menstruation feststellen. In 37% waren zeitliche Beziehungen der Anfälle zur Menstruation zu erkennen. Von 83 Pubertätsepilepsien GER-
LACHS begannen 23 angeblich im Anschluß an die erste Menstruation,
von 93 Pubertätsepilepsien BENNS begannen 35 kurz nach dieser und
in 38% bestanden zeitliche Beziehungen zur Regel. GALLUS fand die
Zahl der Anfälle vor und nach der Menstruation vermehrt und VAN
DEN BERG berichtet über 11 Fälle von Epilepsie, bei denen die Anfälle
deutliche Beziehungen zu allen physiologischen Phasen des weiblichen
Sexuallebens hatten (zitiert nach PINELES und SPITZER).

HOMBURGER schließt auf eine besondere Förderung der epileptischen
Krankheitsprozesse nicht nur aus ihrem ersten Auftreten in der Pubertät, wenn auch dieses keine absolut ungünstige Prognose bedeutet,
sondern auch daraus, daß Kinder, die in früheren Jahren an Anfällen
litten, dann jahrelang davon verschont blieben, in der Pubertät von
neuem befallen werden. Das Neuauftreten kann einen raschen Verlauf
einleiten, ebenso wie bisher ohne schwere Einbuße verlaufene Epilepsien
in der Pubertät unter Häufung der Anfälle schnell der Verblödung
entgegeneilen können. Erscheint schon im Kindesalter der geistige
Verfall katastrophal, so um so hoffnungsloser in der Pubertät. ,,Im
besten Zuge wird wie mit einem Ruck die ganze Maschinerie stillgelegt''
(HOMBURGER), doch spielt die epileptische Charakterdegeneration eine
noch weit größere Rolle als der Rückgang der geistigen Leistungen im
engeren Sinne. Darunter ist ,,eine Veränderung der in der individuellen
Persönlichkeit zusammengefaßt enthaltenen Ganzheit von Antrieben,
Gemütsrichtungen, Willensdispositionen, Ziel- und Zwecksetzungen, be-
sonders auch der Lebensstimmung und ihrer Auswirkungstendenzen im
Sinne einer unberechenbaren Verschiebung aller dieser Anteile, einer
Lockerung dieser Ganzheit, eines Verlustes gerade solcher Züge und
Eigenschaften, die das Individuell-Persönliche ausmachen'', zu ver-
stehen. Diese Katastrophe finden wir bei der Epilepsie des Pubertäts-
alters, der Phase der geistesstrukturellen Peripetie, nicht zu selten.

Die orthostatische Albuminurie und die vieldeutigen vasomotorischen Symptomenbilder erwachsen aus demselben asthenischen Fundament zu ähnlichen klinischen Manifestationen, zu denen noch vom Zentralnervensystem ausgelöste Erscheinungen sich gesellen können, so Ohnmachten, Krampfzustände. In Besprechung der kindlichen Ohnmachtsanfälle und des auf gleicher Grundlage erwachsenden „*orthostatischen Epileptoids*" (HUSLER) meint HOMBURGER, daß es eine Unterform der angioneurotischen Veranlagung gibt, die sich einerseits in lordotisch-orthostatischer Albuminurie, andererseits in krampfhaften Reaktionen des Zentralnervensystems äußert; sie hat nicht die Bedeutung einer selbständigen Erkrankung, hat mit der genuinen Epilepsie nichts zu tun, sondern weist darauf hin, daß die abnorme Ansprechbarkeit und Empfindlichkeit des Vasomotoriums insbesondere im Kindesalter mit einer gegen Änderungen des Blutumlaufs und der Blutverteilung gesteigerten Empfindlichkeit des Zentralorgans einhergehen kann, die sich in leichterer oder schwererer Form unter Bewußtseinsverlust äußert. Ein Zusammenhang mit endokrinen Korrelationsstörungen ist abzulehnen.

Im Reifealter pflegen die sog. gehäuften, *kleinen, absenzenartigen Anfälle*, deren nosologische Stellung, speziell deren Zugehörigkeit zur Epilepsie fraglich ist und die unter dem Namen der Pyknolepsie zusammengefaßt, von FRIEDMANN als nichtepileptische Absenzen des Kindesalters bezeichnet werden, zu schwinden. Es handelt sich um gehäufte, plötzlich einsetzende Zustände motorischer Unfähigkeit in kleinen Innervationsgebieten mit einer Art von „Erstarrung des Denkvermögens", wobei das Bewußtsein klar oder partiell getrübt ist. Die Prognose ist günstig.

Der lokalisierte und der allgemeine *Tic* (*Maladie de Tics*) entsteht meistens im 7.—15. Lebensjahr, und zwar bei hereditär belasteten, degenerative Stigmen zeigenden Individuen, und verdient sicherlich einen Platz in der Reihe der Pubertätskrankheiten. Eine auslösende Rolle spielt die eine oder die andere lokale Erkrankung (Blepharitis), manchmal auf dem Boden einer deutlich neurotischen Grundlage.

Die *Chorea*, deren Morbiditätskurve eine Parallele zu den rheumatischen Affektionen zeigt, wie an anderer Stelle hervorgehoben wurde, eine nach dem heutigen Stande unseres Wissens anatomisch begründete Krankheit des Nervensystems, deren klinische Abgrenzung von neurotischen Zuständen unter Umständen schwierig sein kann, befällt hauptsächlich Mädchen, die im 5.—15. Lebensjahr stehen, seltener Knaben. SALOMONS Material zeigte in 65% aller Fälle die Altersstufe von 10 bis 12 Jahren, die größte Frequenz im 12. Auch das Material GÖTTS erweist die größte Zahl an erstmaliger, aber auch an Rezidivchorea zwischen 10. und 14. Jahre, es läßt eine deutliche gleichartige Heredität nicht erkennen, eine gewisse Minderwertigkeit oder verminderte Widerstandskraft des Nervensystems soll in 20—36%, vererbte Disposition zu Gelenkrheumatismus in etwa 16% der Fälle nachweisbar sein (nach WOLLENBERG).

Die *Hemiatrophia faciei* findet sich fast immer im jugendlichen Alter, bei in der Lebensstufe von 10—20 Jahren stehenden Heranwachsenden.

Wenn auch die für die größte Häufigkeit der *Enuresis nocturna* in Betracht kommende Altersphase vor der Zeit des Reifebeginnes liegt, so hat diese doch insofern für die Krankheit eine gewisse Bedeutung, als die Fälle von krankhafter zeitlicher Verschiebung der Pubertät eine interessante Verknüpfung der Geschlechtsreife mit Miktionsstörungen erkennen lassen. Fälle von Frühreife und solche von Spätreife (NEU-RATH) gehen in großer Zahl mit Enuresis einher, eine Auffälligkeit, die bisher wenig beachtet und Erklärungsversuchen nicht unterzogen wurde, aber auf eine physiologische Bindung zwischen Reife und Miktions-mechanismus deutet. Die infantile Enuresis, deren pathogenetische Wurzel trotz immenser Literatur noch immer in Diskussion steht, er-scheint in der Regel mit Reifebeginn geheilt, vorausgesetzt, daß der neurotische Boden, der die Flucht in die Enuresis immer wieder ver-anlaßt hatte, durch Selbst- oder Fremderziehung für die Norm urbar gemacht werden konnte. Für die Auffassung der Enuresis als Sym-ptom einer neuropathischen Anlage wird die vielfache Kombination mit nervösen Stigmen wechselnder Art sowie die mancherseits er-wiesene suggestive Heilbarkeit (HAMBURGER u. a.) in Anspruch ge-nommen.

Von den metaluischen Erkrankungen des Nervensystems zeigt die *juvenile progressive Paralyse* ein Häufigkeitsmaximum im 14.—15. Le-bensjahre (WATSON, TONI SCHMIDT-KRAEPELIN), die *juvenile Tabes* läßt eine Frequenzbeziehung zur Pubertät vermissen.

m) Psychopathologie der Pubertät.

Die Phase der psychischen Pubertätsentwicklung mit ihrem tief-greifenden, in unruhigstem Wechsel der Grundstimmung und ihrer Aus-drucksbilder vor sich gehenden seelischen Strukturwandel bietet so hochgradig die Wahrzeichen psychischer Gleichgewichtsstörung und Abwegigkeit, daß dieser chaotische Zustand als altersgemäße Norm genommen, die kritische Grenze gegenüber typischen oder atypischen Neurosen und Psychosen schwer zu ziehen ist. All die Schwankungen des Seelenlebens, die sich mitbestimmt durch die individuell-konsti-tutionelle Grundlage und durch den Kulturkreis des Jugendlichen zwi-schen einen relativ stabilen Zustand des Kindesalters und den so ziem-lich ausgeglichenen erlangter Vollreife schieben, können in einem ent-scheidenden Ausmaß psychotische Züge darbieten, wenn die überwin-dende, nivellierende Kraft der um das Endziel der Kulturangleichung, der Eingliederung in die Gemeinschaft auf- und abwärts wogenden Exkursionen der seelischen Unruhe, man könnte sagen den Leistungs-bereich der Persönlichkeit, überschreitet.

Die Psyche der Pubertät schwankt in Extremen der Affektivität, zwischen Depression und hypomanieähnlicher Grundstimmung. Die Rücksichtnahme auf die altersentsprechende Unausgeglichenheit, auf die zum Teil noch infantile Persönlichkeit des Probanden, aber auch auf die hereditäre und familiäre Einordnung und die erbbiologische Konstitution wird für die Entscheidung: normal oder abnorm, temporär oder dauernd, von maßgebender Bedeutung sein.

Die charakteristischen psychischen Pubertätsmerkmale, Plus- oder Minusvermerk tragende Extreme, Trotz, Auflehnung, sprunghafte Launenhaftigkeit, Unberechenbarkeit, unfreiwillige Komik auslösende Zwiespältigkeit, Großmannssucht, unbegründeter Haß, Verschlossenheit, Insubordination, Unaufrichtigkeit, nach CH. BÜHLER der Ausfluß einer Periode der Verneinung, sind die Kulissen einer in streng gehütetem Alleinsein sich ordnenden neuen seelischen Struktur, sind ein temporärer Zustand, der Ausdruck einer inneren Spannung, deren Ventile sensitive Reizbarkeit und bis zur Apathie gediehene Versunkenheit, Affektexplosionen oder Teilnahmslosigkeit bilden. Derartige „Pubertätskrisen", oder nach HELLER Auswirkungen der großen Krise, die die Pubertät bedeutet, überschreiten aber als Entwicklungsakte der Norm noch nicht deren Grenzen. „Was in einem bestimmten Alter durchaus normal ist, bedeutet unter Umständen eine Entartungserscheinung, wenn es auf einer höheren Entwicklungsstufe stehen bleibt" (W. HOFFMANN). Eine Persistenz derartiger hysterieähnlicher oder cyclothymer oder schizoider Züge wäre geeignet, die Prognose für das spätere Leben recht düster zu gestalten.

Aber auch Steigerungen anderer Einzelzüge der vielfärbigen Bilder maßloser seelischer Schwankung überschreiten leicht das Übliche normaler Haltung. Die motorische Unruhe und ihre Korrelate bei Pubescenten, deren Anlage oder Umwelt ein primitives Sichgehenlassen mitbedingt, sind in Exzessivfällen die Triebkraft oft planlosen Wanderns, ziellosen Vagabundierens, der Schulflucht, des Entlaufens aus dem Elternhaus, der Zügellosigkeit im ungeordneten Streben jeder Sphäre; die ungesteuerte Sexualität führt zu Exzessen und kriminellen Aggressionen. Aus den zugänglichen Konservenbüchsen: Schmiere, Kino, Schundroman, stillen die Feigeren, Gebundeneren, weniger Fessellosen ihren Erlebnishunger.

In neuerer Zeit wird der Asozialität und Dissozialität der Jugendlichen erhöhte Aufmerksamkeit entgegengebracht. Asozialität im Sinne einer Einordnungsunfähigkeit in die dem Adolescenten vorbestimmte gesellschaftliche Gemeinschaft fehlt physiologischerweise auf einer gewissen Stufe seelischer Strukturumwandlung dem Individuum. Dieses will auf seiner Entdeckungsfahrt zum eigenen Ich und zur Welt keine Gesellschaft, braucht sie nicht und meidet sie. Verfehlt wäre es, in dieser Periode daran ein Kainszeichen für das kommende Leben sehen zu wollen. Der Einsame und zeitweise Asoziale ist noch nicht der verlorene Sohn der Gesellschaft. Die Quellen der Dissozialität in den Werdejahren der Reife zu suchen, hat sicher einige Berechtigung. Maßlose Triebhaftigkeit, im Fundament der erbbiologischen Gegebenheiten oder im kriminellen, aber auch im entbehrungsreichen Milieu wurzelnde Ursprünge des Willens zum Überspringen der von der jeweiligen Gemeinschaft gezogenen Schranken zeit- und machtgegebener Ethik sind besonders, wenn Hemmungslosigkeit sich beim einzelnen oder seinem Stamme mit geistiger Schwäche oder degenerativen Stigmen mancher

Art verbunden zeigt, immer mahnende, prognostisch infauste Zeichen. Doch soll auch der Dissoziale des Pubertätsalters nicht mit dem Maßstab des für den reifen Verbrecher geeigneten Urteils gemessen werden. Halten wir uns vor Augen, daß starker Wille und ein gefügtes Welturteil, das der Jugendliche mit Recht oder Unrecht für das einzig einwandfreie hält, sich nach dem Willen der ihm vorbestimmten Sozietät einordnen soll in eine ethisch und sozial sich für unfehlbar haltende, mit diktatorischer Exekutivmacht ausgestatteten Welt, deren Grundgesetze und Gebote aber in längerer oder kürzerer Zeit wandelbar sind, eine Welt, in der die Mehrheit über Ethik, Recht und Kulturrichtung entscheidet. Von der Schwäche, der Beugsamkeit des Willens, die wir als günstiges Erziehungsresultat nehmen, von der rationalen Distanz des einzelnen zur Linie der zu erreichenden Zivilisationshöhe wird die zurückzulegende Niveaudifferenz abhängig sein, die für das Individuum in Betracht kommt, wird die Entscheidung abhängen, wer ein guter Staatsbürger, wer ein schlechter, wer kriminell wird. Daß neben dieser Gruppe sozusagen fakultativ Krimineller die der degenerativen Kriminellen schon in der krisenhaften Epoche der Pubertät kraft eingeborener Minusvariation oder kraft einer durch den kongenialen Verkehr vervielfachten Disposition die ersten Taten verbricht, ist nicht verwunderlich.

Gesteigerte sexuelle Regungen des Reifealters und starker Trieb nach ihrer Betätigung sind die ursächlichen Grundlagen der *Onanie*, wenn diese auch schon lange vor der Geschlechtsreife, nach FREUD als extragenitale und genital lokalisierte Lustbefriedigung schon frühinfantil in Szene treten soll. Die frühere Überschätzung onanistischer Triebbefriedigung als eines schädlichen Kraftentzugs psychischer und somatischer Sphäre, die durch solche Mißdeutung veranlaßte oft grausame und angsterregende (un-)pädagogische und (un-)ärztliche Bekämpfung hat glücklicherweise einer vernünftigeren und humaneren Einstellung zu diesem (vorläufigen) Verfahren einer Entspannung physiologischen Überdruckes Platz gemacht. Daß die Onanie im Pubertätsalter ihre wichtige Domäne hat, braucht durch die körperliche und funktionelle Ausgestaltung der vitalen Anlagen nicht erst begründet zu werden. Die exzessive Onanie und ihre Korrelate werden nur dann als krankhafte Vorkommnisse zu werten sein, wenn sie sich in Gesellschaft anderer psychischer Abwegigkeiten finden.

Eine eigene Gruppe psychischer Auffälligkeiten repräsentiert die durch das Haften am Persönlichkeitsniveau früherer Altersstufen charakterisierte, die der Infantilismen.

Als partiellen Infantilismus, als perennierende kindliche Psyche, können wir den sog. *psychischen Infantilismus* bezeichnen. DI GASPERO unterscheidet zwei Formen: eine solche, bei der eine vollständige Kinderpsyche in der Gesamtlage und in den Detailäußerungen mit spärlicher Ausbildung der normal physiologisch in der Pubertätszeit sich einstellenden psychischen Umformungsaffekte herrscht, und eine solche, bei der die Grundzüge einer qualitativ normalen seelischen Konstitution vorhanden sind, doch mit erheblichen, zum Teil charakteristischen Werten der Kinderseele verquickt. Auch beim Infantilismus kann man

unter Umständen von einer Forme fruste sprechen, bei der der infantile
Reaktionstyp die Grenze gegen die Norm andeutet. Jamin, der ebenfalls
den Bestand des kindlichen Seelenlebens im erwachsenen Alter als charakteristisch für den psychischen Infantilismus bezeichnet, skizziert als
Symptom die Urteilsschwäche, die erhöhte Beeinflußbarkeit, die Neigung zu angstvollen Affektausbrüchen, die Überwertigkeit von Gemüts-
bewegungen, Ermüdbarkeit und spielerischem Handeln[1].

Rückständigkeit der psychischen Entwicklung findet sich, stärker
oder schwächer ausgeprägt, als Begleiterscheinung der einzelnen, ätiologisch differenten Infantilismen; sie wird naturgemäß zur Reifezeit,
die ja de norma einen deutlichen Aufschwung der psychischen Fähigkeiten bringt, besonders deutlich. Bekannt ist diese Rückständigkeit
bei hypothyreoiden Bildern. Doch ist zu bedenken, daß Mischformen
des Partialinfantilismus an Häufigkeit die reinen endokrinen Typen
weit übertreffen.

Eine andere Gruppe des psychischen Infantilismus, der psycho-
sexuelle Infantilismus, umfaßt (Hirschfeld, zitiert bei Homburger)
ein Perennieren des infantilen Schau- und Zeigtriebes, Pädophilie und
Fetischismus als Entwicklungshemmungen der gegenständlichen Richtung bei großer oder geringer Triebstärke.

H. Fischer hebt hervor, daß das Lebensalter, in welches normalerweise die große biologische Umwälzung der Pubertät fällt, auch für den
Eunuchoiden eine sensible Phase darstellt. Nur kann man, bei dem
besonderen Inhalt des Begriffes „Pubertät", diesen hier nicht gut an-
wenden. In dieser Zeit gehen auch im Organismus des Eunuchoiden
große biologische Änderungen vor sich. Diese Entwicklungsvorgänge
scheinen ferner länger zu dauern und damit später zu einer diese Phase
abschließenden Ausgeglichenheit zu kommen, als es bei normaler Pubertät der Fall ist. In dieser Zeit werden auch die Zeichen, die für den
Eunuchoidismus charakteristisch sind, erst deutlich und treten dann in
diesem Alter klarer und massiger hervor als bei älteren Individuen.
In der psychischen Sphäre: antisoziale Handlungen, epileptische Äuße-
rungsformen, wie Migräne, Schwindelanfälle, Ohnmachten, explosive
Reizbarkeit, doch finden sich Differenzen in der Charakterologie der
männlichen und weiblichen Eunuchoiden.

Fränkel bestreitet, wohl mit Recht, die Annahme H. Fischers,
eines wohl umschriebenen und selbständigen Charakters des Eunuchoiden,
er zeigt, daß eine Einheitlichkeit der seelischen Struktur des Eunuchoiden
nicht bestätigt werden kann, vielmehr auch bei ihnen eine regellose
Vielgestaltigkeit der seelischen Bilder besteht.

Die Auswirkung infantilistischer Abwegigkeit auf die Psyche noch in
späteren Phasen konnte Kretschmer anschaulich machen. Er fand bei
später neurotisch Erkrankten oft in der Anamnese Schwierigkeiten der
körperlichen Pubertätsentwicklung im Sinne der Unvollkommenheit,

---

[1] Intellektuell, dem Umfang der Begabung, der Art und der Qualität der
Leistung nach zeigt nach Homburger der Infantile eine eingeengte Reichweite,
eine tiefere Aktstufe, innerhalb seiner Reichweite aber Leistungen, die höher
stehen als die der Imbezillen.

Erschwerung und zeitlichen Verzögerung der somatischen Reifung und dieselben Hemmungen der Reifeentwicklung oft parallel auch auf psychischem Gebiete, und diese bleiben als Teilbestandteile der späteren Persönlichkeit des Neurotikers erhalten, nachweisbar und wirksam. Es resultieren bald affektive, bald affektiv-intellektuelle Gesamtstrukturen, bald juvenile Sexualentwicklungsstufen eigener Färbung. Der Weg der puberalen Persönlichkeitsentwicklung geht über den Abbau des triebhaften Verhältnisses zu den Eltern, über Versachlichung der Affektbeziehungen zum Aufbau des normalen Liebeslebens und der schrittweise sich enthemmenden Fähigkeit zur Gewinnung des Sexualpartners. Jede dieser Pubertätsstufen kann sich in Zusammenhang mit körperlichen Entwicklungshemmungen fixieren, das Querschnittsbild eines späteren Lebensalters zeigt dann neben ausgereifter Struktur breite Bestände oder kleine Reste von Pubertätshaltungen, so überdauernde Fixierungen an Vater oder Mutter oder überdauernde Protestphase. Das Versagen teiljuvenil gebliebener Konstitution vor den gestuften Aufgaben markanter Lebensabschnitte sind die Grundlagen für neurotische Komplexe. Der sog. „Ödipuskomplex" setzt sich empirisch aus zwei getrennten und verschiedenwertigen Phasen des Eltern-Kinder-Konfliktes zusammen, einer frühkindlichen und einer pubertätsmäßigen. Dem Pubertätskonflikt kommt die entscheidende Bedeutung für die spätere Entstehung gewisser Neurosengruppen zu. Das Problem der typischen Komplexe läßt sich nicht erlebnishaft, sondern nur konstitutionsbiologisch richtig formulieren. KRETSCHMER versucht auf diese Weise eine Erklärung gewisser Gruppen neurotischer Bilder durch die Betonung einer Resistenz früherer Entwicklungsphasen in dem Persönlichkeitsaufbau des Vollreifen.

Die *Psychoanalyse* FREUDS und seiner großen Schule, die die Psychologie des Kindes und die des gesunden und hauptsächlich des neurotischen Erwachsenen auf neuem Fundament zu gründen vermochte, ließ die Pubertätspsychologie bisher so ziemlich außerhalb des Bereiches ihrer Forschung. Nach der psychoanalytischen Auffassung ist die Reifezeit das Zwischenland zwischen der infantilen Kausalepoche der Neurosenentstehung und dem zeitlichen Wirkungsfeld der infantil entstandenen Ursachen.

Es sei hier nur kurz skizziert, daß FREUD den Sexualtrieb nicht in der Pubertät beginnen läßt, sondern sogar schon eine Säuglingssexualität mit „autoerotischen Zonen" kennt (Lippen, Genitalien) und das Lutschen sowie gewisse masturbationsähnliche Betätigungen dem Sexualtrieb zurechnet. Durch eine Latenzperiode getrennt tritt später die Kindersexualität in Erscheinung, deren Ursprünge in einer im Anschluß an andere organische Vorgänge erlebten Lustbefriedigung in gesteigerter Reizung erogener Zonen und in gewissen Trieben (Schautrieb, Grausamkeitstrieb) zu finden wären. Später verliert die Sexualität in der Pubertät den autoerotischen Charakter und der Trieb findet sein Objekt. Die Objektfindung wird geleitet durch die zur Pubertätszeit aufgefrischten infantilen Andeutungen sexueller Neigungen des Kindes. Abirrungen des Sexualtriebes aller Phasen konnte FREUD als die Ursachen von

Neurosen aufdecken und besonders die Sexualität der Reifezeit mit ihrer impulsiven Macht spielt bei Freud als Wurzel dauernder neurotischer Komplexe eine große Rolle (E. Hitschmann).

Neben einer auch von der Freudschen Lehre angenommenen hereditären Veranlagung zum Neurosenerwerb, neben einem aus früher Kindheit herrührenden unbewußten und unbehobenem Konflikt des seelischen Bereiches spielt ein tatsächlicher, den Konflikt mobilisierender Anlaß eine kausale Rolle. Im Mechanismus der Neurosenentstehung kommt auch der notgedrungenen Verdrängung eines Triebimperativs ins Unbewußte eine Rolle zu, wo dieser noch immer seine (libidinöse) Energie wirken läßt. Je nach der Altersstufe greifen die Triebe an verschiedenen Körperregionen, extragenital, genital, an. Die initiale Genitalphase bringt das Kind zur Onanie. Die bedeutsame Beziehung des Kindes zu den Eltern bewirkt im Laufe der Kindheit die Einstellung zum andersgeschlechtlichen Elter, während der gleichgeschlechtliche mit eifersüchtiger Opposition behandelt wird („Ödipuskomplex“).

A. Adler, der Begründer der sog. *Individualpsychologie*, sucht die neurotischen Krankheitsbilder und nervösen Charakterzüge, ausgehend von dem Begriff der angeborenen Minderwertigkeit und ihrer Kompensation bzw. Überkompensation, dem Geltungsbestreben und seiner Insuffizienz gegenüber den Aufgaben und Verpflichtungen der Gemeinschaft, der notwendigen, aber unüberwindlichen Unterordnung des Ichs unter die Ziele der Gesellschaft, eine in das Asyl der Neurose zwingende Bedeutung zuzuschreiben. Die Neurose ermöglicht es dem Unzulänglichen und Schwachen, dem Mutlosen, sich in die Umwelt einzuordnen. Kompensation und Überkompensation des Minderwertigen sind ihm gleichsam die Masken, hinter denen er sich und seine Unfähigkeit verbirgt. Inwieweit die Pubertät mit ihren stürmischen Wandlungen eine bedeutsame Rolle bei individualpsychologischen Vorgängen spielt, einen so aufgefaßten Knotenpunkt im Werden der nervösen Persönlichkeit bedeutet, steht noch dahin.

Die eigentlichen Neurosen und Psychosen des Pubertätsalters zeigen wohl eine wechselnde Frequenz ihres Auftretens, mit dem seelischen Aufbau, der in dieser Phase vor sich geht, enge symptomatische Verwandtschaft, aber keine irgendwie charakteristischen klinischen Züge, die von „Pubertäts“-Neurosen oder -Psychosen oder überhaupt von Generationspsychosen sprechen ließen. Es sind die psychischen Auffälligkeiten, die auch beim Vollreifen in Erscheinung treten, die Hysterie, die Neurasthenie, das Irresein in seinen wohlcharakteristischen Bildern, wenn auch zu bedenken ist, daß dem Alter zukommende Interessen- und Konfliktsstoffe die typischen Symptomenbilder nuancieren.

Die *Hysterie* des Kindes ist keine gerade das Pubertätsalter ausschließlich bevorzugende Krankheit, sie findet sich schon im Vorschulalter, auf allen Altersstufen, allerdings zeichnet ihre Häufigkeit und die deutlich das weibliche Geschlecht bevorzugende Frequenz die Epoche der Reife aus. Gerade in dieser Lebensphase, in der schweifende Phantasie, die Macht des Beispiels in Familie und Gesellschaft, den Charakter bildende und umbildende sexuelle Regungen, besonders auf dem Boden erbbiologischen Schicksals, zur Wirkung gelangen, zeigen sich die ersten Spuren der Hysterie des Erwachsenen, die in ihren Zügen öfters raffinierter ist als die plumpe, naive, in der Regel eher monosymptomatische Kinderhysterie. Als Schulhysterie tritt sie bisweilen gleichsam epidemisch unter gleichen Symptomen, als Imitationsepidemie in Schulen und Pensionaten auf.

Eine nicht zu selten in den Reifejahren in Erscheinung tretende Symptomengruppierung von solchen abnormer Erregbarkeit mit übergroßer Ermüdbarkeit läßt von *neurasthenischen Bildern* sprechen, deren Kriterium die „reizbare Schwäche" ist. Die Neurasthenie beginnt sehr oft gerade im Pubertätsalter auf der Grundlage einer konstitutionellen, oft ererbten Widerstandsarmut gegenüber den sonst tragbaren und getragenen Anforderungen des Lebens, der Schule, des beginnenden Berufsweges. Die Neurasthenie überdauert in der Regel diese Altersstufe und setzt sich durch das ganze Leben fort. Sie kann als Untergruppe der *Psychopathie* gelten, einer Disharmonie der Persönlichkeitsstruktur in Plus- und Minusvariationen. Eine Typisierung der psychopathischen Persönlichkeiten nach den Anzeichen abnormen Trieb-, Stimmungs- und Affektgrundzustandes sei hier vermieden.

Unter den pathologischen Charakterzügen, die in der Pubertät nicht selten zutage treten, spielen Defekte auf moralischem Gebiete eine wichtige Rolle. Die schweren Bilder dieser Defektformen werden mancherseits mit der umstrittenen Bezeichnung „Moral insanity" (PRICHARD), auch moralische Anästhesie, belegt. Krasser Egoismus, Mangel an Mitgefühl, Fehlen differenzierterer Gefühlsregungen bei normaler Entwicklung der Verstandesfähigkeiten charakterisieren diese Gruppe abnormer Persönlichkeiten, in welcher sich sowohl passive, indolente, gefühlskalte als auch aktive, aggressive Typen finden (PAPPEN-HEIM und GROSZ).

LAIGNEL-LAVASTINE beschreiben Affektpsychosen vom Charakter des manisch-depressiven Irreseins bei Hyperthyreoidismus, maßgebend erscheint ihnen die Widerstandsfähigkeit der Psyche. Oft findet sich Kombination mit Glykosurie auf Adrenalininjektion. Die Schilddrüsenpsychosen bezeichnen die Autoren als „Dysthymien", die Schilddrüse kann als Drüse der Emotion bezeichnet werden. Außer den Erscheinungen des Thyreoidkomplexes: Periodizität, affektive Störungen, Fehlen intellektueller Defekte und Gewichtsverlust sind drei Punkte von Wichtigkeit: die besondere Disposition des weiblichen Geschlechtes, Manifestierung der Symptome in bestimmten genitalen Phasen (Pubertät, Menstruation, Gravidität) und enorme Häufigkeit nachweisbarer Heredität der Veranlagung.

Von den häufigsten Psychosen zeigt sowohl das *manisch-depressive Irresein*, die Cyclothymie, wie die *Schizophrenie*, das Jugendirresein, die Dementia praecox, eine an die Pubertät gebundene initiale Phase. Die von KRETSCHMER aufgezeigte somatische Habituskorrelation des pyknischen bzw. leptosomen Habitus werden wir in dieser evolutionären Übergangszeit, in der die psychophysische Persönlichkeit noch schwankende Züge bietet, zu missen haben. Für die *Cyclothymie* erscheint der

Wechsel manischer Erregung psychischer und motorischer Sphäre und Depression in kürzeren oder längeren Pausen charakteristisch. Die ersten Anzeichen finden sich oft vor oder während der Pubertät, beim weiblichen Geschlecht mitunter in deutlicher Abhängigkeit von der Menstruation. Im jugendlichen Alter überwiegen die leichteren, von den Schwankungen der Norm undeutlich abgegrenzten, der Erkenntnis leicht entgehenden Formen sowie die hypomanischen Bilder, später kommen die depressiven Zustandsbilder in den Vordergrund (PAPPENHEIM). Die Prognose ist nicht immer schlecht. Die *Schizophrenie* oder Dementia praecox, die eine Spaltung des Persönlichkeitskomplexes, eine Denkveränderung und eine solche des Fühlens und der Einstellung zur Außenwelt beinhaltet, tritt, wenn auch mahnende Anzeichen in früher Kindheit aufscheinen, mit der Pubertät in vielen Fällen in Szene. Ihr Beginn ist manchmal ein brüsker, manchmal ein allmählicher. Ihr Ausgang ist meist ein katastrophaler geistiger Verfall, vollständige Verblödung. KRAEPELIN, der die Umrisse der Krankheit erkannt und beschrieben hat, unterscheidet drei Krankheitstypen: die Hebephrenie, die Katatonie und die Dementia paranoides, von welch letzterer eine Gruppe der Paraphrenie sich abhebt. Die Differentialdiagnose zwischen Schiziophrene und manisch-depressivem Irresein ist mitunter schwer (PAPPENHEIM). Die Pathogenese beider Psychoseformen ist noch ungeklärt.

In der erbbiologischen Anlage oder in den durch das Leben und seine schweren Schläge gebrachten seelischen Erschütterungen und Enttäuschungen, in vielen Fällen durch Zusammenwirken beider Faktoren ist die Ursache der immer erschütternden *Selbstmorde* des Kindes- und Pubertätsalters zu finden. REDLICH und LAZAR, PUUSEPP, BAER, in letzter Zeit FRIEDJUNG, haben das seelische Gefüge und die seelische Katastrophe kindlicher und jugendlicher Selbstmordkandidaten von verschiedenen Gesichtspunkten untersucht. FRIEDJUNG hat, allerdings für das vorpuberale Kindesalter, psychoanalytisch interessante Grundlagen neurotischer Veranlagung gefunden. Er und andere betonen die sehr entscheidenden erzieherischen Möglichkeiten einer notwendigen Prophylaxe bei den Kandidaten des Kindersuicids. Erfreulicherweise ist das Material, das für die Untersuchung zur Verfügung stand, zu klein, um eine Ordnung nach Altersstufen durchzuführen. Im Reifealter werden bei weniger psychisch-resistenten Individuen schon die in den Rahmen physiologischer Stimmungsschwankungen fallenden depressiven Phasen der Pubertät Aufmerksamkeit seitens der Umgebung verlangen. In solchen kann, wenn auch in der Regel nicht in besorgniserregender Stärke, der Lebensmut erlahmen, eine an der Einordnungsfähigkeit in die Umwelt verzweifelnde Einstellung zum Äußersten treiben. Psychopathische Persönlichkeiten werden diesem entscheidenden Gleichgewichtsverlust in erhöhtem Maße ausgesetzt sein. Von den ausgesprochenen Psychosen kommen in erster Linie die depressive Phase des manisch-depressiven Irreseins oder die Schizophrenie in Betracht.

IV. Hygiene des Pubertätsalters.

Die für das Reifealter charakteristische Wachstumsenergie, Anfälligkeit, Widerstandsfähigkeit, Morbiditäts- und Mortalitätskurve, die psychische Entwicklung und ihre Abwegigkeiten und all die Ursachen der altersbedingten biologischen und pathologischen Vorkommnisse verlangen eine Berücksichtigung in der körperlichen und seelischen Betreuung der Jugendlichen.

Das rapide Wachstum und der rasche Ansatz geht mit einer starken Zunahme des Appetits als Audsruck des zunehmenden Nahrungsbedarfes einher. Nach SEITZ stellt sich in der Pubertät der Tagesbedarf im Mittel (aus den Angaben von VOIT, UFFELMANN) auf 70—90 g Eiweiß, 20—50 g Fett und 250—500 g Kohlehydrate. HOLT und FALES bringen kurvenmäßig dargestellt die für die einzelnen Nahrungsbestandteile in Betracht kommenden Calorienmengen (s. Abb. 10 und 11).

E. MÜLLER entwirft zur allgemeinen Orientierung „Ernährungsmodelle" für die praktische Durchführung der Ernährung des älteren Kindes in verschiedenen Altersstufen als Richtlinien für die Kostordnung. Die angegebenen Grammwerte beanspruchen nur Geltung von „Annäherungswerten", sie enthalten „Minimum- und Maximumwerte", zwischen denen je nach Anlage, Rasse, Entwicklungszustand, Ausmaß der Körperbewegung, Klima usw. das richtige Maß zu bestimmen ist. Die Zahl und Zeit der Mahlzeiten kann variiert werden. Für die „Vesper" ist ein milchhältiger und ein milchfreier Speisezettel angegeben, ebenso für das Abendessen. Als beste Tageszeiten für die 5 Mahlzeiten hält MÜLLER: 1. Frühstück um $7^1/_4$—$7^1/_2$ Uhr; 2. Frühstück um 9—$9^1/_4$ Uhr; *Essenspause von $3^1/_4$ Stunden.* Mittagessen um $12^1/_2$—1 Uhr; Vesper um $3^1/_2$—$3^3/_4$ Uhr. *Essenspause* von $3^1/_4$ Stunden. Abendessen um 7—$7^1/_2$ Uhr.

Ernährung des Kindes im 13.—16. Lebensjahr.
(Pubertätsalter.)

I. Frühstück.

	Gramm		Gramm
Milch	125	Brot	100—150
Getreidekaffee (5%)	125	Butter	20— 30
Zucker	10— 20	Marmelade oder Honig . .	20— 30

II. Frühstück.

	Gramm		Gramm
Rohe Früchte, auch Radieschen, Rettiche	200—250	Brot	100—150
		Butter	20— 30

Mittagessen.

	Gramm		Gramm
Gemüse aller Art	250—350	Fleisch	75—100—125
Kartoffeln	250—350	Salate (auch Krautsalat) .	60—80
Salz	1	Obstmus oder rohe Früchte	100—150
Butter oder Sauce	20— 30		

Vesper.

I. Form:	II. Form:
Der gleiche Milckhaffee wie zum ersten Frühstück.	Die gleiche Obstmahlzeit wie zum zweiten Frühstück.

Abendessen.

<table>
<tr><td colspan="2">I. Form.</td><td colspan="2">II. Form.</td></tr>
<tr><td>1. Gang:</td><td>Gramm</td><td>1. Gang:</td><td>Gramm</td></tr>
</table>

I. Form.

1. Gang: Gramm

Gemüse aller Art . . . . . 125—175
Kartoffeln . . . . 125—175
oder nur ein Kartoffel-
  gericht, wie schon früher 250—350
Butter . . . . 20— 30
Salz 1
Salate aller Art . . . . . . 80—100

2. Gang:

Schrotbrot . . . . 100—150
Butter . . . . 20— 30
Wurst, kalter Braten oder
  geräucherter Fisch . . . 30— 50
oder
Käse aller Art . . . . . . 40— 60
oder
1 Ei (2 in der Woche)

II. Form.

1. Gang: Gramm

Für diesen Gang sind noch
125 g Milch übrig, die in eine
Speise verkocht oder als Ge-
tränk genossen werden. Die
Gemüse- bzw. Kartoffelmen-
gen sind die gleichen wie in
Form I.

2. Gang:

Schrotbrot . . . . 100—150
Butter . . . . 20— 30
Wurst oder Braten oder Fisch 30— 40
oder
Käse aller Art . . . . . . 40— 50
(von beiden etwas weniger als in Form I,
  weil das Kind noch 125 g Milch erhält). Oder
1 Ei.

3. Gang:

Rohe Früchte aller Art, auch Rettich, Radieschen, Nüsse, Mandeln.

Die Nahrungsmittelmengen sind in ihrem Verhältnis zueinander die gleichen wie in früheren Altersstufen, nur die absoluten Mengen sind erhöht. Selbstverständlich sind die sehr guten Empfehlungen Müllers nur Paradigmen, die weitgehende Änderungen gestatten, speziell nach den sozialen Verhältnissen. Alkohol, scharfe Gewürze sind zu meiden.

In der Kleidung empfiehlt sich das Vermeiden aller beengenden, einschnürenden, die Atmungsexkursion erschwerenden Stücke, bei Mädchen in erster Linie eines Mieders, das ja ein gesunder Zug aus der Mode gebracht hat. Besonders verwendet zur Maskierung von muskulären oder im Skelet bedingten Haltungs- und Formanomalien nimmt das Korsett dem Muskelapparat die ausgiebige Übungsgelegenheit und führt zu einer Entwicklungshemmung der Muskulatur; und gerade eine kräftigere Ausbildung der Rückenmuskeln erscheint imstande, dem runden Rücken und der Skoliose vorzubeugen. Turnen, Schwimmen, alle körperlichen Betätigungen sind im Alter der Geschlechtsreife tunlichst zu pflegen. Sie fesseln den Adolescenten durch die Abwechslung, durch den sportlichen Wetteifer, sie führen zu harmonischer Entwicklung von Skelet und Muskulatur, sie finden die geschicktesten Anhänger gerade in dieser Altersstufe, in der die artliche Entwicklungskurve und die Hormonisierung des Körpers die rasche Zunahme der Muskelkraft hervorragend begünstigen. Die Indikationen für ein Verbot oder eine Einschränkung der körperlichen Übungen sind äußerst rar. Daß schwerere Organerkrankungen, die mit Temperatursteigerung und Schwächung der körperlichen Leistungsfähigkeit einhergehen, zur Minderung der Muskelübungen Anlaß geben müssen, braucht nicht gesagt zu werden. Aber kompensierte Vitien, Neigung zu Bronchialkatarrhen und vieles andere, das allzu schematisch als Kontraindikation für sportliche Betätigung genommen wird, ist in der Mehrzahl der Fälle von dieser Liste zu streichen. Wenn auch der erbgegebene Typ der Statur und der Körpermaße durch muskuläre Übungen wie durch andere exogene Einflüsse kaum irgendwie ins Gegenteil gewandelt werden kann, so erhellt doch aus Studien über die Wirksamkeit der Körperübungen eine Tendenz zu verstärktem Breitenwachstum und gehemmtem übermäßigem Längenwachstum mit dem Resultat einer Annäherung an den eigentlichen Naturtypus der naturnäheren Landbewohner. Es muß wohl nicht erwähnt werden, daß es ärztlichem Ratschlag überantwortet bleiben soll, im einzelnen Falle unter Rücksichtnahme auf individuelle Anzeigen und Gegenanzeigen eine gewisse Dosierung der körperlichen Leistungen vorzunehmen.

In das Gebiet der Körperpflege und körperlichen Hygiene zählt auch eine gewisse, nicht zu übertreibende Abhärtungsgewöhnung, die in dieser Zeit leicht durchführbar ist. Die gesunden Adolescenten sind unterempfindlich gegen Kälte, ihre Hautgefäße adaptieren sich in ihrem Tonus leicht der Milieutemperatur, wenn es sich nicht um orthostatische, anämische, chlorotische oder vegetativ-labile Individuen handelt.

Körperliche Übungen und Abhärtungsmaßnahmen verdienen aber auch von einem anderen Gesichtspunkte die Zuerkennung wertvoller Wirkungen. Sie lenken die Heranreifenden von den sexuellen übermächtigen Gedanken ab, die allzu leicht Wachen und Träumen vollständig füllen und geben dem Trachten und dem Eifer, wenn auch nicht für die Dauer, andere Ziele.

Die körperlichen Leistungen sollen aber auch im Reifealter eine Art von Gegengewicht gegenüber der geistigen Ausbildung bieten. Diese nimmt, sei es, daß es sich um die Schule handelt, die die Gefahr in sich birgt, das Gehirn zum Parasiten des Körpers heranzuzüchten (RÖSSLE und BÖNING), sei es, daß es sich um den Berufsbeginn handelt, die Adolescenten geistig in einem Ausmaße in Anspruch, daß an die Berücksichtigung der notwendigen somatischen Ausbildung leicht vergessen wird.

Eine sehr sorgfältige, individualisierende prophylaktische Erziehung erheischt das Alter der ersten Reifeerscheinungen. Es wird von den besonderen Charakterzügen des einzelnen und von den Verhältnissen der Umgebung, in denen das Individuum heranwächst, abhängen, ob, wie und wann eine sexuelle Aufklärung stattfinden soll. Keineswegs ist diese der Zufälligkeit des Verkehrs, der Schule, den Kollegen und der gewöhnlich brutalen Art dieser Gelegenheiten gut zu überlassen. Wenn auch nicht immer leicht und ohne inneren Kampf werden die Eltern oder einer derselben am ehesten den liebevollen, taktvollen, der kindlichen Persönlichkeit Rechnung tragenden Weg zum hinreichenden Verständnis ihres Kindes finden. Dieses Verständnis und Interesse ist allerdings kaum früher zu erwarten, als nicht eine dazu notwendige Höhe der sexuellen Entwicklung, eine gewisse Neugier auf der Grundlage der sexuellen Hormonisierung des Organismus erreicht ist.

Ist bei Mädchen die erste Menstruation eingetreten, so wird es gelten, zwischen der empfehlenswerten körperlichen Schonung zur kritischen Zeit einerseits (Verbot sportlicher Betätigung) und der eventuellen Neigung, sich gehen zu lassen, leicht Depression als Kranksein zu empfinden,

den richtigen Mittelweg zu finden. Lokale Pflege und Hygiene, Waschungen, Bäder, werden empfehlenswerterweise schon in diesem Alter anzuerziehen sein.

Was die Psyche der Adolescenten betrifft, betonen Pappenheim und Grosz mit Recht die große Bedeutung, die dem Milieu und der Erziehung für die Ausbildung abnormer Persönlichkeitszüge oder mindestens für die Erzielung sozialer Brauchbarkeit bei abnorm Veranlagten zukommt, und wie sehr Schädlichkeiten dieser Faktoren die soziale Anpassungsfähigkeit zu gefährden vermögen. Aber auch abgesehen von der Beeinflussung abwegiger Anlage durch ein nervöse Jugendliche leicht gefährdendes Milieu, abgesehen von dem Schaden, der solche Neurosen- oder Psychosenkandidaten schon durch eine schablonenhaft-gewöhnliche Erziehung erleiden, verlangt schon das normal konstituierte, in nervöser Sphäre unverdächtige Individuum im Reifealter eine exakt auf seine Persönlichkeit Rücksicht nehmende geisteshygienische Pflege, Schonung überempfindlicher Gefühlsseiten und allmähliche Schulung derselben zur wünschenswerten Resistenz, Hebung des Vertrauens in physiologisch-depressiven Momenten, verstandesmäßige Zurückführung auf das richtige Niveau zu Zeiten hypomanisch gesteigerten Vorwärts-strebens, Stütze und mütterlich vertrauensvolles Beraten bei seelischen Gleichgewichtsschwankungen jeglicher Art, statt des imponierenden Vorgesetzten im Vater einen verstehenwollenden Freund.

Auf dem Gebiete der psychischen und gesellschaftlichen Betreuung des Jugendlichen wird vernünftigerweise dem zeitgemäßen Bedürfnis nach Isolierung, nach Lockerung der Bindung an Eltern und Geschwister, dem Streben nach Erwerb einer gewissen Selbständigkeit im Handeln, in der Auswahl des Verkehrs und der Bildungsgelegenheiten Rechnung zu tragen sein. Nach außen soll, soweit es die Lebensverhältnisse erlauben, dem Pubescenten, wenn nicht ein eigener Raum, so doch die Möglichkeit, allein zu sein, die Einsamkeit zu finden und die Geheimnisse seiner Gedanken und Gefühle zu wahren zugebilligt werden. Er will nicht zu sorgsam betreut sein, wird er es, so darf er es nicht merken.

In dieser kritischen Lebensepoche, wo auch, im Zwange der Zeit und des eisernen Musses oft leider viel zu früh, die ersten Schritte in den Beruf zu wagen sind, wird es für Eltern oder Erzieher eine besonders verantwortliche Frage sein, nach welcher Richtung die Ausbildung zu lenken ist. Die moderne Berufsberatung vermochte in dieser Richtung schon Ersprießliches zu leisten, doch konkurrieren auf diesem schwierigen Felde viele zu berücksichtigende Momente: die Aussichten in den verschiedenen Berufszweigen, die psychischen und vielfach sensorischen Fähigkeiten, die Neigungen des Probanden. Diese sind allzusehr von äußeren Lockungen, Starverehrung, Beispiel u. a. in Abhängigkeit, zu schweigen von der Unausgegorenheit der Einsichten dieser Altersstufe. Ein vielleicht zu sehr vernachlässigter Fingerzeig ist oft in der Vererbung der Berufsneigung zu finden. Versuche, stammbaummäßig eine Vererbung solcher Neigungen zu erweisen, liegen mehrfach vor.

Immer haftet nach W. Hoffmann der Berufswahl etwas Tragisches, ein Verzicht auf kindliche Ideale an, sie bedeutet die Lösung eines

Konfliktes zwischen dem Wollen und dem Müssen. Es kommt dann oft zu einer Übereinanderlagerung der „Register" der kindlichen Neigungen und der beruflichen Pflichten. Im späteren Leben spielt dann oft die unterdrückte Berufssehnsucht, die innere „Berufung" oder was als solche genommen wird, die Rolle des Ausruhstübchens, des Steckenpferdes tief innerer Befriedigung (Sammelsport, Musik, Bastelei).

Psychopathische Veranlagung, nicht allein mit ihrer einseitigen Betonung einzelner Charakterzüge, drängt nach einem nicht immer richtigen Wege, der leicht idealisierende Zug der Pubertätsjahre, die Schwärmerei für Kunst und Wissenschaft, die vom unausgeglichenen Jüngling allzu leicht auf Kosten eines allgemeinen gründlichen Wissens übertrieben wird, entfremdet den Heranwachsenden den praktischen, aussichtsreicheren Berufen. Hier wird es Aufgabe der elterlichen Vorsehung sein, an der Befähigung, Veranlagung und Ausdauer ihres Schutzbefohlenen objektive Kritik zu üben oder fachmännischer Seite der Berufsberatung zu überlassen.

Literatur.

ABELS, H.: Krankheitsforschung 9 (1931). — ADAMS, CH. E.: Trans. path. Soc. Lond. 1905. — ADLER, L.: Wien. med. Wschr. 1926. — ALEXANDER, G.: Die Ohrenkrankheiten des Kindesalters. 2. Aufl. Leipzig 1927. — AMBROŽIČ u. BAAR: Z. Kinderheilk. 27 (1920). — ANSELMINO, K. J., u. HOFFMANN: Klin. Wschr. 1931. — ANTOGNETTI, L.: Precocità pat. Collez. med. di attualita scientif. Bologna. — ARNOULD, E.: Revue de la Tbc. 1922. — ARON, H.: Klin. Wschr. 1923 — Jb. Kinderheilk. 87 (1918). — ASCH, R.: Berl. klin. Wschr. 1911. — ASCHER, L.: Vorles. a. d. Geb. d. soz. Hyg. 12 (1921) — Virchows Arch. 187 (1907). — ASCHNER: Handb. Halban-Seitz. — ASCHOFF, L.: Vorträge über Pathologie. Jena 1925. — ASHER u. KLEIN: Klin. Wschr. 1931. — ASKANAZY, M.: Frankf. Z. Path. 24 (1920). — ASKANAZY u. BRACK: Virchows Arch. 234 (1921).

BAAR, H.: Z. Kinderheilk. 27 (1920). — BAB, H.: Z. Ethnol. 1906 — Jkurse ärztl. Fortbildg 11 (1920). — BAILEY, P., u. S. E. JELLIFFE: Arch. int. Med. 8 (1911). — BALDWIN, BIRD T.: Univ. Jowa Stud. Child Welfare 1. — BALDI, C.: Prat. pediatr. 9 (1931). — BALENSWEIG, J.: Med. J. a. Rec. 124 (1926). — BALLMANN: Z. Konstit.lehre 13 (1927). — BARTH, E.: Z. Hals- usw. Heilk. 1923. — BAUER, J.: Die konstitutionelle Disposition zu inneren Krankheiten. 2. Aufl. 1921 — Innere Sekretion. 1927 — Vorles. über allg. Konst.- u. Vererbungslehre. 2. Aufl. 1923. — BECKMANN: Arch. f. Pädiatr. 32. — BEITZKE, H.: Beitr. Klin. Tbk. 56 (1923) — Erg. Tbk.-Forsch. 13 (1931) — Handb. Kinder-Tbk. (Engel-Pirquet). — BENEKE, W.: Die anatomischen Grundlagen der Konstitutionsanomalien. 1878. — BENJAMIN, K.: Jb. Kinderheilk. 99 (1922). — BERBERICH, J., u. B. FISCHER-WASELS: Handb. inn. Sekr. 1. — BERBLINGER, W.: Erg. Med. 14 (1929). —Virchows Arch. 237 (1922) — Dtsch. med. Wschr. 1929 — Handb. path. Anat. u. Hist. (Henke-Lubarsch) 7. — BERLINER, M.: Arch. Kinderheilk. 1925 — Z. Konstit.lehre 12 (1926) — Biologie der Person (Brugsch-Levy) 1927 — Klin. Wschr. 1928. — BERNARD-LELONG-RENARD: Bull. Soc. méd. Hop. Paris 44 (1928). — BEUMER, H.: Hypophyse. Handb. Kinderheilk. (Pfaundler-Schloßmann) 4. Aufl. I. — BEUMER, H., u. H. FASOLD: Klin. Wschr. 1931. — BIACH u. HULLES: Wien. klin. Wschr. 1912. — BIEDL, A.: Innere Sekretion. 4. Aufl. 1922 — Physiol. u. Path. d. Hypoph. 1922 — Verh. dtsch. Ges. Kinderheilk. 1925. — BIEDL u. REDISCH: Med. Klin. 1925. — BINGOLD u. DELBANCO: Handb. inn. Sekr. 3. — BISCHOF, H., u. R. BRÜHL: Z. Kinderheilk. 40 (1926). — BITTORF, A.: Berl. klin. Wschr. 1919. — BLOS, RUTH: Z. Kinderheilk. 39 (1925). — BOCCHINI, A.: Pediatria 36 (1928). — BOD: L'abeille. 1882. — BOENHEIM, F.: Z. Neur. 60 (1920) — Klin. Wschr. 1925. — DU BOIS, E. F.: Arch. int. Med. 17 (1916). — BORCHARDT, L.: Spez. Path. u. Ther. inn. Krankh. (Kraus-Brugsch) Erg.-Bd. 11 — Fortschr. Med. 47 (1929) — Mschr. Geburtsh. 54 (1923) — Dtsch. med. Wschr. 1928 — Erg. inn. Med. 3. — BRACK, E.: Beitr. Klin. Tbk. 60 (1925). — BRÄUNIG, K.: Z. Chir. 184 (1924). — BRAMWELL, BYRON: Rev. neur. 1909. — BRANDIS, G.: Dtsch. Arch. klin. Med. 136 (1921). — BRANDT, W.: Erg. Anat. 28 (1929). — BREITMANN, M.: Handb. inn. Sekr. — BROCK, J.: Ärztl. Ver. Marburg. Klin. Wschr. 1931. — BRUGSCH, TH.: Arch. Frauenk. u. Eug. 10 (1924). — BUCURA, C.: Die Eigenart des Weibes. 1918 — Jb. Psychiatr. 36 (1914). — BÜHLER, CH.: Das Seelenleben der Jugendlichen. Jena 1923. — BULLOCH, W., u. J. H. SEQUEIRA: Trans. path. Soc. Lond. 56 (1905). — BUSCHKE, A., u. M. GUMPERT: Klin. Wschr. 1926.

CHRISTIANSEN, T.: Endocrinology 13 (1929). — CEDERKREUTZ, A.: Erg. a. d. Geb. d. Haut 3 (1914). — CIMBAL, W.: Handb. inn. Sekr. 3. — CLEVELAND, A. J.: Proc. roy. Soc. Med. 23 (1930). — COERPER, C.: Z. Kinderheilk. 33 (1922). —

Collet, A.: Amer. J. Dis. Childr. **27** (1924). — Coló, Fausto: Giorn. med. Alto Adige **2** (1930). — Condray: Münch. med. Wschr. **1909**. — Cooke, W.: Philos. Transact. **1756**. — Cooper: Med. Chir. Trans. **4** (1813). — de Crinis, M.: Spez. Path. u. Ther. inn. Krankh. (Kraus-Brugsch) **10 III**. — Crivelli: J. Méd. Brux. **1890**. — Curschmann, H.: Erg. inn. Med. **21** (1922). — Cushing, H.: J. nerv. Dis. **1906**. — Czerny, A., u. A. Keller: Des Kindes Ernährung usw. 2. Aufl. 1925.

Daffner, F.: Das Wachstum des Menschen. 1902. — Dieckmann, H.: Virchows Arch. **256** (1925). — Dikanski: Einfluß der soz. Lage auf die Körpermaße. Diss. München 1914. — Drummont, zitiert bei Ploss. — Dychno, M. A., u. G. D. Dertschinsky: Arch. Gynäk. **142** (1930).

Eckstein, A.: Dtsch. Ges. Kinderheilk. Karlsbad 1925. — Eichhoff: Z. ärztl. Fortbildg **1931**. — Engel: Hdb. Kindertbk. (Engel-Pirquet) **3**. — Engelbach, W., u. A. McMahon: Endocrinology **8** (1924). — Engelmann, G. J.: Z. Gynäk., 4. intern. Kongr. Rom **1902**.

Falta, W.: Die Erkrankungen der Blutdrüsen — Handb. inn. Med. (Mohr-Stähelin), 2. Aufl., **8** (1927). — Falk, W.: Beitr. Klin. Tbk. **59** (1924). — Fanconi, G.: Jb. Kinderheilk. **133** (1931). — Fasold, H.: Z. Kinderheilk. **51** (1931). — Fein, A.: Münch. med. Wschr. **1923**. — v. Fekete, A.: Arch. Gynäk. **128** (1926). — Finkelsetin, H.: Ver. inn. Med. u. Kinderheilk. Berlin. Klin. Wschr. **1925** — J.kurse ärztl. Fortbildg **16** (1925). — Finkelstein, Galewski, Halbstaedter: Hautkr. und Syphilis im Säuglings- und Kindesalter 1922. — Fischer, H.: Zbl. Neur. **34** (1924) — Z. Neur. **87** (1923). — Fischer, M.: Arch. Frauenheilk. **16** (1930). — Fleisch, A.: Handb. norm. u. path. Physiol. **7 II**. — Fordyce, A. Dingwall u. M. H. Evans: Quart. J. Med. **22** (1928/29). — Fox, Colcott: Trans. path. Soc. Lond. **36** (1885). — Fraenkel, F.: Z. Neur. **80** (1923). — Frank u. Huebschmann: Med. Ges. Leipzig, 4. V. 1920. — Freund, H. W.: Dtsch. Z. Chir. **18** (1883). — Friedemann-Deicher: J.kurse ärztl. Fortbildg **10** (1928). — Friedenthal: Erg. inn. Med. **9** u. **11** (1911) u. (1913). — Friedjung, J. K.: Z. Kinderforsch. **36** (1930). — Fromme, A.: Erg. Chir. **15** (1922). — Fruhmann, P., u. H. Sternberg: Arch. klin. Chir. **160** (1930).

Gallais, A.: Le syndrome génito-surrenal. Paris 1914. — Gebhard: Veits Handb. Gynäk. **3** (1898). — Gerlach, W.: Dtsch. Z. Chir. **34** (1931). — Gesell, A.: Genetic Psych. monogr. Ref. Z. Kinderforsch. **33**. — Gewert, M.: Veröff. Kriegs- u. Konstit.path. **1929**. — Giercke, E. v.: Verh. dtsch. path. Ges. **1928**. — Giesler, W., u. F. Bach: Anthrop. Anz. **4** (1927). — Gläsmer, E.: Münch. m.Wschr. **1929**. — Glanzmann, E.: Jb. Kinderheilk. **110** (1925). — Gött, Th.: Handb. d. Kinderheilk. Pfaundler-Schloßmann. 4. Aufl. 4. Bd. — Göttche, O.: Klin. Wschr. **1925**. — Gold, E., u. V. Orator: Arch.Virchows **252** (1924). — Götzl, A.: Wien. m.Wschr. **1929—30**. — Goldzieher: Virchows Arch. **213** (1913). — Gottstein,W.: Klin. Wschr. **1930**. — Greig, D. M.: Edinb. med. J. **28** (1922). — Grigorowa, O.: Z. Konstit.lehre **15** (1929). — Gross, F., u. Th. Hühne: Bruns' Beitr. **46** (1929). — Grosser, P.: Mschr. Kinderheilk. **22** (1921) — Erg. inn. Med. **22** (1922). — Günther, G.: Virchows Arch. **174** (1930) — Endokrinol. **5** (1929). — Gudernatsch, F.: Handb. inn. Sekr. **2**. — Guggisberg, H.: Biol. u. Path. d. Weibes (Halban-Seitz) **3**. — Gundobin, N. P.: Die Besonderheiten des Kindesalters. Berlin 1912. — Guthrie, L., u. D'Este-Emery: Trans. clin. Soc. Lond. **15** (1907).

Haberland, H. F. O.: Arch. klin. Chir. **163** (1931). — Halban, J.: Arch. Gynäk. **70** (1903) — Wien. klin. Wschr. **1925** — Z. Konstit.lehre **11** (1925). — Hamburger, J.: Tuberkulose des Kindesalters. 2. Aufl. 1932. — Hammar, J. A.: Anat. Anz. **27** — Internat. Kongr. Kinderheilk. Stockholm **1930**. — Harms, J.: Körper und Keimzellen. 1926. — Harris, G. W., u. D. F. Plewes: Canad. med. Assoc. J. **1930**. — Hart, C.: Med. Klin. **1922**. — Hasselmann, A.: Anat. Anz. **32** (1908). — Hasselwander, A.: Anat. Anz. **37** (1908). — Hecht, A.: Handb. Kinderheilk. (Pfaundler-Schloßmann), 3. Aufl. — Hecker, R.: Med. Welt **1929**. — Heimann-Trosien, A., u. H. Hirsch-Kauffmann: Klin. Wschr. **1925**. — Hellemann, Torsten: Z. Konstit.lehre **12** (1926). — Heller, Th.: Z. Schulgesdh.pfl. u. soz. Hyg. **44** (1931). — Herrschmann, H., und R. Neurath: Wien. klin. Wschr. **1927**. — Herzog, W.: Münch. med. Wschr. **1915**. — Helmholtz, H.: J. amer. med. Assoc. **1926**. — Hetzer, H.: Quellen und Studien zur Jugendkunde (Ch. Bühler). 1926. — Heubner, O.: Lehrb. Kinderheilk. — Heuyer, G., u.

Vogt: Arch. Méd. Enf. **33** (1930) — Revue neur. **38** (1931). — Heyn, A.: Zbl. Gynäk. **47** (1923). — Hirsch, M.: Arch. Frauenheilk. **13** (1927). — Hitsch-mann, E.: Freuds Neurosenlehre. 1911. — Hofacker: Dtsch. med. Wschr. **1908.** — Hoffmann, Walter: Die Reifezeit. 2. Aufl. 1926. — Hoffmann, H.: Das Problem des Charakteraufbaus. 1926 — Klin. Wschr. **1926.** — Hofstätter, R.: Gynäk. Rdschau **1914.** — Holmes, Quart. J. Med. **1925.** — Holt, Gund.: Zbl. Chir. **226** (1930). — Holt u. Fales: Amer. J. Dis. Childr. **21** (1921). — Homburger, A.: Z. Neur. **78** (1922) — Psychopathologie des Kindesalters. 1926. — Hunziker, H.: Münch. med. Wschr. **1928.** — Husler, Erg. inn. Med. u. Kind 1920. — Hutchinson, R., z. G. M. Wauhepe: Brit. J. Childr. Dis. **21** (1924). — Horrax, G., u. P. Bailey: Arch. of Neur. **13** (1925). — Huchard: J. de Prat. **1894.** — Hudoverning u. Petzy-Popovits: Neur. Zbl. **1904.**

Jaffé, R., u. J. Tannenberg: Nebennieren. Handb. inn. Sekr. — Jamin, F.: Z. Neur. **83** (1923) — Med. Klin. **1922.** — Jaschke, R. Th. v.: Die Beziehungen zwischen Herzgefäßapparat und weiblichem Genitalorgan. 1912 — Die normale und pathologische Genitalflora. Handb. Halban-Seitz. — Johan, Bela: Orv. Hetil. (ung.) **1922.** Ref. Zbl. Neur. **31** (1923). — John, E.: Dtsch. Z. Nervenheilk. **80** (1924). — Josefson, A.: Die Biologie der Person (Brugsch-Levy). 1927. — Jump, H. D., H. Beates u. W. Wayne Bancock: Amer. J. med. Sci. **147** (1914). — Izawa, J.: Trans. jap. path. Soc. **1928.**

Kaiser, H.: Wien. Arch. inn. Med. **1928.** — Kaup, J., u. Th. Fürst: Körper-verfassung und Leistungskraft Jugendlicher. 1930. — Kehrer: Schles. Ges. vaterl. Kultur. Ref. Klin. Wschr. **1923.** — Keller, A.: Fortschr. Med. **45** u. **47** (1927—29). — Kendle, F. W.: Brit. med. J. **1905.** — Kestner, O.: Klin. Wschr. **1923.** — Kestner und Knipping: Die Ernährung des Menschen. **1926.** — Key, Axel: Die Pubertätsentwicklung und das Verhältnis derselben zu den Krankheits-erscheinungen der Schuljugend. 1890. — Kiernan, J. G.: J. amer. med. Assoc. **36** (1901). — McKinney, J. M.: J. nerv. Dis. **68** (1928). — Kirsch, O.: Abh. Kinderheilk. **1929**, H. 23. — Kirschner, M.: Zbl. Chir. **1927.** — Kistler, H.: Z. Kinderheilk. **36** (1923). — Klein: Dtsch. med. Wschr. **1899.** — Kleinhans: Vers. dtsch. Naturf. u. Ärzte, Karlsbad 1902. — Kleinschmidt, H.: J.kurse ärztl. Fortbildg. **1920.** — Klose, H., u. A. Hellwig: Arch. klin. Chir. **128** (1924). — Kochs, J.: Klin. Wschr. **1926.** — Kolmer, W.: Ref. Klin. Wschr. **1924** — Pflügers Arch. **144** (1912). — Kornfeld, W., u. M. Schönberger: Z. Kinderheilk. **47** (1929). — Korschelt, E.: Altern und Tod. 2. Aufl. 1924. — Krabbe, Knud H.: Endocrinology **7** (1923) — Hosp.titd. (dän.) **67** (1924) — Ref. Kongr.-Zbl. **39** (1925). — N. Y. med. J. **114** (1921). — Kranzfeld, M.: Arch. Gynäk. **143** (1930). — Krasemann, E.: Mschr. Kinderheilk. **19** (1921). — Krasso, I.: Z. Kinderheilk. **39** (1925). — Kraus, E. J., u. H. Holzer: Virchows Arch. **251** (1924). — Kraus, E. J.: Klin. Wschr. **1928.** — Kreindler, A., u. H. Elias: Z. Kinderheilk. **50** (1931). — Kretschmer, E.: Z. Neur. **127** (1930). — Körperbau u. Charakter. 4. Aufl. **1925.** — Geniale Menschen **1929.** — Küster, H.: Erziehungsprobleme der Reifezeit. Vortragsreihen. Leipzig. — Kussmaul, A.: Würzburg. med. Z. **3** (1862).

Labhardt: Baseler med. Ges. Ref. Dtsch. med. Wschr. **1920.** — Laignel-Lavastine: Progrès méd. **1922.** — Laurinsich, A.: Pediatria **31** (1923). — Langeron-Decherfet-Danes: Gaz. Hop. **1929.** Ref. Zbl. Chir. **1929.** — Lang-stein, L.: Handb. Kinderheilk. (Pfaundler-Schloßmann), 3. Aufl., **4.** — Lasch, W.: Kinderärztl. Praxis **1930.** — Lawrence, R.: J. amer. med. Assoc. **1930.** — Lehn-dorff, H.: Mschr. Kinderheilk. **24** (1922). — Leicher, H.: Handb. inn. Sekr. **3.** — Lenz, J.: Arch. Gynäk. **99** (1913). — Lereboullet: Progrès méd. **49** (1922) — Arch. Méd. Enf. **26.** — Lesné, E.-G. Dreyfus — See et J. A. Lièvre: Bull. Soc. Pédiatr. Paris **28** (1930). — Lesser, E.: Z. klin. Med. **1900.** — Lewitus, E.: J.kurse ärztl. Fortbildg **1930.** — Lincoln, E., und S. Spillmann: Amer. J. Dis. Childr. **35** (1928). — Linser, P.: Beitr. klin. Chir. **37.** — Lipschütz, A.: Die Pubertätsdrüse und ihre Wirkungen. 1919 — Arch. Frauenkde u. Konstit.-forsch. **16** (1930). — Lipmann, O.: Geschlechtsunterschiede. 1924. — Loewe-Marx-Rothschild-Buresch: Klin. Wschr. **1932.** — Loeschcke, H.: Virchows Arch. **255** (1925). — Loewenthal, K.: Handb. inn. Sekr. **1.** — Loewy, A., u. H. Zondek: Z. klin. Med. **95** (1922). — Lommel, F.: Erg. inn. Med. **6** (1910). — Lucke, H.: Z. Konstit.lehre **14** (1929).

MAAS, L.: Z. Tbk. **56** (1930). — MAAS, O.: Slg Abh. Verdgskrkh. **1926**. — MACNEILL, N. M.: N. Y. med. J. **1923**. — MACKINNON, M.: Ref. Zbl. Kinderheilk. **16** (1924). — MADER, A.: Klin. Wschr. **1926**. — MARAÑON, G.: Ref. Zbl. Neur. **26** (1921) — Endokrinol. **7** (1930). — MARBURG, O.: Erg. inn. Med. **10** (1913) — Arb. neur. Inst. Wien **23** (1920). — MARRO, G.: Arch. ital. de Biol. (Pisa) **76** (1926). — MATHIAS, E.: Virchows Arch. **235** (1922) — Zbl. Gynäk. **50** (1926) — Med. Klin. **1929**. — MATTI, H.: Erg. inn. Med. **10** (1913). — MAUTNER, H.: Mschr. Kinderheilk. **1921**. — MAY, H.: Arch. klin. Chir. **149** (1928). — MAYER, W.: Z. Neur. **44** (1929). — MEISSNER, R.: Med. Klin. **18** (1922). — MESTITZ, W.: Arch. Gynäk. **145** (1931). — MEURER: Zbl. Gynäk. **1905**. — MOHR, F.: Med. Klin. **1923**. — MOLTSCHANOFF, W. J., u. J. W. DAVYDOWSKI: Virchows Arch. **274** (1930). — MOZKOVICZ, L.: Arch. klin. Chir. **148** (1927) — Klin. Wschr. **1929**. — MOURI- QUAUD-BERNHEIM-SEDAILLIAN: Presse méd. **1929**. — MOURIQUAUD, G.: Lyon méd. **134** (1924). — MÜLLER, F.: Med. Klin. 1924. — MÜLLER, W.: Die Massenverhält- nisse des menschlichen Herzens. 1883. — MÜLLER, ED.: Neur. Zbl. **1905**. — MÜLLER, E.: Jb. Kinderheilk. **1910** — Handb. Kinderheilk. (Pfaundler-Schloß- mann), 4. Aufl. — MÜLLER, K.: Endokrinol. **8** (1931) — Klin. Wschr. **1930**. — MÜLLER, L. R., u. R. GREVING: Med. Klin. **1925**. — MÜNZER, A.: Berl. klin. Wschr. **1914**. — MUELLER, H. CL.: Med. Welt. **1931**. — MUNK, A.: Arch. Kinder- heilk. **80** (1927).

NACKAMURA, N.: Virchows Arch. **235** (1924). — NACKE, V.: Zbl. Gynäk. **1908**. — NEURATH, R.: Erg. inn. Med. **4** (1909) — Z. Kinderheilk. **19** (1919) — Wien. klin. Wschr. **1911** u. **1922** — Handb. Kinderheilk. (Pfaundler-Schloßmann), 3. u. 4. Aufl. — Hdb. Halban Seitz. V./4. — NICE, L. B., u. A. L. SHIFFER, Endo- crinology **15** (1931). — NOBÉCOURT: J. de Prat. **1925** — Progrès méd. **1928**. — NOBECOURT, G., u. COLETSES: Paris méd. **1928**. — NOBEL, E.: Z. Kinderheilk. **36** (1923) — Wien. klin. Wschr. **1928**. — NOBEL, E., u. A. HECHT: Klin. Wschr. **1925**. — NOBL, G.: Wien. med. Wschr. **1919**. — NOEGGERATH: Dtsch. med. Wschr. **1927** — Verh. dtsch. Ges. Kinderheilk. 1926. — NOVAK, J.: Die Be- deutung des Genitales für den Gesamtorganismus. Nothnagels Handb. — Z. Kon- stit.lehre **11** (1925) — Handb. Halban-Seitz **5 III** — Seminarabend. Wien. med. Doktorenkoll. 1929. — NÜRNBERGER, L.: Handb. Halban-Seitz. Sterilität.

OCHS, A.: Ärzte-Z. **1928**. — ODERMATT, W.: Schweiz. med. Wschr. **1925**. — OGLE, C.: Trans. path. Soc. Lond. **1899**. — OREL, H.: Z. Konstit.lehre **14** (1929). — Wien. med. Wschr. **1928**. S. 1023. — OLOW, J.: Allm. So. Läkvit. **1916**. — OLIVET, J.: Z. Konstit.lehre **10** (1924). — OSWALD, A.: Schweiz. med. Wschr. **1926** — Klin. Wschr. **1925**.

PAGEL, W.: Beitr. Klin. Tbk. **60** (1925) — Handb. Kindertbk. (Engel-Pirquet). — PAPPENHEIM, M.: Neurosen und Psychosen der weiblichen Generationsphasen. Bücher d. ärztl. Praxis. — PAPPENHEIM, M., u. C. GROSZ: Die Neurosen und Psychosen des Pubertätsalters. 1914. — PAUL-BONCOURT: Progrès méd. **1920**. — PAHL: Berl. Ges. Geburtsh. u. Gynäk. Klin. Wschr. **1931**. — PASCHKIS: Wien. klin. Wschr. **1932**. — PÄSSLER: Dtsch. Z. Nervenheilk. **120** (1931). — PATON, NOEL: J. of Physiol. **32** (1905). — PEISER, J.: Klin. Wschr. **1931**. — PELLER, S.: Z. Konstit.lehre **1925**. — PENDE, N.: Malattie di crescenza. Bologna. — PELIZZI: Riv. Pat. nerv. **1911**. — PERITZ: Einführung in die Klinik der inneren Sekretion. 1923. — PERRIN, P., u. J. MATHEVET: Arch. Mal. Coeur **1931**. — PETÉNYI, G., u. H. LAX: Mschr. Kinderheilk. **36**. — PETÉNYI, G., u. PUHR: Mschr. Kinderheilk. **36** (1926). — PFAUNDLER, M. v.: Körpermaßstudien an Kindern. 1916. — Handb. norm. u. path. Physiol. **14** — Münch. med. Wschr. (Sitz.ber.) **1926** — Handb. Kinderheilk. (Pfaundler-Schloßmann), 4. Aufl., **1**. — PFAUNDLER, M. v., u. WIS- KOTT: Münch. med. Wschr. **1923**. — PFLÜGER: Münch. med. Wschr. **1926**. — PFUHL, W.: Gegenbaurs Jb. **54** (1925). — PINELES, F., u. H. SPITZER: Slg. Abh. Verdgskrkh. **10 III** (1927). — PIRQUET, C.: Z. Kinderheilk. **36** — Wien. klin. Wschr. **1924** — Die extrapulm. Tub. 1925. — Wien. med Wschr. **1925** — Z. Kinder- heilk. **39** (1925). — PLAUT, R., u. H. A. TIMM: Klin. Wschr. **1924**. — PLAUT, R.: Dtsch. Arch. klin. Med. **139** (1922). — PLOSS, H.: Das Weib in der Natur- und Völkerkunde. 6. Aufl. 1899. — POLANO: Arch. Gynäk. **120** (1920). — POLL, H.: Die Entwicklung des Menschen. 1912. — POLLAK, E.: J.kurse ärztl. Fortbildg **1920**. — POLLITZER, H.: Ren juvenum. 1913. — POÓR, F. v.: Dermat. Wschr.

1930. — Popoff, H.: Endokrinol. **9** (1931). — Pototzky, C.: Dtsch. med. Wschr. **1921.** — Priesel, R., u. R. Wagner: Z. Kinderheilk. **1926** — Klin. Wschr. **1929** — Z. Konstit.lehre **15** (1930). — Prochownik: Arch. Gynäk. **17** (1881).

Ramadier, J.: J. méd. franç. **13** (1924). — Raffaeli: Riv. Clin. pediatr. **1911.** — Ratichvili, G.: Arch. Méd. Enf. **31** (1928). — Redeker, F.: Beitr. Klin. Tbk. **63** (1926). — Reich, H., Jb. Kinderheilk. **105** (1924). — Remen, L.: Klin. Wschr. **1931.** — Reuben, M. S., u. G. R. Manning: Arch. of Pediatr. **39.** — Richet fils, Ch.: J. Physiol. et Path. gén. **27** (1929). — Richey, H. Glenn: Amer. J. Dis. Childr. **12** (1931). — Richter: Wien. klin. Wschr. **1930.** — Riedel, H.: Wien. klin. Wschr. **1904.** — Rössle, R.: Wachstum und Altern. 1923. — Rössle, R., u. H. Böning: Das Wachstum der Schulkinder. 1924. — Rössler, H.: Zbl. Gynäk. **1931.** — Rosenfeld, S.: Z. Konstit.lehre **14** (1929). — Rosenstern:, J. Z. Kinderheilk. **46** (1928) — Endokrinol. **1928** — Z. Kinderheilk. **50** (1930) — J.kurse ärztl. Fortbildg **1930** — Erg. inn. Med. **41** (1931). — Rosenthal, G.: Paris méd. **1924.** — Rossi Doria: Arch. Gynäk. **1908.** — Rudel, E.: Beitrag zur Pathologie der Menstruatio praecox. 1889. — Ruben, O.: Z. Konstit.lehre **1928.** — Rudder, de B.: Med. Klin. **1929** — Verh. Ges. Kinderheilk. **1930.** — Runge: Arch. Gynäk. **1903.**

Sachs, F.: Arch. Kinderheilk. **74** (1924). — Sacchi, E.: Riv. sper. Freniatr. **21** (1895). — Salamonson, L.: Norsk. Mag. Laegevidensk. **91** (1930). — Saller, M.: Z. Konstit.lehre **16** (1931). — Salomon, A.: Dtsch. med. Wschr. **1924.** — Scabell, A.: Dtsch. Z. Chir. **185** (1924). — Scammon, R. E., in Abts Pediatrics. — Schadow, H.: Mschr. Kinderheilk. **34** (1926). — Schaffer, J.: Wien. klin. Wschr. **1926.** — Schapiro, B.: Dtsch. med. Wschr. **1931** — Z. klin. Med. **114** (1930). — Scheel, O.: Virchows Arch. **1908.** — Scheffey, L. C.: Amer. J. Obstetr. **9** (1925). — Scheidt, W.: Z. Kinderforsch. **28** (1923). — Schereschewsky, N. A.: Rev. franç. Endocrin. **9** (1931). — Schiff, E.: Jb. Kinderheilk. **87** (1918). — Schilf, F.: Z. Konstit.lehre 8 (1922). — Schiötz, C.: Z. Kinderheilk. **13** (1916) — Zbl. Kinderheilk. **61** (1923). — Schlesinger, E.: Erg. inn. Med. **26** (1925) — Z. Kinderheilk. **27** (1921) — Kinderärztl. Praxis **2** (1931). — Schmalz, A.: Beitr. path. Anat. **73** (1924). — Schmidt, C.: Inaug.-Diss. Basel 1929. — Schmidt, H.: Virchows Arch. **251** (1924). — Schmid, P. G.: Z. Sex. Wissensch. **13** (1926). — Schmincke: Münch. med. Wschr. **1914.** — Schmoll, G.: Klin. Wschr. **1931.** — Schneider, P.: Verh. dtsch. path. Ges. **1923.** — Schönberger, M.: Z. Kinderheilk. **39** (1925). — Schröder, R.: Pathologie der Menstruation. Handb. Halban-Seitz. — Schumacher, C.: Dtsch. med. Wschr. **1925.** — Schumacher, W.: Arch. f. Psychiatr. **84** (1928). — Schüller, A.: Dystrophia adiposogenitalis und Erkrankungen der Zirbel. Handb. Neur. (Lewandowsky). — Schwarz, A.: Handb. Halban-Seitz V. 4. — Scipiades, E.: Z. Geburtsh. **81** (1919). — Sellheim, H., bei Mestitz zit. — Siegel, A.: Arch. of Pediatr. **41** (1924). — Sinelnikoff, E., u. M. Grigorowitsch: Z. Konstit.-lehre **15** (1931). — Seitz: Handb. Kinderheilk. (Pfaundler-Schloßmann), 3. Aufl. **1.** — Soeken, G.: Z. Kinderheilk. **40** (1926). — Sonden u. Tigerstedt: Zitiert bei Czerny-Keller. — Southam, A. H.: Brit. med. J. **1928.** — Specht, A.: Zbl. Gynäk. **40** (1916). — Spehlmann, F.: Arch. Frauenkde. u. Konstit.forsch. **10** (1924). — Sperling, R.: Klin. Wschr. **1927.** — Spranger, E.: Psychologie des Jugendalters. 3. Aufl. 1925. — Sserdjukoff, M. G.: Virchows Arch. **237** (1922). — Rev. franç. Endocrin. **1928.** — Staemmler, M.: Klin. Wschr. **1930.** — Stefko, W.: Z. Anat. **9** (1923) — Z. Konstit.lehre **14** (1929) — Erg. Path. **22** (1927). — Stein, A.: Dtsch. med. Wschr. **1904.** — Stein, R. O.: Wien. klin. Wschr. **1924.** — Stein, Konrad: Wien. klin. Wschr. **1925.** — Steingart, M., u. F. Bazán: Arch. latino-amer. de Pediatr. **21** (1927). — Stern, F.: Med. Klin. **18** (1922) — Die epidemische Encephalitis. 1928. — Stern, W.: Psychologie der frühen Kindheit. 1928 — Verh. D. Ges. Kinderheilk. 1928 — Vortragreihen S. Küster. — Stettner, E.: Arch. Kinderheilk. **68/69** (1921) — Z. Kinderheilk. **51** (1931). — Stocks, P.: Ann. of Eugen. **4** (1930). — Stoye, W.: Z. Kinderheilk. **37** (1924). — Strandberg, J.: Beitrag zur Frage der inneren Sekretion in der Dermatologie. 1917. — Stratz, C. H.: Rassenlehre, im Handb. Halban-Seitz — Körper des Kindes, 9. Aufl. 1922. — Stuhl, C.: Z. Tbk. **40.** — Szondi, L.: Schwachsinn und innere Sekretion. Abh. Grenzgeb. inn. Sekr. **1923.** — Sundal, A.: Z. Kinderheilk. **47** (1929). — Sutton, R.: Diseases of the skin. 1923.

TANDLER, J.: Wien. klin. Wschr. **1910**. — TANDLER, J., u. S. GROSZ: Die biologischen Grundlagen der sekundären Geschlechtscharaktere. 1913. — TELEKY, L.: Tuberkulose. Handb. soz. Hyg. **3**. — TENSCHERT, O.: Wien. klin. Wschr. **1922**. — TERMEER, G.: Arch. Gynäk. **127** (1926). — THALER, H.: Gynäk. Rdschau **1916** — Zbl. Gynäk. **30** (1916). — THOMAS, E.: Handb. inn. Sekr. — THORNTON, K.: Trans. Clin. Soc. London **1890**. — TOPPER, A., u. A. MÜLLER: Amer. J. Dis. Childr. **43** (1932). — TUMLIRZ, O.: Die seelischen Unterschiede zwischen den Geschlechtern in der Reifezeit. 1928. — TURNER, PH.: Proc. roy. Soc. Med. **18**, Clin. sect. (1925).

ULLRICH, O.: Med. Klin. **1929**.

VEEDER, B. S.: J. amer. med. Assoc. **83** (1924). — VEREBÉLY: Orv. Hetil. (ung.) **1912** — Ref. Wien. klin. Wschr. **1912**. — VERMOREL, E.: Zbl. Gynäk. **1909**. — VRIES, H. F. DE: Nederl. Tijdschr. Geneesk. **1930**.

WAGNER, G. A.: Handb. Halban-Seitz. — WALTER, H.: Frankf. Z. Path. **27** (1922). — WEBER, P., zit. nach Guthric. — WEGELIN: Handb. spez. path. Anat. u. Hist. (Henke-Lubarsch) **8** (1926). — WEHEFRITZ, E.: Z. Konstit.lehre **9** (1924) — Mschr. Geburtsh. **63** (1923). — WEIBEL, W.: Handb. Halban-Seitz. — WEISS, K.: Wien. klin. Wschr. **1931**. — WEISSENBERG: Das Wachstum des Menschen nach Alter, Geschlecht und Rasse. 1911. — WERESCHINSKY, A. O.: Arch. klin. Chir. **129** (1924). — WESTERGAARD, H.: Die Lehre von der Mortalität und Morbidität. 1911. — WEYGANDT, W.: Festschr. für Rossolimo **1925**. — WIELAND: Handb. allg. Path. u. path. Anat. d. Kindes (Brüning-Schwalbe) **21** — Handb. Kinderheilk. (Pfaundler-Schloßmann) **1**, 4. Aufl. — WINNICOTT, D. W., u. E. O'FLYNN: Proc. roy. Soc. Med. **21** (1928). — WIESE, O.: Handb. Kindertbk. (Engel-Pirquet). — WIESEL, J.: Klin. Wschr. **1923** — Wien. klin. Wschr. **1927** — Beitr. im Handb. Neur. (Lewandowsky). — WIRTH, W.: Z. Konstit.lehre **15** (1930). — WOLFF, B.: Arch. Gynäk. **94** (1911). — WOODS, T.: Lancet **1882**.

ZANDRÉN, S.: Acta med. scand. (Stockh.) **54** (1921). — ZENDEL-ZENDAU: Nov. chir. Arch. (russ.) **1928**. — ZONDEK, H.: Die Erkrankungen der endokrinen Drüsen. 2. Aufl. 1926. — ZIEGLER, K.: Klin. Wschr. **1930**. — ZIEHEN, TH.: Das Seelenleben der Jugendlichen. 1923.

Ältere Literatur bei KUSSMAUL, LENZ, NEURATH (1909), PLOSS, REUBEN-MANNING.

Innere Sekretion. Ihre Physiologie, Pathologie und Klinik. Von Professor Dr. **Julius Bauer,** Wien. Mit 56 Abbildungen. VI, 479 Seiten. 1927.   RM 36.—; gebunden RM 39.—*

Die innere Sekretion. Eine Einführung für Studierende und Ärzte. Von Dr. **Arthur Weil,** ehemaliger Privatdozent der Physiologie an der Universität Halle, Arzt am Institut für Sexualwissenschaft, Berlin. D r i t t e, verbesserte Auflage. Mit 45 Textabbildungen. VI, 150 Seiten. 1923.   Gebunden RM 6.—*

Physiologie und Pathologie der Hypophyse. Referat, gehalten am 34. Kongreß für Innere Medizin in Wiesbaden, 26. April 1922 von Professor Dr. **Artur Biedl,** Prag. Mit 42 Abbildungen im Text. II, 81 Seiten. 1922.   RM 3.—*

Die Erkrankungen der Schilddrüse. Von Professor Dr. **Burghard Breitner,** Erster Assistent der I. Chirurgischen Universitätsklinik in Wien. Mit 78 Textabbildungen. VIII, 308 Seiten. 1928.   RM 24.—; gebunden RM 25.80

Die Erkrankungen der Blutdrüsen. Von Professor Dr. **Wilhelm Falta,** Wien. Z w e i t e, vollkommen umgearbeitete Auflage. Mit 107 Abbildungen. VII, 568 Seiten. 1928.   RM 42.—; gebunden RM 45.—*

Die Krankheiten der endokrinen Drüsen. Ein Lehrbuch für Studierende und Ärzte. Von Dr. **Hermann Zondek,** a. o. Professor an der Universität Berlin, Direktor der Inneren Abteilung des Krankenhauses am Urban. Z w e i t e, vermehrte und verbesserte Auflage. Mit 220 Abbildungen. IX, 421 Seiten. 1926.   RM 37.50*

Pathologische Anatomie und Histologie der Drüsen mit innerer Sekretion. (Bildet Band VIII vom „Handbuch der speziellen pathologischen Anatomie und Histologie".) Mit 358 zum Teil farbigen Abbildungen. XII, 1147 Seiten. 1926.
                                         RM 165.—; gebunden RM 168.—*
Schilddrüse. Von Professor Dr. C a r l W e g e l i n - Bern. — Die Epithelkörperchen. Von Professor Dr. G o t t h o l d H e r x h e i m e r - Wiesbaden. — Die Glandula pinealis (Corpus pineale). Von Professor Dr. W a l t e r B e r b l i n g e r - Jena. — Pathologie des Thymus. Von Professor Dr. A l e x a n d e r S c h m i n c k e - Tübingen. — Die Hypophyse. Von Professor Dr. E. J. K r a u s - Prag. — Die Nebenniere und das chromaffine System (Paraganglien, Steißdrüse, Karotisdrüse). Von Professor Dr. A. D i e t r i c h - Köln und Professor Dr. H. S i e g m u n d - Köln. — Namen- und Sachverzeichnis.

Körper und Keimzellen. Von **Jürgen W. Harms,** Professor an der Universität Tübingen. (Bildet Band 9 der „Monographien aus dem Gesamtgebiet der Physiologie der Pflanzen und der Tiere".) Mit 309, darunter auch farbigen Abbildungen. In z w e i T e i l e n. XIV, 1024 Seiten. 1926.   Jeder Teil RM 33.—; gebunden RM 34.50*
(Beide Teile werden nur zusammen abgegeben.)